어 려운 시험도
사 일만 공부하면
화 끈하게 합격한다!

메이크업 미용사

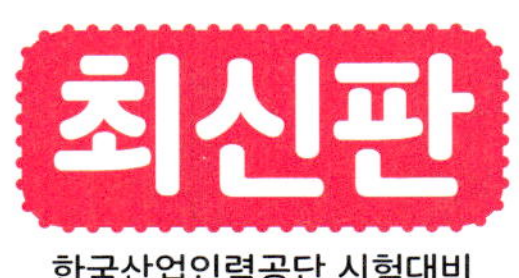

한국산업인력공단 시험대비

씨마스

김수민

 **약력**
- 전남 과학대학교 뷰티미용과 겸임 조교수
- 남부대학교 향장미용과 외래 교수
- 초당대학교 뷰티미용과 외래 교수
- KSM 뷰티예술 연구소 대표
- 국제 웨딩플래너협회 회장
- 국가기술자격검정 실기시험(네일 미용사) 감독 위원
- 한국 분장 예술인 협회 광주 지회장
- 한국 대체의학회 이사

 **학력**
- 남부대학교 향장미용과 메이크업, 네일아트 전공 박사
- 남부대학교 향장미용과 메이크업, 네일아트 전공 석사

박주희

 **약력**
- 대덕대학교 뷰티학과 겸임 교수(메이크업)
- 아뜰리에뷰티아카데미 대전캠퍼스 대표원장
- 대전광역시 교육청 교육 강사
- 아시아 페이스페인팅 총연합회 지부장
- 월드 바디페인팅협회 아시아지부 상임이사
- 한국 메이크업전문가 직업교류협회 이사 및 대전, 충청 지회장

 **학력**
- 이화여자대학교 한국음악과 졸업
- 한성대학교 예술대학원 분장예술학과 전공

심미정

 **약력**
- 현) 뷰티 칼럼니스트
- 현) 라인 뷰티 검정 연구회 회장

오지민

 **약력**
- (현) 구미대학교 피부미용 테라피과 교수
- 대한민국 국회 교육과학기술 위원회 희망 멘토링 대상 수상(2012. 11. 24.)

 **학력**
- (현) 계명대학교 보건학 박사 과정 중
- 영남대학교 환경대학원 보건학과 보건학 석사
- Ecole privee internationale d'esthetique et de cosmetologie Francoise morice pour C.A.P (intensive 2년, C.A.P과정 수료)

오지영

 **약력**
- 대덕대학교 뷰티학과(학과장, 입학 상담) 교수
- 한국 두피모발 미용학회 감사
- 한국 인체예술학회 학술위원
- 한국 두피모발 관리사협회 학술위원

 **학력**
- 계명대학교 일반대학원 공중보건학과 박사
- 영남대학교 환경대학원 환경보건학과 보건학 석사
- 부산여자대학교 피부미용학과 졸업

유승혜

 **약력**
- 수 뷰티 아카데미 원장
- KSI 한국서비스산업진흥원 방과후 미용지도강사
- KAT 사단법인 국제 두피모발협회 산학협력위원
- 국민대학교 총장배 건강미용 경영학술 기능대회 네일아트 분야 심사위원
- 국민대학교 총장배 건강미용 경영학술 기능대회 최우수 지도자상
- 사단법인 국제 두피모발협회 사회봉사조직위원회 우수상(사회공헌)

 ## 머리말

메이크업 미용사 필기 응시생 여러분!!

K-Beauty라는 말처럼 오늘의 우리 미용 산업은 세계 시장에서 유행을 선두하고, 많은 전문 인력을 배출하며 주요한 산업으로 꾸준히 성장하고 있습니다. 이에 따라 미용 분야는 종합 미용의 개념에서 보다 세분화, 전문화되어야 하는 필요성을 갖게 되었습니다. 따라서 헤어, 피부, 네일 미용사에 이어 **"메이크업 미용사"**가 신설 종목으로 만들어지게 되었습니다.

메이크업 미용사를 준비하는 여러분들을 위해 가장 효율적이고 체계적으로 학습할 수 있는 방법을 연구하여 어사화 시리즈로 준비하였습니다. 이 책으로 가장 쉽고 빠르게 합격하시기 바랍니다.

 ## 이 책으로 **가장 쉽고 빠르게** 한 번에 합격할 수 있는 이유

핵심 이론 ▶ 군더더기 없이 단원별로 핵심 내용만을 정리하여 수록하였으며, 본문과 문제를 한 문제 한 문제씩 일일이 모두 교차 체크(cross-check)하여 대조, 확인하며 검색하였습니다.

평가문제 ▶ 단원별로 꼭 알아야 하는 내용만을 잊지 않고 기억할 수 있게 평가문제로 만들어 제공하였습니다.

실전 모의고사 ▶ 신설 종목이므로 기출 문제가 없습니다. 이에 기존 미용 분야의 기출 문제를 단원별로 분석하여 자주 출제되는 것들만 실전 모의고사로 꾸몄습니다.

CBT 실전 모의고사 ▶ 시험장에서 시행하고 있는 컴퓨터 시험 환경인 CBT 방식을 경험할 수 있도록 씨마스가 개발한 Self-test용 CBT 실전 모의고사를 www.cmass21.net에서 제공합니다.

어사화 메이크업 미용사 **학습 방법**

1. 한국산업인력공단에서 제공한 출제 기준에 따라 핵심 내용만을 요점 정리하였어요.
2. 과목이 끝날 때마다 제공되는 평가문제로 공부한 내용을 쉽게 정리할 수 있어요.
3. 실전 모의고사와 CBT 실전 모의고사를 통해 실제 시험의 유형을 익혀 주세요.

- 저자 일동 -

도서 활용법

어려운 시험도 **사**일만 공부하면 **화**끈하게 합격한다!

핵심 이론 **+** 평가 문제 **+** 실전 모의고사 **+** 기출문제 해설 **+** CBT 실전 모의고사

핵심 이론

출제 기준을 100% 반영한 핵심 이론으로, 실제 시험에 자주 출제되는 유형의 문제와 이론이 연계되도록 구성하였습니다. 처음 학습을 시작하는 수험생도 쉽고 빠르게 습득할 수 있는 구성이 이 책의 강점입니다.

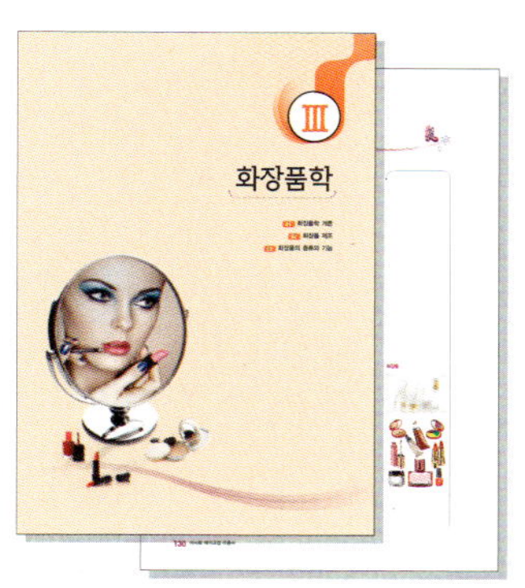

실전 모의고사

2016년부터 CBT 시험이 미용사 시험에 일반화되었습니다. 씨마스에서는 출제 기준이 포함된 다른 국가 시험들을 분석하여 실제 문제와 가장 유사한 모의고사 10회분을 구성하였습니다.

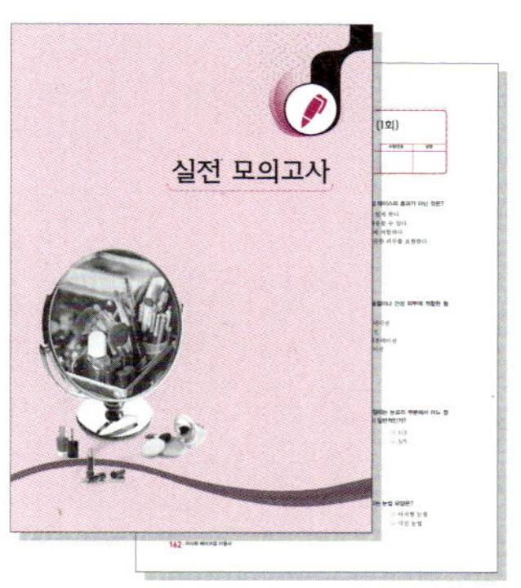

기출문제 해설

한국산업인력공단의 메이크업 미용사 기출문제 해설을 제공합니다.

평가문제

각 단원별로 실제 시험에 반드시 출제되는 문제들을 선별하여 쉽게 파악하고 이해할 수 있도록 구성하였습니다.

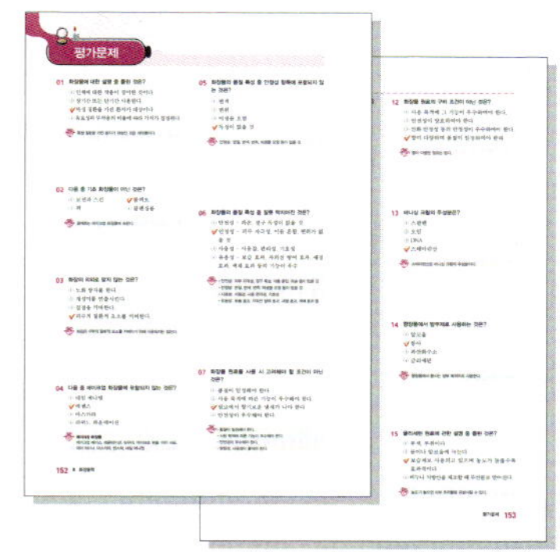

CBT 실전 모의고사

한국산업인력공단은 기능사 필기시험을 컴퓨터 기반 시험(Computer Based Testing)으로 실시하고 있습니다. 씨마스에서는 Self-test CBT 실전 모의고사 프로그램을 개발하여, 수험생들이 실제 시험과 동일한 환경에서 익숙하게 시험에 대비할 수 있도록 하였습니다. www.cmass21.net에서 자신의 실력을 자가진단해 보십시오.

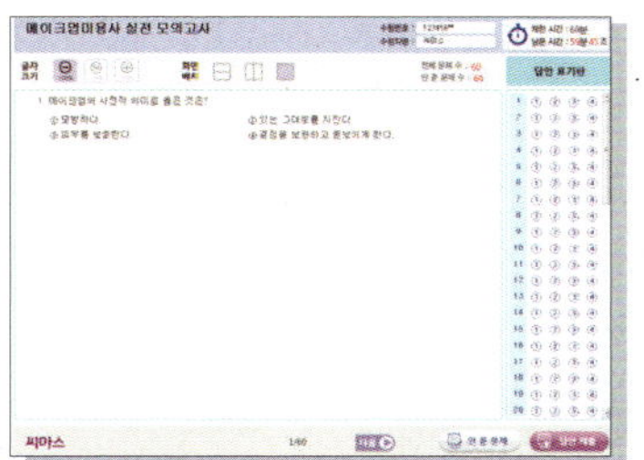

메이크업 미용사 필기 출제 기준

직무 분야	이용 · 숙박 · 여행 · 오락 · 스포츠	중직무 분야	이용 · 미용	자격 종목	미용사 (메이크업)	적용 기간	2016. 7. 1. ~ 2020. 12. 31.
직무 내용		얼굴 · 신체를 아름답게 하거나 특정한 상황과 목적에 맞는 이미지 분석, 디자인, 메이크업, 뷰티 코디네이션, 후속 관리 등을 실행하기 위해 적절한 관리법과 도구, 기기 및 제품을 사용하여 메이크업을 수행하는 직무					
필기 검정 방법		객관식		**문제 수**	60	**시험 시간**	60분

필기 과목명	문제 수	주요 항목	세부 항목	세세 항목
메이크업 개론, 공중위생 관리학, 화장품학	60	1. 메이크업 개론	1. 메이크업의 이해	1. 메이크업의 정의 및 목적 2. 메이크업의 기원 및 기능 3. 메이크업의 역사(한국, 서양) 4. 메이크업 종사자의 자세
			2. 메이크업의 기초 이론	1. 골상(얼굴형)의 이해 2. 얼굴형 및 부분 수정 메이크업 기법 3. 기본 메이크업 기법(베이스, 아이, 아이브로, 립과 치크)
			3. 색채와 메이크업	1. 색채의 정의 및 개념 2. 색채의 조화 3. 색채와 조명
			4. 메이크업 기기 · 도구 및 제품	1. 메이크업 도구 종류와 기능 2. 메이크업 제품 종류와 기능
			5. 메이크업 시술	1. 기초화장 및 색조 화장법 2. 계절별 메이크업 3. 얼굴형별 메이크업 4. T.P.O에 따른 메이크업 5. 웨딩 메이크업 6. 미디어 메이크업
			6. 피부와 피부 부속 기관	1. 피부 구조 및 기능 2. 피부 부속 기관의 구조 및 기능
			7. 피부 유형 분석	1. 정상 피부의 성상 및 특징 2. 건성 피부의 성상 및 특징 3. 지성 피부의 성상 및 특징 4. 민감성 피부의 성상 및 특징 5. 복합성 피부의 성상 및 특징 6. 노화 피부의 성상 및 특징
			8. 피부와 영양	1. 3대 영양소, 비타민, 무기질 2. 피부와 영양 3. 체형과 영양
			9. 피부와 광선	1. 자외선이 미치는 영향 2. 적외선이 미치는 영향
			10. 피부 면역	1. 면역의 종류와 작용
			11. 피부 노화	1. 피부 노화의 원인 2. 피부 노화 현상
		2. 공중위생 관리학	1. 공중 보건학 총론	1. 공중 보건학의 개념 2. 건강과 질병 3. 인구 보건 및 보건 지표
			2. 질병 관리	1. 역학　　　　　2. 감염병 관리 3. 기생충 질환 관리　　4. 성인병 관리 5. 정신 보건　　　　6. 이 · 미용 안전사고
			3. 가족 및 노인 보건	1. 가족 보건　　　　2. 노인 보건

필기 과목명	문제 수	주요 항목	세부 항목	세세 항목
메이크업 개론, 공중위생 관리학, 화장품학	60	2. 공중위생 관리학	4. 환경 보건	1. 환경 보건의 개념　2. 대기 환경 3. 수질 환경　4. 주거 및 의복 환경
			5. 산업 보건	1. 산업 보건의 개념 2. 산업 재해
			6. 식품 위생과 영양	1. 식품 위생의 개념 2. 영양소 3. 영양 상태 판정 및 영양 장애
			7. 보건 행정	1. 보건 행정의 정의 및 체계 2. 사회 보장과 국제 보건 기구
			8. 소독의 정의 및 분류	1. 소독 관련 용어 정의　2. 소독 기전 3. 소독법의 분류　4. 소독 인자
			9. 미생물 총론	1. 미생물의 정의　2. 미생물의 역사 3. 미생물의 분류　4. 미생물의 증식
			10. 병원성 미생물	1. 병원성 미생물의 분류 2. 병원성 미생물의 특성
			11. 소독 방법	1. 소독 도구 및 기기 2. 소독 시 유의 사항 3. 대상별 살균력 평가
			12. 분야별 위생 · 소독	1. 실내 환경 위생 · 소독 2. 도구 및 기기 위생 · 소독 3. 이 · 미용업 종사자 및 고객의 위생 관리
			13. 공중위생 관리법의 목적 및 정의	1. 목적 및 정의
			14. 영업의 신고 및 폐업	1. 영업의 신고 및 폐업 신고 2. 영업의 승계
			15. 영업자 준수 사항	1. 위생 관리
			16. 이 · 미용사의 면허	1. 면허 발급 및 취소
			17. 이 · 미용사의 업무	1. 이 · 미용사의 업무
			18. 행정지도 감독	1. 영업소 출입 검사　2. 영업 제한 3. 영업소 폐쇄　4. 공중위생 감시원
			19. 업소 위생 등급	1. 위생 평가　2. 위생 등급
			20. 보수 교육	1. 영업자 위생 교육　2. 위생 교육 기관
			21. 벌칙	1. 위반자에 대한 벌칙, 과징금 2. 과태료, 양벌 규정 3. 행정처분
			22. 법령, 법규 사항	1. 공중위생 관리법 시행령 2. 공중위생 관리법 시행규칙
		3. 화장품학	1. 화장품학 개론	1. 화장품의 정의　2. 화장품의 분류
			2. 화장품 제조	1. 화장품의 원료 2. 화장품의 기술 3. 화장품의 특성
			3. 화장품의 종류와 기능	1. 기초 화장품　2. 메이크업 화장품 3. 보디(body) 관리 화장품　4. 방향 화장품 5. 에센셜(아로마) 오일 및 캐리어 오일 6. 기능성 화장품

메이크업 개론

1 메이크업의 정의 및 목적

1 정의

① 영어의 어원에서는 '화장하다', '분장하다'의 의미로, 신체에 색상을 부여하여 아름다움을 돋보이도록 한다는 뜻이다.

② 외향적인 아름다움 뿐 아니라, 건강미를 나타내는 것을 포함하여 자연적인 고유의 미와 개성을 창출하여 아름다움을 만들어 내는 일련의 과정을 의미한다.

2 목적

① **본능**: 아름다움을 추구하는 인간의 본능, 이성에게 매력적으로 보이고자 하는 본능에 따라 화장을 한다.

② **실용**: 같은 종족임을 표시하여 자신을 보호하고, 생활의 편리를 위해 화장한다.

③ **신앙**: 종교 의식으로 전해오던 것이 화장으로 발전하게 되었다.

④ **표시**: 어떤 상황을 표시하기 위한 목적에서 발생된 것이 화장으로 정착하였다.

먀오 족(실용)

아마존 원주민의 축제(표시)

2 메이크업의 기원 및 기능

1 기원

① **이성 유인설(본능설)**: 이성에게 매력적으로 보이기 위한 치장에서 유래되어 얼굴의 상처나 흉터 등의 결점을 보완하는 개념으로 확대되었다.

② **보호설**: 위험 요소로부터 신체를 보호하는 수단으로 발전하였다.

③ **종교설**: 진흙을 이용하여 채색, 몸에 문신을 하여 귀신으로부터 보호하려는 부적의 의미로 사용하였다.

④ **신분 표시설**: 집단 내의 지위, 계급, 성별 등을 구분하여 위험으로부터 보호를 위한 우월한 욕구를 표현하였다.

보호설의 사례
- 고대 이집트 여인의 눈 화장은 태양빛으로부터 눈을 보호
- 향료를 사용하여 벌레로부터 눈을 보호

2 기능

① **물리적**: 외형의 아름다움을 표현하는 미화 효과가 있다.

② **사회적**: 신분, 직업, 사회적 관습, 의사 전달의 표현 수단이 된다.

③ **심리적**: 인물의 성격, 가치관, 사고방식을 표현해 준다.

3 메이크업의 역사

1 우리나라의 메이크업

고조선	단군 신화에 나오는 쑥과 마늘은 미백 효과가 있고, 흰 피부를 선호하던 당시의 시대상이 반영된 것임.
고구려	짧고 뭉툭하게 눈썹을 그린 둥근 얼굴을 선호, 연지 화장으로 직업을 짐작
백제	분은 바르고 연지 화장을 하지 않은 은은하고 세련된 화장법으로 일본에 영향을 줌.
신라	영육 일치 사상의 영향으로 남성인 화랑도 화장을 함, 각종 장신구와 함께 권력의 상징으로 인식
고려	신라 화장 문화가 전승되어 발전, 기생의 분대 화장과 여염집 여인의 옅은 화장이 대조, 계층과 신분의 상징
조선	유교적 도덕 관념, 남성의 이중적 성 윤리관에 의해 여염집 부인과 기생의 화장으로 이원화
1900 ~ 1930년	구리무가 수입, 희고 깨끗한 얼굴에 입술연지를 아랫입술에만 발랐음.
1940년대	현대식 화장법의 도입, 얼굴은 하얗게, 눈썹은 반달 모양으로 그려 눈화장을 강조
1950년대	크림, 백분, 비누, 향수 등의 다양한 수입 화장품이 국내에 보급
1960년대	영화 산업의 영향으로 배우의 화장법이나 패션이 유행, 창백한 피부색과 눈을 강조, 다양한 입술 색의 유행
1970년대	메이크업의 필요성을 부각시키고자 메이크업 캠페인을 실시
1980년대	컬러 TV의 보급으로 색상 사용이 용이
1990년대	한국적인 것을 모던하게 표현하는 시도
2000년대	피부 건강과 함께 다양한 메이크업 시도(웰빙)

- **조선**: 화장을 하는 행위 자체는 부정적 의미로 해석
- **1900 ~ 1930**: 서구 화장법과 화장품이 도입된 시기
- **1940**: 국산 화장품의 생산으로 화장품 산업의 전환기

- **1950**: 수입 화장품이 유행한 시기
- **1960**: 화장품 시장의 성숙기
- **1970**: 메이크업이 대중화된 시기

2 서양의 메이크업

① 중세 시대

중세	• 기독교적 금욕주의의 영향으로 화장이 금기시 • 연극이 발전하면서 의상과 함께 연극 분장도 발달
르네상스	• 향장학이 의학 부분에서 독립하여 하나의 분야로 발전 • 인간 존중, 개성의 해방이란 시대 정신을 반영하여 남녀 모두 과도한 장식 · 화장이 유행 • 지나친 화장은 사치와 타락의 상징적 의미로 해석
바로크(17세기)	• 종교 개혁, 자본주의의 출현, 식민지 개척 등의 혼란스러운 시대 상황이 예술과 더불어 메이크업을 발전시킴. • 쾌락과 사치를 추구하여 사교를 위해 화장을 함. • 여인의 아름다움이 재평가 • 17세기 후반에는 얼굴에 태피터(Taffeta), 벨벳(Velvet)의 헝겊을 둥근 모양, 별 모양, 초승달 모양으로 오려서 만든 패치(Patch-애교점)를 붙였음.
로코코(18세기)	• 두꺼운 화장을 하기 위해 백납 분으로 얼굴은 희게, 볼과 입술에는 루즈를, 향수와 향기 나는 립스틱도 사용 • 패치는 장식적 의미에서 흉터나 결점을 감추기 위한 용도로 그 범위가 확대됨.

② 19세기

- 위생과 청결이 우선시되어 비누 사용이 보편화되었다.
- 희고 투명한 피부를 위해 자외선 차단제가 개발되어 자연스러운 화장이 주조를 이루었다.

③ 20세기

1910년대 ('폴라 네그리'의 화장법 유행)	오리엔탈, 신비스러운 강한 색조가 인기
1920년대 ('클라라 보우'의 화장법 유행)	• 아이 홀 메이크업으로 입체감을 나타낸 짙은 눈 화장 • 눈썹은 가늘게 다듬고 연필로 정교하게 그림. • 입술 화장은 선명한 빨간색으로 윗입술은 작게, 아랫입술은 도톰하고 작게 그림.
1930년대 ('그레타 가르보'의 화장법 유행)	피부색은 밝게, 눈썹은 길고 가는 아치형, 볼과 입술은 밝은 레드나 핑크 계열이 유행
1940년대 ('리타 헤이워드'의 화장법 유행)	두꺼운 피부 표현, 두껍고 뚜렷한 곡선 형태의 눈썹, 선명한 눈 화장과 굵고 끝이 올라간 화살형의 아이라이너 등을 통해 강하고 관능적인 여성미를 강조
1950년대 ('오드리 헵번, 메릴린 먼로'의 화장법 유행)	아이 섀도의 대중화, 피부 톤은 밝게, 입술은 짙게 하며 볼터치는 전혀 하지 않음.
1960년대 ('트위기'의 화장법 유행)	팝아트, 옵아트의 현대적인 스타일과 유니섹스하고 히피적인 스타일이 뚜렷
1970년대 ('파라 포셋'의 화장법 유행)	자연스러운 색조를 사용한 투명 화장과 더불어 사이버틱한 색조가 인기

1980년대 ('브룩 실즈'의 화장법 유행)	경쟁 시대의 생존 전략으로 화려하면서도 강한 여성 이미지를 부각, 눈썹은 두껍고 강하게, 입술은 선명한 붉은색으로 강조
1990년대 ('신디 크로포드'의 화장법 유행)	20대를 중심으로 누드 메이크업이 유행, 다른 시대, 다른 문화로부터 이미지를 차용하려는 경향 등장
2000년대	다양한 펄 제품의 등장으로 질감 표현이 세분화, 인터넷을 통해 제공되는 정보 속에서 자신만의 테마와 타입, 색상으로 트렌드를 만들어 나가려는 시도가 꾸준히 진행

 4 메이크업 종사자의 자세

1 메이크업 샵의 위생 관리하기

① 메이크업 시

메이크업 시의 자세

- 기본에 충실하며 도구들은 항상 위생적으로 관리한다.
- 분첩으로 모델의 코와 입을 막지 않도록 주의한다.
- 모델의 측면에 서서 거울을 통해 확인해 가며 메이크업을 한다.
- 얼굴에 직접 접촉하지 않도록 분첩을 손가락에 끼우고 가급적 브러시를 사용한다.

② 광고 촬영 메이크업 시

- 광고 콘셉트에 따라 정확한 이미지를 연출한다.
- 모델, 현장 제작진과 긴밀하게 협조한다.
- 촬영 시 분첩을 들고 수시로 모델의 얼굴을 체크한다.
- 촬영이 끝나면 화장 도구와 소품 등은 꼼꼼하게 챙긴다.
- 솔선수범하여 작업대 주변을 정리정돈한다.

③ 웨딩 메이크업 시

- 예식 장소와 계절감을 고려한 메이크업을 한다.
- 드레스의 디자인과 색상을 파악해 메이크업을 한다.
- 신부의 연령과 피부 톤을 고려해 메이크업을 한다.

④ 백화점에서 제품 시연 시

- 분명하고 또렷한 목소리로 설명한다.
- 모델의 옆에 서서 고객들의 시야를 방해하지 않도록 한다.
- 시연 제품의 장점을 부각시키며 이해하기 쉽게 설명한다.

2 메이크업 트렌드 창조 및 반영

① 에스닉(ethnic) 메이크업

- 각 나라의 민속을 반영하여 신비로운 이미지로 표현하는 메이크업이다.
- 자연스러운 갈색을 주조 색으로 사용하고, 붉은 계열의 색상과 볼 화장을 강조한다.

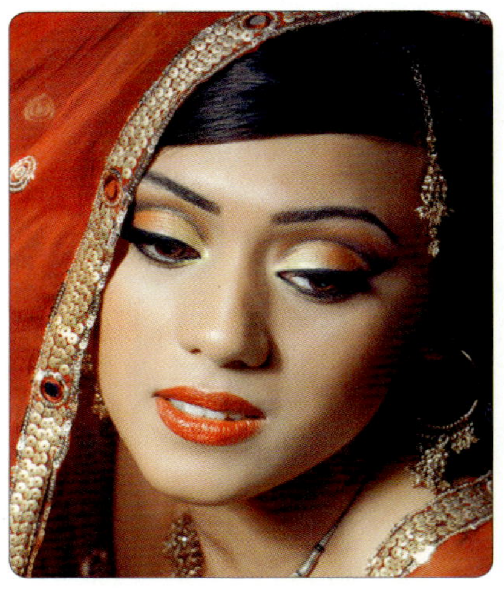

▲ 에스닉 메이크업

② 글로시(glossy) 메이크업

- 패션쇼 현장에서 많이 사용하는 메이크업이다.
- 한 톤 낮은 베이스로 얼굴은 작아 보이게 하고, 파우더를 적게 사용하여 촉촉한 피부를 연출하며, 하이라이트를 주어 이목구비를 뚜렷하게 표현한다.
- 크림 섀도로 촉촉하고 반짝거리는 눈매를 완성한다.

▲ 글로시 메이크업

크림 섀도

③ 돌리(dolly) 메이크업

- 원래 피부보다 한 톤 밝은 베이스로 창백한 피부를 표현한다.
- 핑크 계열의 부드러운 메이크업은 영화나 뮤지컬의 로맨틱한 꿈 많은 소녀 이미지로 연출된다.

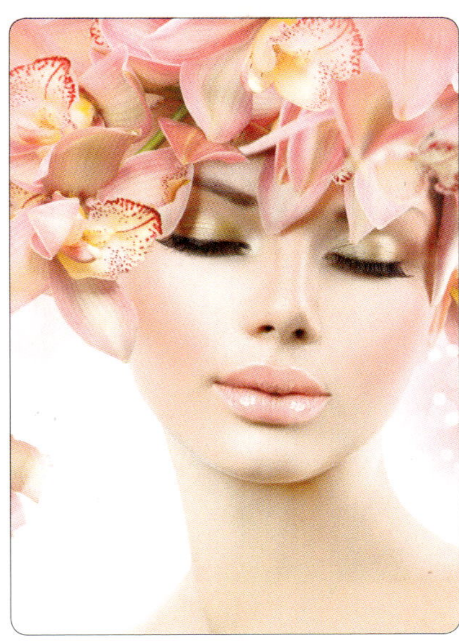

▲ 돌리 메이크업

④ 사이버(cyber) 메이크업

- 기계의 금속성이 주는 딱딱하고 차가운 이미지와 미래 가상 공간에 대한 상상력을 더해 표현한다.
- 매끈한 피부에 펄감이 있는 핑크, 실버, 화이트를 사용한다.

▲ 사이버 메이크업

펄감이 있는 메이크업

⑤ 오리엔탈(oriental) 메이크업

- 중국, 인도, 이란 등 동양 여인이 가진 신비롭고 화려한 이미지를 표현한다.
- 두 톤 밝은 베이스로 투명한 피부를 표현하고, 붉은 계열의 메이크업이 주를 이룬다.

▲ 오리엔탈 메이크업

⑥ 스모키(smokie) 메이크업

- 한 톤 어두운 베이스로 도발적이고 섹시한 느낌을 살려 표현한다.
- 고혹적인 눈매를 강조하기 위해 카키나 브라운의 다크한 섀도를 사용하고, 마스카라를 덧발라 풍성하게 보이도록 연출하며, 눈썹은 엷은 회색이나 갈색으로 그려 준다.

▲ 스모키 메이크업

⑦ 투명(nude) 메이크업

- 얇고 가벼운 느낌을 표현하기 위해 화이트 펄 베이스를 꼼꼼하게 바른다.
- 투명함을 강조하기 위해 T존과 눈 아래 부분은 화이트 블러셔를 바르고, 베이지와 핑크 계열로 표현하되 투명 립글로스로 마무리한다.

▲ 투명 메이크업

⑧ 액티브(active) 메이크업

- 레저 스포츠에서 요구하는 건강하고 활동적인 이미지를 표현하는 메이크업이다.
- 베이스는 약간의 잡티가 보일 정도로 가볍고 투명하게 하고, 브라운 계열의 아이 섀도와 진한 빨간색 립스틱으로 천진함과 발랄함을 표현한다.

▲ 액티브 메이크업

1 골상(얼굴형)의 이해

1 둥근 얼굴형

① 얼굴을 수평으로 3등분하면 가운데 부분이 넓어 보인다.

② 인상은 귀엽고 낙천적이며 생기가 넘친다.

③ 곡선을 살려 화장을 하되 같은 계열의 색조 화장으로 세련미를 추구한다.

▲ 둥근형

2 각진 얼굴형

① 얼굴을 수평으로 3등분하면 넓이가 거의 같아 보인다.

② 인상은 건강하고 행동적이며 강한 의지가 엿보인다.

③ 부드러우며 원숙한 느낌의 색상을 사용하여 다이내믹한 개성미를 살린다.

▲ 사각형

3 마름모형 얼굴

① 얼굴의 중앙 부분이 넓고 돌출된 형으로 상하가 좁다.

② 인상은 차분하고 지적이면서 신경질적으로도 보인다.

③ 온색 계열의 색상을 사용하여 볼 뼈에서 턱까지의 윤곽선을 강조한다.

▲ 마름모형

4 역삼각형 얼굴

① 이마가 넓으며 아래턱 부분이 좁고 뾰족하다.

② 인상은 깔끔하고 적극적이며 활기가 넘친다.

③ 깨끗한 인상을 줄 수 있도록 지적인 얼굴 형태를 강조한다.

▲ 역삼각형

5 긴 얼굴형

① 얼굴을 수평으로 3등분하면 넓이가 거의 같으며 전체적으로 길다.

② 인상은 침착하고 지적이며 성숙한 분위기를 준다.

③ 눈꺼풀과 뺨에 붉은 색조를 사용해 성숙함을 강조한 세련된 모습을 연출한다.

▲ 긴 형

얼굴의 이상적인 균형 비율

① 얼굴의 폭

눈의 가로 길이를 기준으로 얼굴의 가로를 5등분하면, 귀에서 눈꼬리까지, 눈꼬리에서 눈앞머리까지, 눈과 눈 사이, 반대쪽 눈 앞머리에서 눈꼬리까지, 눈꼬리에서 귀까지를 동일한 간격으로 나눌 수 있다.

② 얼굴의 길이

전체를 3등분하면, 이마 시작 부분부터 눈썹까지, 눈썹에서 코끝까지, 코끝에서 턱까지의 간격이 동일하다.

③ 기타

- 눈: 이마 시작 부분부터 입꼬리까지의 길이를 2등분한 위치이며, 눈의 세로 길이는 가로 길이의 1/3
- 눈썹: 이마 시작 부분부터 턱까지의 길이를 3등분하면 1/3 지점에 위치
- 코: 콧방울 사이의 폭은 코의 길이를 100이라 할 때 64 정도가 이상적임.
- 입술: 눈 가로 길이의 1.5배 정도이며, 입의 가로와 세로의 비율은 3:1
- 귀: 코의 위치와 동일한 높이를 유지
- 턱: 이마의 수직 연장선상에 있으며, 턱의 크기는 눈 사이의 간격과 동일

얼굴형 및 부분 수정 메이크업 기법

1 둥근 얼굴형

눈	올라 간 눈썹
입술	눈썹의 각도를 반영한 약간 각진 입술
섀도	얼굴 외곽, 볼 옆선은 세로 방향
하이라이트	이마 가운데, 콧등, 턱 끝부분

2 각진 얼굴형

눈	직선적인 눈썹, 눈썹 산을 적당히 살린 눈썹
입술	눈썹의 각도를 반영하되 부드러운 곡선 처리
섀딩	턱의 양 끝, 헤어 라인의 양 끝부분
하이라이트	턱 가운데 끝, 눈가

3 마름모형 얼굴형

눈	화살형 눈썹
입술	상승 각도로 약간 두껍고 부드러운 곡선 처리
섀도	볼 뼈 부분
하이라이트	미간 사이와 들어간 볼

4 역삼각형 얼굴형

눈	아치형, 눈썹 산을 적당히 살린 눈썹
입술	길고 조금 두껍게 처리
섀도	넓은 이마 부분과 턱 끝 가운데 부분
하이라이트	이마와 콧등 가운데 부분과 양 볼의 들어간 부분

5 긴 얼굴형

눈	직선적인 눈썹
입술	입꼬리를 올려서 도톰하게 수평으로 처리
섀도	이마 라인과 코 밑, 턱선 부분
하이라이트	콧등, 눈가 옆

얼굴형에 따른 블러셔 위치

• 둥근형

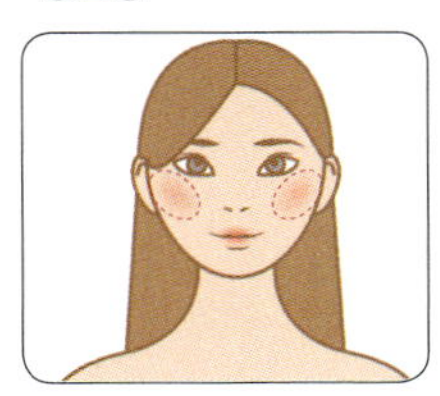

• 달걀형

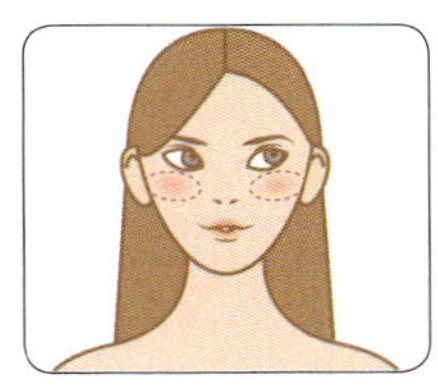

• 각진 형

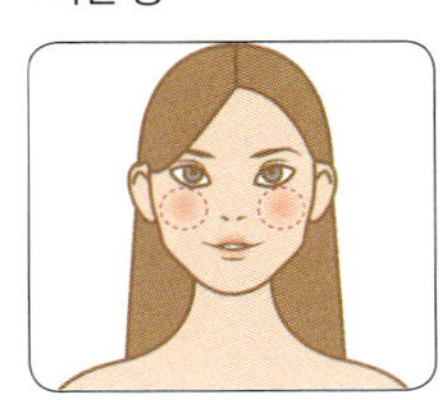

• 긴 형

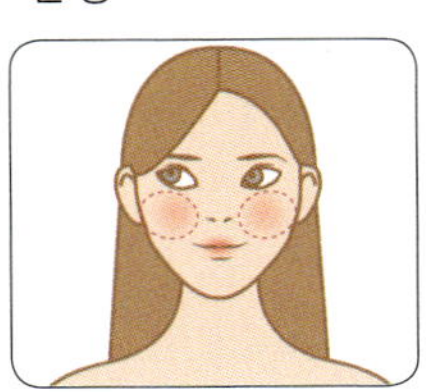

1 메이크업 베이스(make-up base)

① 피부 화장 1단계에 사용하는 보조 파운데이션으로 피부 질감을 결정하는 데 중요한 영향을 준다.

② 기능

- 파운데이션의 효과를 극대화시키며, 피부의 결점을 커버하고 보완한다.
- 피부에 막을 형성하여 파운데이션이 피부와 밀착되도록 한다.
- 피부 톤을 정리하여 피부색을 보정하는 역할을 하고, 자외선 차단 효과가 있다.

③ 종류

리퀴드 타입	건조한 피부에 적합
크림 타입	지성 피부에 적합
젤 타입	여름철에 사용
오일 프리 타입	끈적임이 적어 지성 피부에 적합

④ 색상에 따른 용도

연핑크	혈색이 없어 창백한 피부에 사용
보라색	노란색을 띄는 피부에 사용
흰색	어둡고 칙칙한 피부에 사용
그린	여드름 자국 등 붉은 기운의 잡티, 모세 혈관이 확장된 붉은 피부에 사용
블루	기미, 주근깨 등의 잡티가 많은 피부에 사용
오렌지 브론즈색	햇볕에 그을린 피부에 사용

⑤ 사용 방법

- 넓은 부위(볼, 이마)부터 바르고 난 후, 좁은 부위(눈, 코, 입, 턱)를 바른다.
- 피부 결을 따라 안에서 밖으로 발라 준다.(스펀지나 약지 이용)

2 파운데이션(foundation)

① 기능

- 피부의 결점을 커버하여 피부색을 균일하게 정돈한다.
- 피부의 질감을 결정하고, 윤곽 수정 효과가 있다.
- 자외선, 오염된 환경으로부터 피부를 보호하는 기능을 한다.

② 구분: 베이스 컬러, 섀딩 컬러, 하이라이트 컬러가 있다.

베이스 메이크업 제품
- 메이크업 베이스
- 파운데이션
- 컨실러
- 파우더

메이크업 베이스의 다양한 컬러

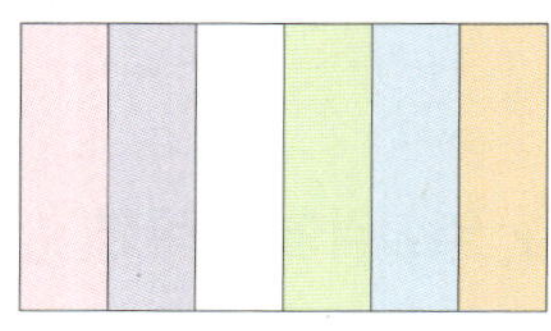

- **건성 피부**: 유분이 있는 파운데이션
- **보통 피부**: 수분이 있는 파운데이션
- **지성 피부**: 유분이 없는 오일 프리 파운데이션

③ **종류**

- 리퀴드 타입: 수분을 많이 함유하고 있어 건성 피부에 사용한다.
- 크림 타입: 리퀴드 타입보다 커버력이 우수하여, 모든 피부에 무난하게 사용할 수 있다.(지성 피부는 불리)
- 스틱 타입: 유·수분을 혼합시켜 고체화시킨 것으로 습기가 있는 스펀지를 사용하면 얼룩이 지지 않아 약간 두꺼운 느낌은 있다.(분장용으로 많이 사용)
- 케이크 타입: 땀과 피지 분비가 많은 여름철에 주로 사용하며, 지성 피부에 탁월한 효과가 있다.
- 파우더 타입: 메이크업을 빨리 할 수 있고 커버력이 좋아 많은 사람들이 선호한다.

④ **요건**

- 보이는 색과 발리는 색의 차이가 적어야 한다.
- 피부에 대한 밀착성과 사용감이 좋아야 한다.
- 지속력이 뛰어나 땀이나 피지에 쉽게 지워지지 않아야 한다.
- 안전성이 높아 오래 사용할 수 있어야 한다.

⑤ **사용 방법**

- 피부 톤에 맞는 파운데이션을 넓은 부위부터 안에서 밖으로 바른다.
- 소량씩 여러 번 두드리듯 발라 피부에 흡착시킨다.
- 얼굴과 목의 피부색을 비슷하게 맞춰 마무리한다.
- 리퀴드 타입은 스펀지에 흡수가 많이 되므로 브러시를 이용한다.

3 컨실러(concealer)

① 여드름 자국, 주근깨, 기미 등의 잡티를 완벽히 커버할 때 사용한다.

② **사용 방법**: 피부 톤보다 한 톤 밝은 컬러를 브러시나 손가락으로 얇게 바른다.

③ **종류**

- 리퀴드 타입: 눈 밑의 다크서클을 감추는 데 사용한다.
- 스틱 타입: 붉은 반점이나 뾰루지 등을 커버하는 데 사용한다.
- 크림 타입: 커버력이 우수하여 보편적으로 사용한다.

4 파우더(powder)

① **기능**

- 메이크업의 마무리 단계(번들거림 방지)에서 사용한다.
- 파운데이션 도포 후 피부에 남아 있는 유분을 흡수한다.
- 자외선·먼지·외부 환경으로부터 피부를 보호한다.

파운데이션의 종류

기타 피부 표현 제품
- **B.B 크림**: 독일의 닥터 크리스틴 슈라멕이 개발
- **C.C 크림**: 스킨케어, 안색 보정 효과
- **B.C 크림**: B.B 크림의 커버력 + C.C 크림의 화사함.
- **페이스 글램**: T존, C존 등을 빛나게 하는 펄 가미 제품

컨실러의 종류

② 종류

투명 파우더	가루로 되어 있으며, 파운데이션의 색조에 영향을 주지 않음.
콤팩트 파우더	방부제, 살균제, 산화 방지제가 포함됨, 커버력이 뛰어나 단독 사용 가능
무지개 빛 파우더	신부 메이크업, 파티 메이크업, 무대 메이크업 등 화사한 모습을 연출할 때 사용
브론즈 파우더	태닝한 듯 그을린 피부에 사용

③ 특성
- 기미, 주근깨 등의 잡티를 가려 피부의 색조를 조정한다.
- 시각적으로 부드럽고 매끈한 느낌을 준다.
- 땀이나 피지를 흡수하여 번들거림과 지워짐을 방지한다.
- 장시간 밀착하여 지속된다.
- 적절한 광택과 자연스런 색조를 조정한다.

5 아이브로(eyebrow)

① 아이브로 색상에 따른 이미지
- 흑색: 흰 피부에 어울린다.
- 회색: 차분하고 자연스럽다.
- 갈색: 세련되고 부드럽다.

② 그리는 순서
- 눈썹을 깨끗하게 다듬는다.
- 눈썹을 한 방향으로 가지런히 정리한다.
- 눈썹 아래 라인을 정리하여 눈썹 형태나 모양을 잡아 준다.
- 눈썹 라인을 정리한다.

③ 가장 이상적인 눈썹 형태
- 눈썹 앞머리는 코 라인을 따라 이마 쪽으로 일직선상에 있어야 한다.
- 눈썹꼬리 → 눈꼬리 → 코끝으로 이어지는 선상에 있다.
- 눈썹을 3등분했을 때 눈썹산을 중심으로 한 비율은 눈썹 앞머리 : 눈꼬리 = 2 : 1이 이상적이다.

6 아이 섀도(eye shadow)

① 사용법
- 조금씩 여러 번 반복하여 펴 발라 느낌을 표현한다.
- 뭉치지 않게 브러시로 그러데이션을 한다.
- 눈 밑에 섀도 가루가 떨어지지 않도록 눈 밑에 투명 파우더를 묻혀 준다.

파우더의 종류

- Loose Powder
  가루분, 블루밍 효과
- Pressed Powder
  압축분, 커버력 우수

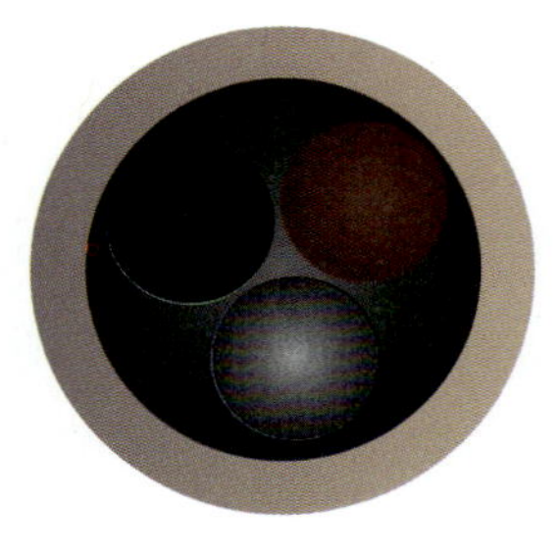

아이 메이크업 제품
- 아이브로
- 아이 섀도
- 아이 라이너
- 마스카라

이상적인 눈썹 모양

② 컬러 선택법

- 계절의 분위기와 색상 고유의 이미지가 서로 어울려야 한다.
- 의상 색과 조화를 이루는 색상이어야 한다.
- 메이크업 분위기를 고려하여 선택한다.
- 자신이 선호하는 색을 선택한다.

7 아이 라이너(eye liner)

① 눈의 윤곽을 그리고 눈의 모양을 수정하거나 인상을 결정한다.

② 눈의 모양에 따른 아이 라이너 사용 방법

- 쌍꺼풀 눈: 최대한 속눈썹 가까이 가늘게 그린다.
- 홑꺼풀 눈: 눈을 떴을 때 라인이 살짝 보이도록 두껍게 그린다.
- 처진 눈: 윗라인의 눈꼬리를 약간 올리듯이 넓고 짙게 그린다.
- 올라간 눈: 언더라인을 앞머리와 수평으로 눈꼬리 부분을 넓고 진하게 그린다.
- 움푹 들어간 눈: 가늘고 자연스럽게 그리며 속눈썹 안쪽은 흰색 라인을 그려도 좋다.
- 부은 눈: 윗라인의 눈꼬리와 언더라인을 약간 진하게 그린다.
- 튀어나온 눈: 윗라인은 생략하고 언더라인은 속눈썹 안쪽에 그린다.
- 작은 눈: 윗라인과 언더라인 모두 강조해 윤곽을 크게 한다.

아이 라인의 기능
- 눈매를 또렷하게
- 눈의 단점을 보완
- 눈을 커 보이게

8 마스카라(mascara)

① 기능
- 속눈썹을 짙고 길어 보이도록 하는 데 사용한다.
- 눈이 크고 매력적으로 보이게 해 준다.

② 구분
- 액상형 마스카라: 나선형 솔을 사용하여 칠한다.
- 고형 마스카라: 고전적인 형태로 물에 젖은 붓에 찍어 칠한다.

③ 종류
- 볼륨 마스카라: 숱이 많고 진하게 보이는 효과를 낸다.
- 롱래시 마스카라: 함유된 섬유질이 속눈썹에 부착되어 실제보다 길어 보이게 한다.
- 컬링 업 마스카라: 부착력과 강도가 좋고, 지속력이 뛰어나다.
- 투명 마스카라: 내추럴 메이크업에 어울리며 속눈썹을 컬링하는 효과를 준다.
- 방수 마스카라: 땀이나 물에 잘 지워지지 않아 여름철 수영장에서 사용하면 효과적이다.

9 인조 속눈썹

① 실제 속눈썹보다 길고 풍성하게 보이며, 눈이 크고 시원하게 보인다.

② 사용 방법

- 위쪽 속눈썹을 컬링한 후 마스카라를 바른다.
- 족집게로 글루를 바른 속눈썹을 바깥에서 안쪽으로 붙인다.
- 같은 방법으로 아래쪽도 붙인다.
- 원래 속눈썹과 함께 컬링해 준다.
- 마스카라를 적당량 바른다.

10 립(lip)

① 기능

- 입술 모양을 수정, 보완한다.
- 색상으로 입체감을 주고, 입술을 보호하는 기능이 있다.

② 입술 화장의 응용

- 스트레이트(straight)형: 활동적이면서 샤프하고 지적인 느낌을 준다.
- 인 커브(in curve)형: 안쪽 커브로 발랄하고 경쾌한 이미지를 준다.
- 아웃 커브(out curve)형: 바깥쪽 커브로 여성적이고 섹시하며, 에로틱한 분위기를 준다.

아웃 커브형 립 라인

11 블러셔(blusher)

① 사용 방법

- 넓게 바를 때: 중심에서 바깥쪽을 향해 바른다.
- 좁게 바를 때: 브러시를 상하로 움직이며 바른다.
- 선적인 느낌으로 바를 때: 한쪽 방향으로 바른다.

② 농도 조절

- 손등에서 미리 색상을 조절하여 가볍게 바른다.
- 얇게 여러 번 바른다.

12 하이라이트(highlight)와 섀딩(shadowing)

① 하이라이트: 밝은 파운데이션으로 광대뼈, 눈 밑(Y존), 눈썹 뼈(T존), 턱의 중간 부분을 밝게 해 돌출 효과를 낸다.

② 섀딩: 콧날, 얼굴 각진 부분(이마 헤어 라인 양 끝 쪽, 턱밑, 관자놀이, 뺨의 들어간 곳)에 어두운 파운데이션을 발라 후퇴 효과를 낸다.

③ 하이라이트와 섀딩의 경계는 자연스럽게 그러데이션 하는 블렌딩 기법으로 처리한다.

하이라이트와 섀딩 윤곽선

03 색채와 메이크업

1 색채의 정의 및 개념

1 색의 정의

① 사전에서는 '빛을 흡수하고 반사하는 결과로 나타나는 사물의 밝고 어두움이나 빨강, 파랑, 노랑 따위의 물리적 현상'을 의미한다.

② 일반적으로 색상, 명도, 채도로 나타낼 수 있는 모든 사물의 성질을 뜻한다.

③ **색채 지각의 3요소**: 빛, 물체, 시각

2 색의 원리

① **색상**: 색의 고유한 성질로, 색상환에서 가까울수록 유사색, 멀수록 반대색, 정반대에는 보색이 위치한다.

② **명도**: 색의 밝고 어두운 정도를 말하며, 순색에 흰색을 더할수록 명도가 높아지고 검은색을 더할수록 명도가 낮아진다.

③ **채도**: 색의 강약을 나타내는 성질로, '순도'라고도 한다.

④ **톤**: 배색의 중요 요소로, 색의 인상이나 느낌이 복합된 색을 구별하는 요소이다.

2 색채의 조화

1 색의 분류

① **무채색**: 밝고 어두운 정도의 차이인 명도만으로 구별되며, 그 밝기는 표면에서의 빛의 반사율로 정해진다.

② **유채색**: 무채색을 제외한 모든 색을 말한다.

2 메이크업과 색의 조화

① **콘트라스트 배색**: 보색 관계인 색의 조합으로 활기차고 화려한 느낌의 배색이다.

② **톤온톤 배색**: 동일 색상의 톤이 다른 배색이다.

빛

일반적으로 눈을 자극하여 시각을 일으키는 물리적 원인이며, 파장 범위가 약 380 ~ 780nm인 가시광선을 말한다.

가시광선

- 우리 눈에 들어와 색 감각을 일으키며, 색광이 포함되어 있어 프리즘으로 분해하면 여러 가지 다른 파장으로 나뉜다.
- 여러 파장을 포함한 빛을 각 파장으로 나누는 것을 분광이라고 한다.

계절별 색의 이미지

- **봄**: 라이트 톤, 브라이트 톤
- **여름**: 소프트 톤, 비비드 톤, 페일 톤, 라이트 그레이시 톤
- **가을**: 덜 톤, 디프 톤, 미디엄 그레이시 톤
- **겨울**: 스트롱 톤, 비비드 톤, 다크 그레이시 톤

빛의 3원색

가법 혼색(흰색) = 빨강 + 초록 + 파랑

안료의 3원색

감법 혼색(검은색) = 빨강 + 노랑 + 파랑

③ **톤인톤 배색**: 명도 차이가 크지 않은 가까운 위치에 있는 톤끼리의 조합에 의한 배색이다.

④ **그러데이션 배색**: 여러 가지 색이 단계적으로 질서 정연하게 배열된 조합이다.

⑤ **세퍼레이션 배색**: 두 색을 제3의 색으로 나누어 다른 색을 두드러지게 한다.

⑥ **악센트 배색**: 전체적인 색상의 흐름과 대조되는 색의 조화이다.

3 색채와 조명

1 색채

① **대비(color contrast)**: 색의 근접하는 다른 색과 상호 영향을 주어 그 차이가 강조되어 지각되는 효과이다.

- **동시 대비**: 2가지 색을 동시에 보았을 때 그 색의 보임이 상호 영향을 주는 것이다.
- **계시 대비**: 앞서 관찰하던 색의 진상색이 그 다음에 본 색 자극에 겹쳐 가볍 혼색이 된 상태로, 빨강 색지를 보다가 초록 색지를 보면 더 선명한 초록색으로 보이는 현상이다.

② **동화(color assimilation)**: 대비 현상과 반대로 어느 영역의 색이 그 주위 색의 영향을 받아 주위 색에 근접하게 변화하는 효과이다.

- **명도 동화**: 회색 바탕에 검정과 흰색의 무늬가 있는 그림에서 흰색 무늬가 있는 바탕의 회색은 본래의 회색보다 밝아 보인다.
- **색상 동화**: 노랑 무늬가 있는 바탕의 빨강은 원래의 빨강보다 노랑을 띠게 된다.
- **채도 동화**: 고채도의 빨강 무늬가 있는 바탕의 빨강은 더욱 선명하게 보인다.

2 조명

① **자연 조명(태양광)**: 백색인 태양 광선을 기준으로, 붉은빛은 온도가 낮고 푸른빛은 온도가 높다.

② **인공조명**: 주황색 형광등은 태양광과 가장 가까운 조명으로 매우 밝고, 백색 형광등은 태양광보다 낮아 연한 분홍빛을 띤다.

③ **직접 · 간접 조명**

- **직접 조명**: 직사광을 받으면 피부 표면의 굴곡에 따라 빛이 난반사되어 그림자를 만들기 때문에 메이크업한 얼굴이 예쁘게 보이지 않는다.
- **간접 조명**: 카페에서 많이 활용하는 것으로 피부색을 부드럽고 은은하게 보이게 해 준다.

메이크업 기기·도구 및 제품

1 메이크업 도구의 종류와 기능

1 기본 도구

화장 솜	화장수로 피부 표면을 정리할 때, 메이크업을 지울 때 사용
티슈페이퍼	피부의 유분기 제거, 각종 브러시 사용 시 필요
면봉	눈 끝, 립 라인, 아이 라인, 마스카라 등의 수정에 사용
스펀지 퍼프	피부의 베이스나 파운데이션을 바를 때 사용
면 퍼프	가루로 된 페이스 파우더를 바를 때 사용
스패튤러	메이크업 제품을 용기에 덜어 낼 때 사용, 동시에 컬러 테스트도 가능
팔레트	메이크업 시 색상, 재료를 혼합할 때 사용, 컬러 테스트 시 위생적임.
수정 가위	눈썹 수정 시 사용
아이브로 콤브	마스카라가 뭉치거나 눈썹이 엉킬 때 사용
족집게	눈썹을 정리할 때 사용
아이래시컬러	속눈썹의 결을 만드는 데 사용
브러시	담비·오소리·족제비의 털 등으로 만들며, 용도와 크기에 따라 종류 다양

2 메이크업 기기

(1) 반영구 화장(semi-permament make-up)

① **기능**: 눈썹, 입술, 아이 라인 등 매일 메이크업해야 하는 부분에 대하여, 피부 표피층 하부와 진피층 상부인 기저층에 미세 색소를 주입하여 화장의 효과를 내는 방법이다.

② **특징 및 주의 사항**

- 영구적인 문신과 달리 일정 기간 동안 유지되다가 서서히 없어진다.
- 개인의 피부 타입과 생활 습관에 따라 차이가 있지만, 일반적으로 눈썹은 1~2년, 아이 라인은 3년 이상 지속된다.
- 당뇨가 있거나 B형 간염 환자 등 병력이 있는 사람은 전문의와 충분히 상담한 후 시술 여부를 결정해야 한다.

면 퍼프

- 모델의 얼굴과 아티스트의 손이 닿는 부분에 받쳐 메이크업의 번짐을 방지
- 세척 시 중성 세제를 사용, 마른 수건 위에 놓고 말림.

브러시의 종류

- **앵글 브러시**: 짧은 모와 긴 모가 섞여 있는 브러시로, 크림 타입 파운데이션과 같은 베이스 메이크업을 하는 데 사용
- **아이 브러시**: 숱이 적고 길이가 긴 것은 섬세하고 깔끔한 아이 라인을 표현하는 데 적당
- **눈썹용 브러시**: 자연스러운 눈썹 결을 살리기 위해 눈썹 결 방향으로 빗을 때 사용
- **립 브러시**: 털이 부드럽고 탄력성이 좋아야 하며, 입술 선을 따라 라운드형과 스트레이트 브러시를 병용
- **치크 브러시**: 털이 부드럽고 풍성해서 윤곽 수정이나 볼 섀도 용도로 사용
- **팬 브러시**: 부채꼴 모양으로 과다한 파우더를 털어 내는 데 사용
- **페이스 브러시**: 크기가 가장 크고 부드러워 퍼프 대신 사용하거나 팬 브러시 용도로도 사용
- **마스카라, 스크루 브러시**: 빳빳하고 촘촘하게 박힌 털이 마스카라한 눈썹의 결을 살려 펴 줌.

- 반영구 화장 시술 당일에는 세안을 피하고, 이후에는 뜨거운 물이나 비누가 닿지 않게 주의하며, 자연스럽게 시술 부위의 각질이 떨어지게 해야 한다.

③ **종류**: 헤어 라인, 눈썹 문신, 아이 라인 문신, 입술 문신 등이 있다.

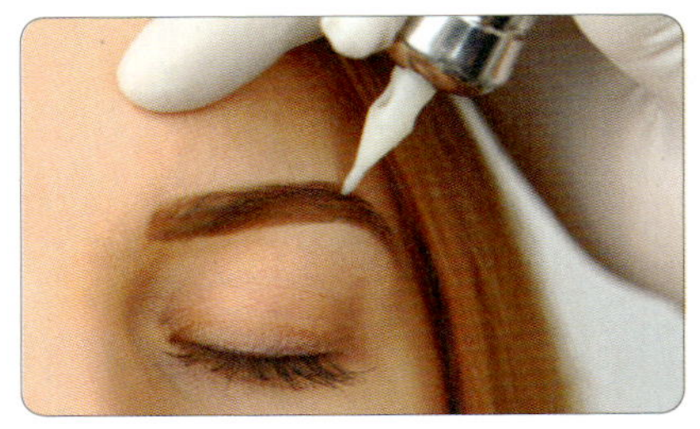

▲ 눈썹 문신

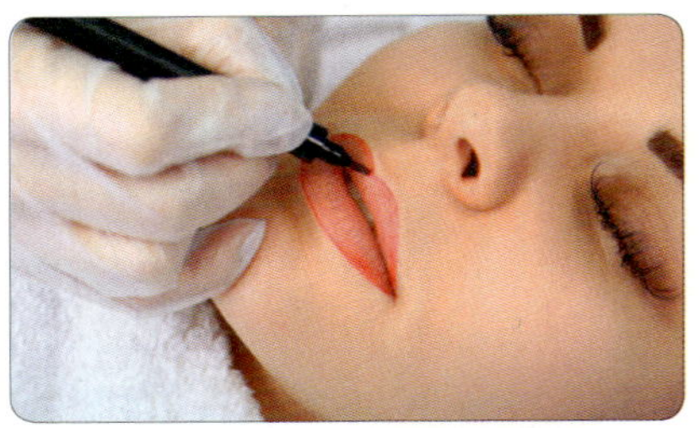

▲ 입술 문신

(2) 제모(epilators)

① **기능**: 신체의 털을 제거하여 미적 효과를 높이고, 메이크업 제품의 흡수를 도와 지속력을 높인다.

② **특징**: 현재는 여성의 미용을 위한 겨드랑이나 비키니 라인 등의 제모뿐 아니라, 호감을 주는 인상 등을 위하여 남성의 제모도 늘고 있다.

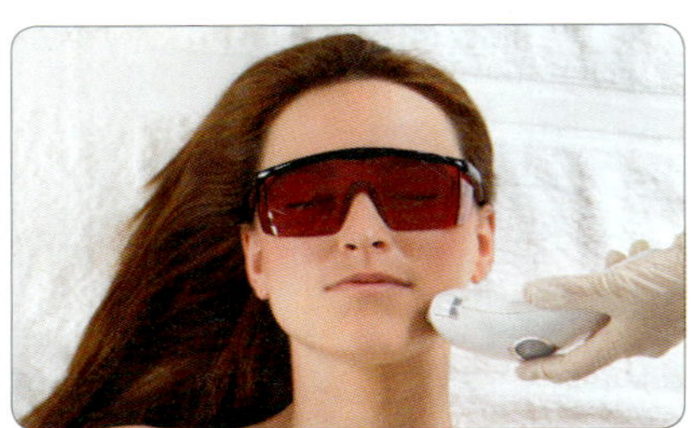

▲ 얼굴 잔털 제거

③ **종류**: 얼굴의 잔털 제모, 과도한 수염 정리 및 제모, 이마 라인 정리를 위한 제모 등이 있다.

3 에어브러시(airbrush)

① **기능**: 파운데이션이나 섀도 등을 미스트 형태로 만들어 분사하는 방법으로, 피부 자극이 적고 고르게 흡수 · 발색되며, 메이크업을 오래 유지시켜 준다.

② **특징**: 영화 촬영 현장이나 패션쇼 등 전문가들이 자주 쓰는 메이크업이었지만, 현재는 더 일반화되어 깨끗하고 빛나는 피부 표현을 위하여 사용하고 있다.

▲ 에어브러시를 이용한 메이크업

기타 제품

① **진동 기기 메이크업**
- 메이크업에 진동 기기를 이용하는 방법이다.
- 부드러운 진동으로 마사지하여 피부의 노폐물 제거를 돕는 진동 클렌저나, 파운데이션의 흡수를 도와 매끄러운 피부 표현을 만들어 주는 진동 파운데이션 등이 있다.

② **홈 스킨케어 기기**
- 집에서도 일상적으로 피부 관리를 할 수 있는 제품들로, 레이저나 고주파를 이용한 것들이 일반적이다.
- 민감성 피부의 진정이나 주름 개선, 보습, 마사지 등의 효과를 위하여 사용한다.

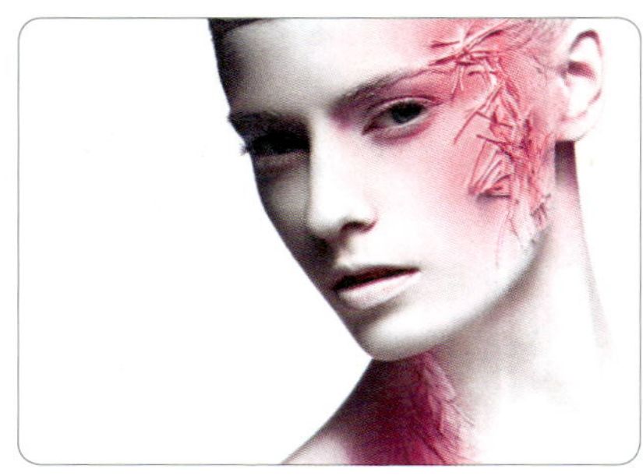

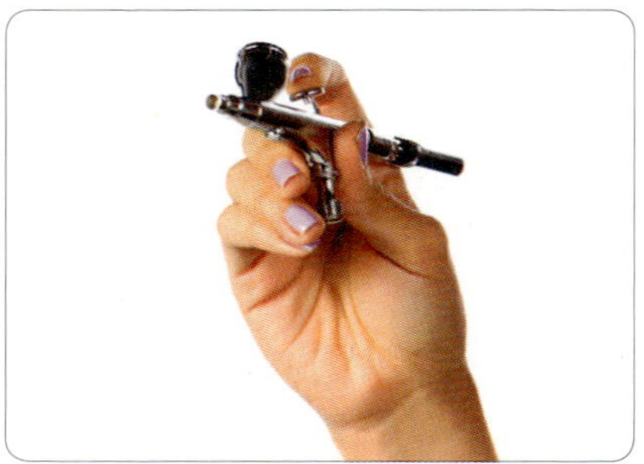

1 신체 부분을 만들 때 사용하는 제품

① **알지네이트(alginate)**: 얼굴, 치아, 신체의 본을 뜰 때 사용하는데, 물과 혼합한 후 2~5분 정도면 굳는다.

② **실리콘(silicone)**: 본이나 틀을 만드는 데 적합하며, 고가이다.

③ **콜드 폼(cold foam)**: 라텍스로 만든 형태의 빈 공간을 채울 때나 상처, 인조 피부, 마스크를 만들 때 사용한다.

④ **실리콘 스프레이(silicone spray)**: 틀에 넣은 재료가 틀에서 쉽게 분리되도록 뿌리는 분리제이다.

⑤ **석고(plaster of paris)**: 틀을 만들 때 사용하는데, 석고가 굳는 데 걸리는 시간은 20~30분 정도이다.

⑥ **석고 붕대(plaster of bandage)**: 알지네이트나 실리콘으로 본을 뜰 때 형태를 유지하기 위해 사용된다.

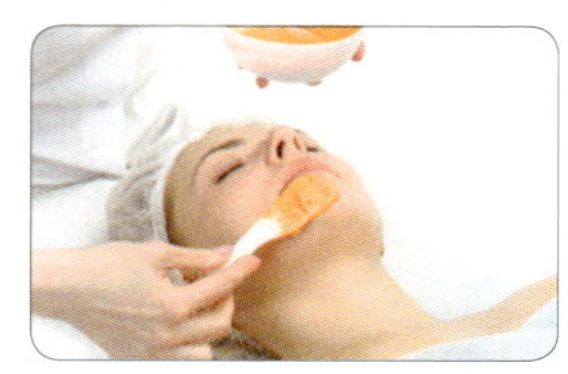
알지네이트

콜드 폼
• 주제와 경화제로 구성되어 있고, 이 둘을 섞어 상온에서 작업한 후 30분 정도 경과되면 결과물을 볼 수 있다.
• 석고의 음각과 양각에 분리제를 바르고, 양각에는 발포되는 것을 대비하는 작은 구멍이 필요하다.

2 상처를 표현할 때 사용하는 제품

① **실러(sealer)**: 왁스로 만든 상처, 눈썹, 마스크의 가장자리를 밀봉 처리해 경계선의 흔적을 커버한다.

② **핫 폼 라텍스(hot foam latex)**
• 상처, 인조 표피, 마스크, 신체 일부분을 만들 때 사용한다.
• 오래 보관 시 굳거나 변질의 우려가 있다.
• 핫 폼 라텍스 스킨을 붙일 때 피부는 깨끗한 상태여야 한다.

③ **왁스(wax)**
• 인조 코, 돌출된 부위, 상처 등의 분장을 할 때 사용한다.
• 색상과 점도를 선택해서 사용한다.

④ **젤라틴(gelatine)**
• 화상을 표현할 때 사용한다.
• 뜨거운 물과 혼합하여 사용한다.

⑤ **젤스킨(gelskin)**: 화상, 상처, 신체의 일부분을 제작할 때 사용한다.

⑥ **플라스트(plast)**
• 반 고체 상태의 물질로 굳기 정도에 따라 용도와 명칭이 구분된다.
• 칼자국과 같은 얼굴의 상처, 눈썹 지우기, 눈가의 주름을 표현할 때 사용한다.

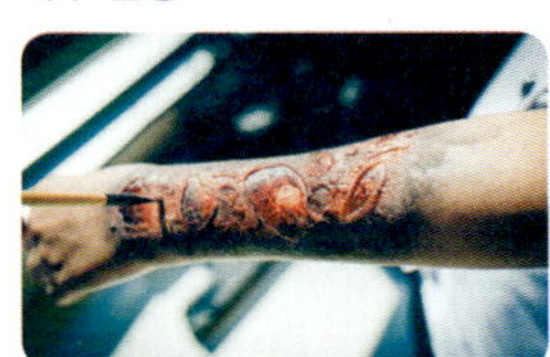
특수 분장

⑦ 콜로디온(collodion)

- 유연한 재질: 솜 또는 티슈로 상처를 표현한다.

- 딱딱한 재질: 오래된 칼자국 흉터를 표현할 때 사용한다.

⑧ 다텍스(datex): 암모니아를 제거한 라텍스로, 얼굴이나 손등에 주름을 표현할 때 사용한다.

⑨ 액체 라텍스(liquid latex)

- 생고무를 암모니아수에 용해한 흰색 고무액이다.

- 대머리 모자, 상처, 마스크 등을 만들 때 사용한다.

⑩ 글라잔(glazen)

- 대머리 모자(bold cap)나 입체적인 상처를 표현할 때 사용하는 액상 플라스틱이다.(인체에 유해하므로 통풍이 잘 되는 곳에서 작업)

- 점도를 묽게 하거나 만들어진 것을 수정하기 위해 녹일 때는 아세톤을 사용한다.

❸ 치아를 만들 때 사용하는 제품

① 치아 에나멜(tooth enamel)

- 치아가 빠지거나 변색된 것을 표현할 때 사용한다.

- 색상은 검정, 흰색, 빨강, 갈색 등이 있다.

② 치아 왁스(tooth wax)

- 치아 사이를 채우거나 형태를 변형시킬 때 사용한다.

- 치아가 빠진 형태를 연출할 때 사용한다.

❹ 피를 만들 때 사용하는 제품

① 인조 피(artificial blood): 식용 색소, 물엿, 물, 초콜릿, 시럽 등을 사용해 다양한 색상과 점도를 가진 인조 피를 제조할 수 있다.

② 가루 피(blood powder): 피의 붉은 색을 표현하는 파우더로 물과 혼합해 사용하며 식용 색소로 대신 사용할 수 있다.

③ 플래시 스케브(flash scab): 덩어리지거나 굳은 피의 효과를 낼 때 사용한다.

❺ 접착 기능을 가진 제품

① 픽스 스프레이(fixative spray): 작품을 오래 지속시키기 위한 고착제이다.

② 보철 접착제(prosthetics adhesive): 라텍스 또는 폼으로 만든 상처나 마스크를 붙이는 데 사용한다.

③ 보철 접착제 제거제(prosthetics adhesive remover)

- 보철 접착제를 제거하는 데 사용한다.

- 석유나 알코올로 대용 가능하다.

④ 스프리트 검(sprit gum)

- 메틸알코올로 송진을 용해한 것이다.

- 각종 분장에 두루 사용하는 접착제이다.

⑤ 스프리트 검 제거제(sprit gum remover)

- 스프리트 검을 제거하는 데 사용한다.

- 제거 후 비누로 한 번 더 씻어 내야 한다.

6 색조 기능을 가진 제품

그리스 페인트

그리스 페인트 (grease paint)	라텍스, 마스크, 폼, 플라스틱 등의 표면에 채색
라이닝 컬러 (lining color)	• 분장용 유성 컬러, 크림 라이너 • 스펀지나 손으로 펴 바르며 사용 • 페이스 페인팅, 보디 페인팅, 볼터치, 수염 자국, 동물 분장 등에 사용 • 색은 선명하지만 파우더를 덧발라야 묻어나지 않음. • 파운데이션과 섞어 조색 가능
컬러 펜슬 (color pencil)	눈썹, 노인 분장 시 주름, 검버섯 등을 표현하는 데 사용
검정 파우더 (charcoal powder)	숯가루, 화상이나 그을음, 재를 표현하는 데 사용

7 분비물, 수염을 표현할 때 사용하는 제품

① 글리세린(glycerine): 눈물, 진물, 땀 등을 표현할 때 사용한다.

② 윤활 젤리(lubricant jelly): 진물이 흘러 번들거리는 것을 표현할 때 사용한다.

③ 생사(raw silk)

생사(raw silk)

- 염색하여 사용할 수 있는 비단실로 수염에 사용한다.

- 부드럽고 윤기가 적고 습기에 약한 성질이 있어 인조사와 섞어 사용한다.

④ 인조사(artificial hair)

- 굵기와 색상이 다양해 수염 분장용 재료로 적합하다.

- 뻣뻣하지만 윤기가 있고 습기에 강해 사실적으로 표현할 수 있다.

⑤ 크레이프 울(crape wool)

- 양털을 꼬아 만든 것으로 색상이 다양하다.

- 수염, 털을 표현할 때 유용하다.

⑥ 티크(tique): 찍는 수염 작업에 쓰인다.

⑦ 스티플 스펀지(stipple sponge)

- 벌집 형태의 스펀지이다.

- 상처·수염 자국, 얼굴의 기미나 주근깨 등을 표현하는 데 사용한다.

05 메이크업 시술

1 기초화장 및 색조 화장법

 기초화장

① 화장품을 구입하면 바르는 순서가 명시되어 있으므로, 사용법을 확인하고 발라 준다.

② **일반적인 순서**: 스킨 → 로션 → 에센스 → 아이 크림 → 크림 → 선크림 (화장품에 따라 로션과 에센스의 순서가 바뀔 수 있음.)

③ 한 제품을 바르고 5분 정도는 살짝 두드려 흡수되도록 하고, 다음 단계를 진행한다.

④ 기초화장의 마지막 단계인 선크림은 소량을 2~3회 덧발라 주는 것이 효과적이며, 외출 30분 전에는 바르도록 한다.

2 색조 화장법

① **피부**: 메이크업 베이스, 파운데이션, 컨실러, 파우더 등이 있다.

② **포인트 화장**

- 눈, 입술, 볼, 입체감 등을 강조하여 색조 화장에 포인트를 준다.
- 아이 라이너, 립스틱, 블러셔, 하이라이트 등을 이용하여 한 곳에 포인트를 준다.

2 계절별 메이크업

1 봄철 화장

① **피부 화장**: 화사하고 자연스러운 피부 표현이 되도록 두껍지 않게 한다.

② **눈 화장**

- 봄의 계절감을 살리는 파스텔 톤을 이용하여 표현한다.
- 아이 라이너로 눈매를 또렷하게 만들되 두껍지 않게 하며, 눈꼬리 부분을 강조하여 1~2mm 정도 올려 그려 준다.

기초화장의 의미

피부에 수분과 영양을 공급하여 다듬고 메이크업을 효과적으로 하기 위한 기본 화장이다.

기초화장의 효과

장기적으로 피부 관리가 손쉽게 유지되고, 색조 화장 시 수정 화장을 할 필요가 적어진다.

메이크업 베이스

피부에 윤기를 주고 파운데이션의 발색력을 높이는 역할을 한다.

파운데이션

피부 결점을 가려 주는 제품으로, 안에서 밖으로 밀듯이 볼, 턱, 코, 이마 순으로 발라 준다.

컨실러

국소 부위의 잡티나 주근깨 등을 완벽히 커버하기 위하여 사용한다.

파우더

메이크업의 마무리 단계에서 사용하여 유분기를 잡아 주고, 색조 화장을 피부에 밀착시켜 준다.

③ **입술 화장**: 핑크 계열을 베이스로 하고, 위에 립글로스를 발라 준다.

④ **볼 화장**: 핑크색과 장미색을 이용하여 볼 뼈 부분을 둥글게 발라 준다.

2 여름철 화장

① **피부 화장**: 자외선 차단제를 바르고 화장을 하며, 번들거리지 않도록 유분을 조절한다.

② **눈 화장**

- 브라운 계열로 눈썹을 그리고, 아이 섀도는 시원하고 청량한 색으로 상큼한 눈매를 강조한다.
- 눈 아래의 언더 섀도는 좁은 팁을 이용하여 회색으로 눈꼬리 부분에서 1/3까지 라인을 그린다.

- 컬러감이 있는 아이 라이너와 마스카라도 해 준다.

③ **입술 화장**: 여름철 화장의 특징은 피부 화장을 약하게 하고, 와인 색 등의 강렬한 색감을 이용하여 입술에 포인트를 주는 것이다.

④ **볼 화장**: 음영만 살려 준다.

3 가을철 화장

① **피부 화장**: T-존과 눈 밑 부분을 밝게 하여 전체적인 이미지를 밝게 만든다.

② **눈 화장**

- 눈썹은 브라운 펜슬로 시원하게 일자형으로 그린다.
- 베이지색 아이 섀도를 전체적으로 바르고, 진한 초콜릿 색으로 눈꼬리에 포인트를 준다.

- 선명한 눈매 표현을 위하여 마스카라도 사용한다.

③ **입술 화장**

- 입술 라인을 진한 브라운 계열의 립 라이너로 둥글고 넓게 그려 준다.
- 브라운 컬러로 립스틱을 바르고, 립글로스를 살짝 덧발라 주면 볼륨감 있는 입술이 표현된다.

④ **볼 화장**: 연한 브라운으로 볼 부분을 넓게 펴 발라 여성스러움을 강조한다.

4 겨울철 화장

① **피부 화장**: 기본적으로 피부 보습에 주의를 기울이고, 따뜻함이 돋보이게 핑크빛으로 연출한다.

② **눈 화장**

- 눈썹을 각지게 브라운으로 그려 주면 따뜻해 보인다.
- 섀도는 아이 홀 부위, 눈꼬리 쪽에서부터 와인색을 터치하여 눈두덩이 움푹 들어간 부위에 실루엣 처리하여 부드럽고 입체적인 눈매를 만들어 준다.
- 마스카라는 위, 아래 다 바른다.

③ **입술 화장**: 입술은 립 라이너로 윤곽을 살리고, 레드 계열로 아웃 커버형으로 그린다.

④ **볼 화장**: 와인 계열 색상으로 연하게 얼굴 라인 전체를 터치해 주고, 광대뼈 부분을 조금 더 강조해 준다.

3 얼굴형별 메이크업

1 둥근형 얼굴

세로선으로 보완하여 얼굴의 양쪽 측면에 섀딩과 이마, 콧등, 턱 끝에 하이라이트를 주어 얼굴이 전체적으로 길어 보이도록 한다.

2 사각형 얼굴

이마와 턱 선의 각진 부분에 섀딩을 주어 곡선으로 처리하여 여성적인 이미지를 연출한다. 이마와 콧등, 턱 끝까지 하이라이트 처리를 하여 세로의 길이를 강조한다.

3 긴 형 얼굴

이마와 코끝, 턱을 가로 방향으로 어둡게 섀딩을 하여 짧아 보이도록 한다.

4 역삼각형 얼굴

양 볼에 하이라이트를 주어 통통해 보이도록 하며, 양 끝과 턱 끝에 섀딩을 주어 달걀형으로 보이도록 한다.

5 삼각형 얼굴

이마와 눈 주위를 밝게 처리하여 볼에 비해 빈약한 부분을 보완하고, 턱뼈 양 끝에 섀딩을 주어 시선이 얼굴 위쪽에 머물도록 한다.

눈썹 화장법
- **둥근형 얼굴**: 약간 치켜 각지게 올리듯이 그림.(각진 눈썹)
- **사각형 얼굴**: 활 모양으로 둥글게 그림.
- **긴 형 얼굴**: 일자 눈썹으로 그림.
- **역삼각형 얼굴**: 자연스럽게 그림.(표준형 + 아치형)
- **삼각형 얼굴**: 눈의 크기와 상관없이 크게 그림.

입술 화장법
- **얇은 입술의 화장**: 위·아래 입술을 곡선으로 약간 늘림.(아웃 커브)
- **크고 두꺼운 입술**: 실제 입술 선보다 작게 그림.(인 커브)

T.P.O에 따른 메이크업

1 T.P.O의 일반적인 특징

① Time: 낮에는 자연스럽게 표현하고, 밤에는 조명 때문에 짙게 표현한다.

② Place: 실내는 짙게 표현하고, 실외는 자연스럽게 표현한다.

③ Occasion: 상황에 따라 메이크업의 분위기를 밝고 화사하게 혹은 차분하게 표현한다.

2 무대 공연 메이크업의 구분

① 일반 메이크업(straight make-up)
- 출연자를 아름답게 표현하며 조명으로부터 피부를 보호할 수 있는 메이크업이다.
- MC, 아나운서, 뉴스 진행자 등에게 적용한다.

② 성격 메이크업(character make-up)
- 배역의 개성을 시각적으로 강조하는 메이크업이다.
- 코미디나 드라마에 적용한다.

③ 특수 메이크업
- 연기자를 실존 인물과 흡사하게 보이기 위한 특수 분장이다.
- 20대 연기자를 100세 이상의 노역으로, 상상 속의 인물을 창조하거나 컴퓨터를 이용한 메이크업을 말한다.

T.P.O

시간(Time), 장소(Place), 상황(Occasion)에 따른 특성을 고려한 메이크업으로, 포인트를 한 곳에 두도록 한다.

---

5 웨딩 메이크업

1 본식 메이크업

① 이미지
- 최신 트렌드가 반영된, 자연스러우면서 자신의 개성이 살아 있는 메이크업을 한다.
- 웨딩드레스와 식장 분위기(조명, 배경)를 고려해서 연출한다.

② 피부
- 자연스러우면서 꼼꼼하게 표현한다.
- 수정하지 않도록 깨끗하게 정돈하는 것에 중점을 둔다.

③ 눈 화장
- 눈썹은 아랫부분을 둥글게 정리한다.
- 아이 섀도는 노란색이나 짙은 갈색으로 그러데이션한다.

웨딩 메이크업의 개념 및 특징

결혼식을 위한 메이크업으로, 예식 장소 및 시간 등을 고려하여 신랑, 신부의 얼굴형과 이미지에 어울리는 분위기로 연출해야 한다.

④ **입술**: 밝은 핑크나 진보라, 오렌지색으로 도톰하고 둥글게 표현한다.

⑤ **치크**: 핑크색이나 연한 갈색을 주로 쓰고, 오렌지색으로 리터치한다.

② 야외 촬영 시 메이크업

① **이미지**

- 자연광 속에서 자외선 차단 제품을 사용하여 직사광선에 노출을 줄인다.

- 순수하고 투명한 색조로 연출한다.

- 색채 메이크업은 짙게 연출하는 윤곽 수정 메이크업이 필요하다.

② **피부**: 전체적으로 화사하게 표현한다.

③ **눈 화장**

- 얼굴형에 맞게 눈썹을 그린다.

- 신부의 이미지를 반영하여 아이 섀도의 색상을 선택하고, 여러 번 덧칠한다.

- 필요에 따라 인조 속눈썹을 심거나 붙인다.

④ **입술**: 입술 선은 깔끔하게 표현한다.

⑤ **치크**: 전체를 가볍고 은은하게 표현한다.

③ 청순한 신부 메이크업

베이스	• 흰색 메이크업 베이스에 라이트 베이지 리퀴드 파운데이션을 바름. • 핑크색 파우더로 마무리
눈	• 눈썹은 그레이와 브라운을 사용하여 자연스럽게 아치형으로 그림. • 핑크, 산호색, 엷은 오렌지색을 기본으로 하여 체리 핑크나 보라색 등으로 포인트를 줌. • 인조 속눈썹은 심거나 자연스런 길이로 잘라 붙임. • 마스카라는 보라색 계열이나 검은색으로 볼륨감 있게 잘 빗어 깊이감을 줌.
입술	• 입술산은 둥글게 그림. • 핑크 계열의 립스틱을 바른 후 립글로스를 덧바름.
치크	• 블러셔는 핑크 계열이나 산호색으로 선택 • 볼 뼈 위에 둥근 느낌으로 발라 줌.

④ 밝고 화사한 이미지의 신부 메이크업

베이스	• 그린색의 메이크업 베이스로 피부 톤을 정리 • 피부색에 따라 핑크나 밝은 베이지 파운데이션으로 꼼꼼하게 바름.
눈	• 아이 섀도는 오렌지 계열을 기본으로 그린, 밝은 핑크 계열로 포인트를 줌. • 인조 속눈썹을 붙이고, 마스카라는 브라운이나 검정을 사용해 볼륨감과 깊이감을 줌.
입술	• 립스틱은 붉은색, 자주색, 레드, 오렌지, 벽돌색을 잘 혼합하여 사용 • 밝고 글로시한 투명 립글로스로 마무리
치크	• 블러셔는 산호색이나 오렌지 브라운 색으로 선택 • 볼 뼈 중심으로 발라 줌.

5 지적인 이미지의 신부 메이크업

베이스	• 펄이 없는 베이스로 촉촉하고 투명하게 보이도록 표현 • 보습제가 적당히 스며들면 라텍스를 이용하여 흰색의 메이크업 베이스를 피부에 균일하게 바름.
눈	• 눈썹은 약간 둥근형에 가까운 아치형으로 그림. • 아이보리나 흰색의 베이스 색상을 눈두덩이 전체에 바름. • 핑크나 연한 퍼플을 이용하여 그러데이션함.
입술	• 연한 살구색이나 연한 핑크로 자신의 입술 형태를 그대로 살려 그림. • 립스틱의 색상이 연할수록 파운데이션과 섞여서 탁한 색을 띠므로 파운데이션을 지우는 것이 좋음.
치크	• 연한 베이지를 이용하여 얼굴에 가볍게 섀딩 • 살구색이나 핑크색의 블러셔를 볼 뼈에 발라 줌.

6 귀엽고 사랑스러운 이미지의 신부 메이크업

베이스	• 피부가 건조해 보이지 않고 촉촉하고 투명하게 보이도록 표현 • 보습제가 적당히 스며들면 라텍스를 이용하여 흰색의 메이크업 베이스를 피부에 균일하게 바름.
눈	• 눈썹은 최대한 본인 눈썹을 살려 그림. • 아이보리나 흰색의 베이스 색상을 눈두덩이 전체에 바름. • 눈두덩은 핑크 펄이 들어간 색상을, 쌍꺼풀 라인에 진한 핑크나 연한 보라색을 이용하여 그러데이션함.
입술	• 연한 살구색이나 연한 핑크 색상으로 본인 입술 형태를 그대로 살려 그림. • 립스틱의 색상이 연할수록 파운데이션과 섞여서 탁한 색을 띠므로 파운데이션을 지워 줌.
치크	• 연한 베이지로 섀딩 • 살구색이나 핑크색을 볼 뼈에 발라 줌.

7 신랑 메이크업

① **이미지**: 자연스러운 베이스 톤에 신경 쓰고, 목 부분과의 경계가 생기지 않도록 그러데이션해 준다.

② **피부**: 메이크업을 하기 수일 전부터 마사지와 팩을 이용하여 피부를 정리, 기초화장 후 베이지 계열의 메이크업 베이스를 바른 뒤 컨실러를 사용하여 얼굴의 잡티를 가려 준다.

③ **눈 화장**
- **눈썹**: 에보니 펜슬을 이용하여 결 방향으로 그려 준다.
- **섀도**: 붉은 기 없는 중간 브라운을 전체적으로 펴 바른다.
- **아이 라이너**: 펜슬로 약하게 그린 후 면봉으로 펴 준다.

④ **입술**: 다크 브라운 계열을 색을 사용하여 립 라인 중심으로 가볍게 바른 후, 티슈로 닦아 낸다.

⑤ **치크**: 붉은 기가 적은 브라운 계열을 사용, 사선으로 터치하여 자연스러운 입체감과 남성다움을 표현한다.

신랑의 피부 표현

본래의 피부와 같은 색상의 리퀴드 파운데이션을 바르고, 돌출된 부분은 약간의 음영을 주며 투명 파우더를 두드려 마무리한다.

6 미디어 메이크업

1 지면 광고 메이크업

① 모델이 착용한 의상의 색과 헤어스타일을 미리 검토한다.

② 시안을 검토하여 스태프들과 콘셉트을 정한다.

③ 광고에 대한 지식과 감각을 키우기 위해 자료 수집을 한다.

④ '아이디어 회의 → 시안 작업 → 모델 섭외 → 광고 제작'의 순으로 작업한다.

2 영상 광고(CF) 메이크업

① 콘티는 촬영할 광고의 줄거리를 장면마다 그려서 만든 대본으로, CF 촬영 전 등장인물의 캐릭터를 분석해 메이크업을 구상한다.

② '콘티 숙지 → 제작 회의 → 모델 섭외 → 촬영'의 순으로 작업한다.

3 흑백 사진 메이크업

① 피부는 번들거림이 없도록 매트하게 표현한다.

② 그레이 색상을 눈두덩에 바른 뒤, 다크 그레이나 블랙으로 포인트를 주면 또렷한 눈매가 완성된다.

③ 립스틱은 다크 브라운이나 와인 등의 짙은 색으로 선명하게 표현한다.

4 영상 메이크업

① 조명으로 인해 얼굴이 밝아 보이므로 연기자의 피부색보다 약간 어두운 색의 파운데이션을 사용하고, 투명 파우더로 매트하게 표현하며, 지속력을 위해 콤팩트 파우더로 마무리한다.

② 섀딩과 하이라이트로 입체감을 표현하고, 아이 섀도는 붉은 계열의 색상보다 브라운, 오렌지, 갈색, 피치(복숭아색) 등을 사용하며, 또렷한 눈매를 위해 아이 라인은 꼭 한다.

③ 대본을 숙지해 캐릭터, 시대적 배경, 유행 사조 등을 분석한다.

④ 화면에 확대되어 보이므로 피부 표현에 중점을 두어야 한다.

영상 매체용 메이크업

06 피부와 피부 부속 기관

1 피부 기능과 구조

1 피부의 구조

① 표피

각질층	• 피부의 맨 위 층으로 죽은 세포의 각화 현상이 일어남. • 유해 물질에 대한 저항력과 자외선의 침투를 막는 기능 • 케라틴 단백질이 주성분으로, 10 ~ 20%의 수분 함유
투명층	• 무핵의 투명 세포, 편평 세포, 엘라이딘이 존재 • 피부 외부로부터 수분 침투를 막는 방어막
과립층	• 케라토히알린 과립을 함유 • 피부 내부의 수분 증발을 방지, 피부염·피부 건조 방지를 하는 수분 저지막 • 각화 작용이 시작되는 단계
유극층 (말피기층, 가시층)	• 5 ~ 10층의 유핵 세포 • 면역 기능을 담당하는 랑게르한스 세포가 존재
기저층	• 표피의 가장 깊은 층으로 단층, 유핵 세포로 구성 • 진피의 유두층으로부터 영양을 공급 받고, 표피 세포를 신생 • 각질 형성 세포, 색소 형성 세포(멜라노사이트), 머켈 세포 존재

▲ 표피의 구조와 구성 세포

피부

표피, 진피, 피하 조직의 3층 구조

표피의 정의

• 피부의 가장 외부에 5층 구조로 되어 있고, 혈관과 신경이 없으며 편평 상피 세포이다.

• 피부의 가장 깊은 층에서 새로운 세포를 만들어 상층에 보내면, 표면의 각질화된 죽은 세포는 떨어져 나간다.

• 산에는 강하나 알칼리에는 약하다.

구성 세포

① **각질 형성 세포**

• 기저 세포 분열: 기저층 → 유극층 → 투명층 → 각질층으로 이동

• 세포 각화 주기는 28일(4주)

② **멜라닌 세포**

• 표피의 기저층에 존재, 피부색 결정

• 멜라노사이트는 자외선의 영향을 받음.

③ **랑게르한스 세포**: 유극층, 면역 담당

④ **머켈 세포**: 촉각을 감지

② 진피

- 기능: 피부의 90%를 차치하며, 다른 조직들을 유지하고 보호해 준다.
- 구성: 탄력(엘라스틴) 섬유와 교원(콜라겐) 섬유가 있다.
- 구조

유두층	혈관 신경이 있고, 혈액을 통해 기저층에 영양 공급, 산소 운반·신경 전달 기능, 촉각 및 통각이 위치
망상층	진피의 80% 차지, 교원 섬유와 탄력 섬유로 구성된 그물 모양의 결합 조직

③ 피하 조직

- 외부 자극으로부터 신체 내부를 보호한다.
- 수분 조절, 영양소 저장, 체온 유지를 한다.
- 50~150 μm의 다양한 세포로 구성, 진피와 근육 및 뼈 사이에 지방을 다량 함유한 조직이다.

2 피부의 기능

① 피부는 신체의 표면을 덮고 있는 기관으로 다양한 생리 기능으로 신체를 보호한다.

② 피부는 감각수용기(머켈 세포)를 통하여 외부 환경으로부터 자극을 받아들인다.

③ 피부는 혈액과 림프를 통해 영양분이 전달되고 모공 등을 통해 체온을 조절한다.

④ 피부는 노폐물을 땀으로 배설하고, 비타민 D를 형성·저장한다.

⑤ 피부의 생리 기능

보호 작용	물리·화학적 장애, 자외선, 세균으로부터 보호
체온 조절 작용	피부는 혈관을 수축, 확장, 조절하기 때문에 발한은 중요한 작용임.
감각(지각) 작용	• 촉각, 통각, 냉각, 온각, 압각 등 감각기들의 반응 • 통각이 가장 많이 분포되어 있고, 온각이 가장 적게 분포
흡수 작용	모공과 각질을 통해 여러 물질을 제한적으로 흡수
호흡 작용	피부 표면을 통해서 산소와 이산화탄소를 교환
비타민 D 합성 작용	자외선을 쪼이면 피부 내에서 비타민 D를 형성
분비 및 배설 작용	체온 조절 목적으로 피지 분비와 땀을 배설

1 피지선(피지샘)

① 진피 망상층에 존재하고, 지방 분비선에 의해 분비된 유지방 물질로 모낭의 입구와 연결되어 있는 지방관을 통해 피부 밖으로 배출된다.

② 기능

- 수분 손실 억제와 항균 작용을 한다.
- 표피에 얇은 피지막을 형성하여 피부에 유화 작용을 하고, 모발의 부스러짐을 방지한다.
- 외부의 이물질 침투를 막고, 피부를 약산성 상태로 유지, 알칼리를 중화한다.

③ 종류

큰피지선	얼굴의 T존, 목, 등, 가슴에 분포
작은 피지선	전신에 분포
독립 피지선	입술, 대음순, 성기, 유두, 귀두(털과 관계없이 피지선이 존재)
무피지선	손 · 발바닥

2 한선(땀샘)

① 진피에 존재하고 전신에 분포하며 약산성 지방막을 형성한다.

② 기능

- 수분 분비와 노폐물 배설, 체온 조절을 한다.
- 열 운동, 감정 상태에 의해 활동이 증가한다.

③ 종류

아포크린선 (대한선)	• 겨드랑이, 유두, 외음부, 배꼽, 항문 주위에 분포되어 있는 땀샘 • 분비 이상으로 세균 감염을 가져와 겨드랑이 냄새를 유발하기도 함.
에크린선 (소한선)	• 거의 전신에 분포하며 무색, 무취로서 99%가 수분 • 노폐물 배설 및 체온 조절을 하며 피부 건조를 방지(pH 4.5 ~ 6.5의 약산성)

3 모발(털)

① 특징

- 케라틴이라는 경단백질로 구성되어 있다.
- 모발은 화학적인 성분에는 강하지만 물리적인 자극에는 약하다.
- 봄과 여름인 5~6월에 가장 빠른 성장을 나타낸다.

피지 분비량

하루 평균 1 ~ 2g, 남성 호르몬인 안드로겐에 의해 자극됨.

피지의 작용과 미용

- 수분 증발 억제
- 살균
- 유화

한선의 구조

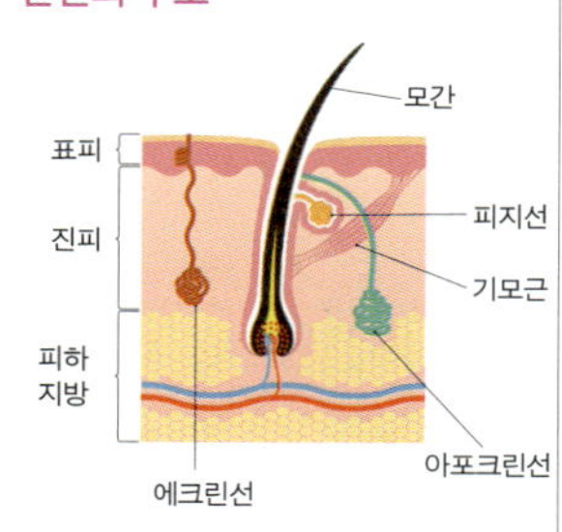

- 동물성 단백질 섭취가 모발의 건강에 도움을 준다.

- 모발의 수분 함량은 8~10%이다.

- 1일 성장량은 0.34~0.35mm, 수명은 4~5년이다.

- 속눈썹의 수명은 2~3개월, pH는 5.0 전후가 정상이다.

② **구조**

- 모간부: 피부 표면에 나와 있는 부분의 털 줄기

모표피	• 가장 바깥 부분을 비늘 모양으로 싸고 있으며, 10~15% 차지 • 모발의 강도를 결정하며 마찰에 약함.
모피질	• 모발의 중간에서 85~90%를 차지, 모발의 탄력 등의 성질을 좌우 • 멜라닌 과립의 양과 모수질 내의 공기 함량에 의해서 모발 색이 결정
모수질	모발의 중심부로 멜라닌 과립·기포를 함유

- 모근부 피부 내부에 있는 부분

모낭(모포)	모근의 겉을 싸고 있는 조직
모구	모근의 밑둥
모유두	털의 영양을 관장, 모발의 배아 세포에 존재
모모세포	• 모발을 구성하는 세포가 만들어지는 곳 • 멜라닌 세포도 함께 분포되어 모발의 색상을 결정
내·외모근초	모낭과 모표피층 사이에 존재하는 세포층
기모근	외부의 자극이나 온도 변화에 의해 털을 세우고, 피지를 분비함.

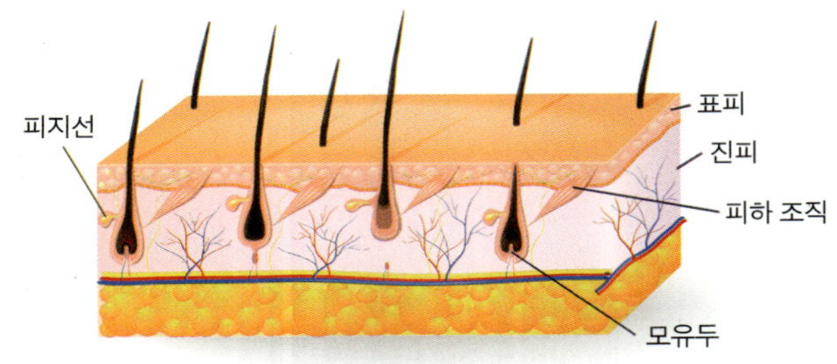

▲ **모발의 구조**

③ **성장 주기**: 성장기 → 퇴행기 → 휴지기 → 발생기

성장기	• 전체 모발의 80~90%, 모기질 세포가 성장하여 모발이 길어짐. • 남성은 3~5년, 여성은 4~6년, 눈썹은 3~5개월 정도 소요
퇴행기(퇴화기)	• 전체 모발의 1%, 성장이 정지되는 시기 • 수명은 1~1.5개월 정도
휴지기	모발의 10~15%, 성장이 멈추고 모발 탈락이 3~4개월 지속
발생기	다시 모유두의 활동이 활발해지면서 새로운 모발을 만들어 냄.

4 손톱과 발톱

구 분	명 칭	설 명
손 · 발톱 (외부)	네일 루트	손 · 발톱 뿌리
	조기질	손 · 발톱을 만들고 있는 형질
손톱 밑	네일 매트릭스	• 손 · 발톱을 만드는 세포를 생성하고 성장시키는 역할 • 손상 시 기형이 될 가능성 높아짐.
	네일 베드	• 손 · 발톱 바닥, 지각 신경, 모세 혈관 등이 존재 • 손 · 발톱의 신진대사와 수분 공급 역할
	루눌라	• 반달 모양의 흰색 부분 • 네일 베드와 매트릭스, 네일 루트를 연결
손톱을 둘러싼 피부	큐티클	손 · 발톱을 덮고 있는 피부
	네일 월	손 · 발톱 옆의 피부로 손톱 모양을 유지, 외부 감염 차단
	조하피	조곽과 손 · 발톱 사이의 홈 부분
	에포니키움 (상조피)	반달을 덮는 손 · 발톱 위의 얇은 피부 조직

5 손 · 발톱(조갑)

① 의미

- 경단백질인 케라틴과 아미노산으로 이루어진 피부의 부속 기관이다.
- 표피의 각질층과 투명층이 변형된 반투명의 각질판이다.

② 구조

- 조근: 손톱 뿌리
- 조체: 손톱 본체
- 자유연: 손톱 끝
- 조상: 손톱 밑의 피부, 신경 조직과 모세 혈관이 존재
- 조모: 손톱 뿌리 밑에서 세포 분열을 통해 손톱을 생산해 내는 부분
- 반월: 완전히 각질화되지 않아 반달 모양으로 희게 보이는 손톱 아랫부분

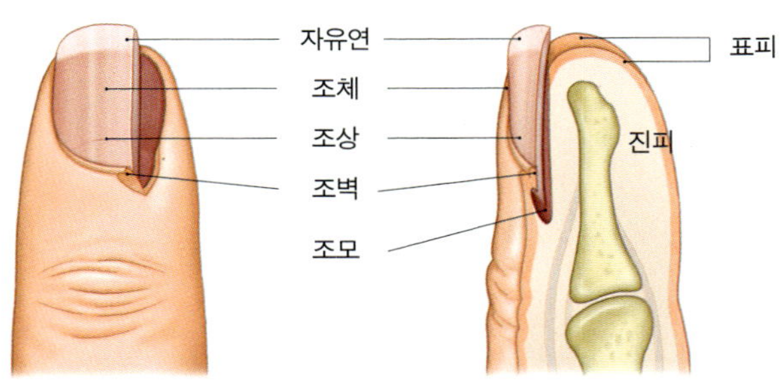

▲ 손톱의 구조

 07 피부 유형 분석

1 정상·지성·건성 피부의 성상 및 특징

1 정상 피부

① 정의: 가장 이상적인 피부 유형을 의미한다.

② 특징

- 피부 표면에 윤기가 있으며 수분 부족으로 인한 당김 증상이 없다.
- 피지 분비량이 적당하여 표면이 항상 촉촉하고 탄력이 있다.
- 유·수분이 적절히 조화를 이루고 기름샘과 땀샘의 활동이 정상적이다.

정상 피부의 관리
- 부드러운 클렌징크림으로 노폐물 제거
- 딥클렌징은 주 1회 효소 사용

2 지성 피부

① 정의: 과다한 피지 분비로 인하여 피부 트러블이 생기기 쉽다.

② 특징

- 피지 분비량이 매우 많아 얼굴이 항상 번들거린다.
- 피부가 거칠고 모공이 넓으며 저항력이 강한 피부이다.
- 여드름이 많이 나기 쉬운 피부이며, 화장이 쉽게 지워진다.

지성 피부의 관리
- 오일 성분이 없는 클렌징 젤 사용
- 모공 수축과 피지 분비를 조절해 주는 수렴 화장수 사용

3 건성 피부

① 정의: 피부의 유·수분량이 다른 피부에 비해 적은 편이다.

② 특징

- 세안 후 손질을 하지 않으면 피부가 당기는 느낌이 든다.
- 피부가 손상되기 쉬우며 주름이 발생하기 쉽다.
- 색소 침착이 발생되기 쉽고, 각질층의 수분이 10% 이하로 부족하다.
- 피부 모공이 매우 작아 눈에 띠지 않으며, 건조하여 화장이 들뜨고, 피부가 얇아 실핏줄이 생기기 쉽다.

건성 피부의 관리
- 부드러운 로션·크림 타입을 선택하여 노폐물 제거
- 유·수분을 공급하는 유연 화장수 사용

▲ 정상 피부   ▲ 지성 피부   ▲ 건성 피부

1 민감성 피부

① **정의**: 외부 자극에 예민하게 반응하는 피부이다.

② **특징**

- 피부 상태가 정상 피부에 비해 조절 기능이 저하되어 사소한 자극에도 강한 예민 반응을 나타낸다.
- 건성 피부의 특징과 함께 국부적으로 피부 홍반, 부종, 염증 현상이 나타난다.

2 복합성 피부

① **정의**: 지성과 건성이 공존하는 피부를 의미한다.

② **특징**

- 피지 분비의 불균형으로 두 가지 이상의 성질이 한 얼굴에 나타나는 상태를 말한다.
- 피지 분비가 많은 곳(T존)은 여드름이나 뾰루지가 생기기 쉬우며, 그 외는 거칠고 건조하다.

3 노화 피부

① **정의**: 피부 탄력이 저하되고 주름이 발생하는 피부이다.

② **구분**

- 일반적 노화: 피부 표면 전체에서 나이와 관련된 기능, 구조, 모양의 변화가 있다.
- 광 노화: 햇빛, 음주, 스트레스, 흡연, 생활 습관에 의한 노화이다.

③ **특징**

- 유전 · 환경 자극 · 기계적 요인 · 여성의 에스트로겐 결핍, 자외선 등이 원인이다.
- 수분과 피지가 부족하여 잔주름이 생기고 탄력이 부족하며 각질화된 피부이다.
- 25세 이후에 생기는 피부 생리의 자연적인 상태로 갈색 반점(검버섯)이 대표적 현상이다.
- 잡티 · 노인성 반점 · 사마귀가 생긴다.
- 유해 산소(활성 산소)로 인한 노화가 가장 유력하다.

민감성 피부의 관리
- 저자극의 민감성 피부 전용 클렌징을 사용
- 딥클렌징은 2주에 1회, 유연 화장수 사용

노화로 인한 진피 구조의 변화
① **생리적 노화**
- 표피와 진피의 구조적인 변화로 세포와 조직에 탈수 현상과 건조로 인해 잔주름을 발생
- 탄력 섬유와 교원 섬유의 감소와 변성으로 피부의 탄력이 저하되고 주름이 형성

② **환경적 노화**
- 외적인 자극이나 환경 및 생활 습관으로 인해 피부 노화가 발생
- 모세 혈관의 확장과 함께 작은 자극에도 트러블이 발생하고 색소 침착이 증가됨.

08 피부와 영양

1 3대 영양소, 비타민, 무기질

1 단백질

① 피부 구성 성분이며, 생체 구성 물질로 세포가 발육 · 성장하는 에너지원이 된다.

② 단백질의 기능
- 열과 에너지를 생성한다.(열량 영양소)
- 조직의 pH를 조절한다.
- 신체 조직, 효소 및 호르몬을 구성한다.

③ 단백질이 피부에 미치는 영향
- 피부의 윤택과 탄력, 저항력을 증진시킨다.
- 각화 작용에 필수적이며, 보습 작용을 강화한다.

2 지방

① 1g당 9kcal의 열량을 낸다.

② 체내에서는 합성되지 않는다.

③ 발육상 중요한 역할을 하기 때문에 결핍되면 성장이 멈추기도 하다.

④ **필수 지방산**: 리놀산, 리놀렌산, 아라키돈산이 있다.

3 탄수화물

① 에너지를 발생하고 혈당을 유지한다.

② 소장에서 포도당 형태로 흡수된다.

③ 구강에서 타액에 의해 맥아당을 덱스트린으로 분해한다.

4 비타민

① 소량으로 생리 작용을 조절하지만, 에너지를 공급하지는 않는다.

② 지용성 비타민

비타민 A	• 각화 주기를 정상화시키고 재생 크림(노화 피부)으로 이용 • 건조성 피부의 회복(피지와 땀의 분비 원활)을 도와줌. • 결핍 시 야맹증, 시력 상실, 안구 건조증이 나타남.

3대 영양소
- 단백질, 지방, 탄수화물
- 에너지원
- 생명 유지에 필요

단백질 중 필수 아미노산
- 반드시 음식물을 통해 섭취
- 아이소류신(Isoleucine), 류신(Leucine), 리신(Lysine), 페닐알라닌(Phenylalanine), 메티오닌(Methionine), 트레오닌(Threonine), 트립토판(Tryptophan), 발린(Valine), 아르지닌(Arginine), 히스티딘(Histidine) 등

탄수화물 · 단백질
1g당 4kcal의 열량

비타민 · 무기질
조절 영양소

비타민 D	• 피부 속에서 자외선에 의해 스스로 생성해 내는 비타민 • 체내의 칼슘과 인의 흡수를 촉진(뼈, 성장에 도움.) • 자외선으로부터 피부를 보호 • 결핍 시 어린이는 구루병, 성인은 골다공증이 나타남.
비타민 E	• 항산화제로 피부의 노화 방지 작용 • 결핍 시 적혈구 용혈, 빈혈이 나타남.
비타민 K, P	• 모세 혈관 벽 강화, 홍반에 효과적임. • 혈액 응고 인자 합성에 필요

③ 수용성 비타민

비타민 B_1	• 조혈 작용, 피부 면역력 증진 • 당질이 체내에서 대사될 때 꼭 필요한 영양소 • 결핍 시 각기병, 말초 신경염, 부종, 식욕 부진, 허약, 심장 마비 등이 나타남.
비타민 B_2	• 피부 보습과 탄력감을 증대 • 모세 혈관 순환, 신진대사를 촉진 • 결핍 시 구순구각염, 눈병이 나타남.
비타민 B_6	• 피부병을 예방 • 피지선의 기능 조절로 피지 분비 억제 작용 • 결핍 시 피로, 우울증, 불면증, 피부 질환, 면역력 저하, 신경 과민이 일어남.
비타민 B_{12}	• 악성 빈혈을 치료, 조혈 작용 • 결핍 시 악성 빈혈, 신경 장애, 부정맥이 나타남.
비타민 C	• 멜라닌 증가를 억제 또는 예방하고, 과색소 침착을 방지(미백 작용)함. • 결핍 시 괴혈병, 근육 쇠약이 나타남.

5 무기질

칼슘(Ca)	• 골격과 치아의 구조를 형성 • 심장과 골격, 근육의 수축과 이완 작용을 조절 • 신경 자극 및 감수성 유지, 체액 교환, 산과 알칼리 평형 및 조절 기능을 함.
인(P)	골격과 치아의 경조직 구성을 강화, 체액의 pH를 유지
아연(Zn)	호르몬 생산 및 기능에 관여
나트륨(Na)	• 혈액과 피부 사이의 수분 균형을 유지 • 과잉 시 고혈압, 부종, 혈액 순환계 질병을 유발
마그네슘(Mg)	pH 균형 유지, 삼투압 조절, 근육 이완, 신경 안정 기능을 함.
철분(Fe)	적혈구 속의 헤모글로빈에 함유되어 있고 산소 운반에서 중요한 역할
요오드(I)	• 기초 대사율 조절, 갑상선과 부신 기능 향상, 모세 혈관의 활동 촉진 • 부족 시 갑상선 기능 장애를 초래
기타 무기질	염소, 구리, 유황, 코발트, 크롬, 불소, 망간, 몰리브덴 등이 있음.

무기질

신체 조직을 형성하고, 혈액 응고·기능 조절·세포 기능 활성화에 필요

1 균형 잡힌 식단

① 적당한 칼로리 섭취와 비타민, 미네랄의 균형이 중요하다.

② 피부의 아름다움은 화장품뿐만 아니라 음식물 섭취로부터 만들어진다.

③ 내면의 영양을 고려하여 균형 잡힌 영양 공급이 필수적이다.

④ 균형 잡힌 식단을 통하여 충분히 소화 · 흡수시킨 후 노폐물 배출 작용으로 피부 건강을 유지한다.

2 충분한 수분 공급

① 적당한 수분 섭취는 피부에 영양과 노폐물 제거 효과가 있다.

② 부족 시 건조한 피부의 원인으로 보습력이 저하된다.

③ 잔주름 유발로 피부 노화의 원인이 된다.

3 균형 있는 섭취

① 영양소 과다 섭취 시 비만이나 셀룰라이트 발생의 문제가 발생한다.

② 영양소 결핍 시 식욕 감퇴, 우울증, 체중 감소, 각질화, 탈모, 손 · 발톱이 약해지는 등의 증세가 나타난다.

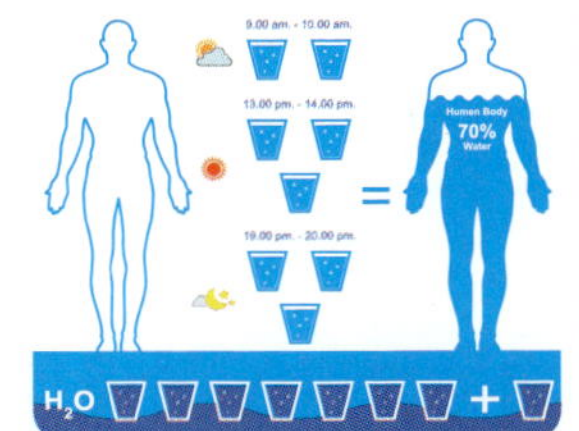
하루의 물 섭취

---

1 체형과 영양

① 체형은 유전적인 영향과 함께 출생 후 영양 상태나, 생활 습관으로 다양한 모습을 볼 수 있다.

② 영양소의 균형이 잡힌 식단과 건강한 생활 습관으로 아름답고 건강한 체형으로 변화시킬 수 있다.

2 영양 섭취 방법

① 3대 영양소와 비타민, 미네랄 등 균형 잡힌 영양소를 섭취해야 한다.

② 식사할 때 오래 꼭꼭 씹어 먹는 습관과 충분한 수분 섭취가 필요하다.

③ 섭취량과 배설량의 적절한 조절이 필요하다.

④ 몸속에 에너지가 지방으로 축적되지 않도록 운동 습관을 가져야 한다.

⑤ 바른 생활 습관을 위해 걷는 자세, 발의 운동, 다리의 자세를 바로 한다.

식생활 및 생활 습관
- 체내의 노폐물을 제거하는 등 근본적인 문제 해결을 위해 기본적인 생활 습관을 점검해야 한다.
- 식습관의 문제는 영양분을 충분히 공급하여도 신체 내부에 공급이 어렵다.
- 원활한 혈액 순환이나 신진대사를 위하여 식습관의 문제점을 해결한다.

09 피부와 광선

1 자외선이 미치는 영양

1 자외선의 종류

① UV−A(자외선 A: 320 ∼ 400nm 장파장)

- 생활 자외선이라 불리며 창문, 커튼 등을 투과한다.
- 피부의 진피층까지 침투(콜라겐과 엘라스틴 파괴)한다.
- 색소 침착, 피부 건조 및 노화의 원인이 된다.

② UV−B(자외선 B: 290 ∼ 320nm 중파장)

- 일광 화상이나 피부 홍반 등을 야기한다.
- 기미의 원인이 된다.
- 비타민 D의 합성을 촉진한다.

③ UV−C(자외선 C: 200 ∼ 290nm 단파장)

- 대부분 오존층에 흡수된다.
- 피부암의 원인이 된다.
- 강력한 소독 및 살균 작용을 하여 자외선 소독기 등의 기기에 이용된다.

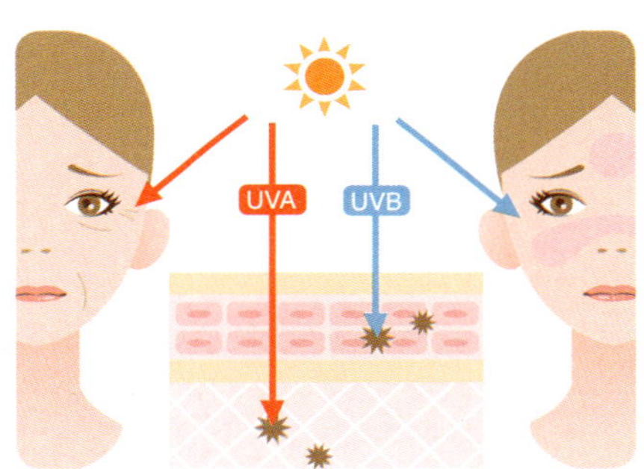

▲ 자외선의 종류와 영향

2 자외선이 인체에 미치는 긍정적 영향

① 강력한 화학 작용 및 살균 작용을 한다.

② 피부에서 비타민 D 합성을 유도(결핍 시 구루병)한다.

③ 혈관 및 림프관의 순환을 자극하여 신진대사를 촉진한다.

④ 백반증이나 저색소 침착증 치료에 사용한다.

2 적외선이 미치는 영양

1 **적외선의 종류**

① **근적외선**: 진피 침투, 자극 효과

② **원적외선**: 표피 전 침투, 진정 효과

2 **적외선의 특징**

① 빛의 파장이 800~1,000,000 nm로 가시광선보다 더 긴 장파장이다.

② 신경과 근육을 이완시키는 기능으로 미용 기기에 이용한다.

③ 시술 시 60 cm 떨어진 위치에서 5~7분 조사하면 피부 심부 2 mm까지 침투된다.

3 **적외선이 미치는 영향**

① 인체의 혈관을 팽창시켜 혈액 순환을 용이하게 한다.

② 피부 깊숙이 영양분이 침투한다.

③ 피지선이나 한선 기능을 활성화하여 피부 노폐물의 배출을 돕는다.

④ 신진대사 촉진 및 세포 내 화학적 변화를 증가시킨다.

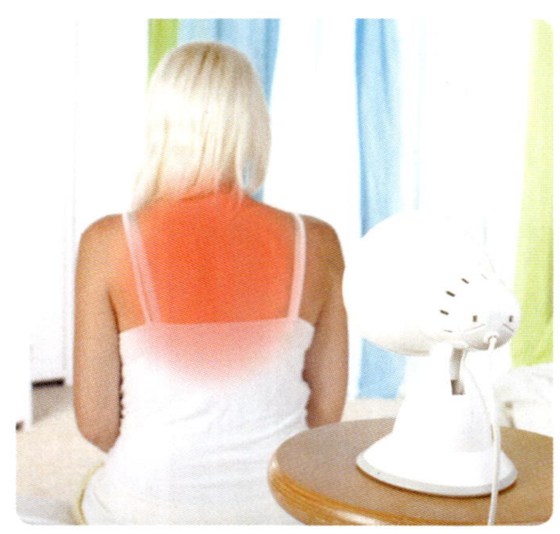

▲ 적외선을 이용한 온열 요법

적외선

• 스펙트럼에서 가시광선의 적색 바깥쪽에 나타나는 광선. 가시광선보다 파장이 깊.

• 눈에 보이지는 않지만 강력한 열이 감지되기 때문에 '열선'이라 함.

# 10 피부 면역 

1 면역의 종류

1 자연 면역(선천 면역)

① 선천적으로 타고난 저항력 또는 방어력으로 병을 스스로 치유해 나가는 면역이다.

② 체내로 침입한 이물질을 비만 세포, 백혈구, 탐식 세포 등이 제거하는 것이다.

2 획득 면역(후천 면역)

① 체내에 침범한 비자기 물질(항원)만을 림프구가 체내에 있어 영구적으로 기억하는 면역이다.

② 똑같은 종류의 항원이 침범했을 때 그 항원을 인식하는 림프구가 활성화되고, 항원을 배제한다.

자연 면역	종속, 인종, 개인차에 따라 다름.		
획득 면역	능동 면역	자연 능동 면역	각종 감염병에 감염된 후에 형성되는 면역
		인공 능동 면역	예방 접종에 의해 획득되는 면역
	수동 면역	자연 수동 면역	모체로부터 태반이나 수유를 통하여 전달받은 면역
		인공 수동 면역	다른 사람이나 동물이 형성한 항체를 투여하여 획득되는 면역

2 면역의 작용

1 면역 작용

① **식세포 면역 반응**: 백혈구의 이물질 식균 작용

② **체액성 면역 반응**: B 림프구에서 특이 항체 생산

③ **세포성 면역 반응**
  • T 림프구에서 항원에 대한 정보를 림프절로 전달
  • 림포카인 방출(항원 제거)

면역

외부로부터 침입하는 미생물이나 화학 물질을 침입자로 인식하고 이들을 공격하여 제거함으로써 생체를 방어하는 기능

항원

생체 면역계를 자극하여 면역 반응을 유발시키는 이물질(비자기) 또는 면역원

항체

B 림프구에 의해 생산되는 단백질, 항원을 특이적으로 인식하는 부분과 면역에 관여하는 세포에 결합하거나 보체를 활성화하는 부분 등을 함유(=면역 글로불린)

대식세포

상해를 받은 조직이나 세포, 세균 등을 제거하는 역할을 함.

식세포

미생물이나 다른 이물질을 잡아 먹는 세포를 총칭

면역계

외부로부터 박테리아, 바이러스, 독소, 기생충 등의 공격에 대한 신체의 방어 작용을 하는 세포나 기관의 연결망을 의미

면역 작용

비자기(자기 이외의 것) 물질을 체내로부터 배제하는 시스템으로, 자기 몸이 아닌 것을 배제함으로써 자기를 지키는 것

❷ 면역 세포

B 림프구	• 면역 글로불린이라는 단백질 항체를 분비 • 항원성 차이에 따라 IgG, IgA, IgD, IgM, IgE 등이 B 림프구 표면에 존재 • 한번 들어왔던 항원을 기억해 다음에 똑같은 항원이 들어오면 곧 혈장 세포로 변화, 더 많은 항체를 형성
T 림프구	• 혈액 내 림프구의 90%를 차지, 대부분 정상 피부에 존재 • 세포와 강하게 결합, 떨어지지 않는 세포성 항체를 지님. • 세포 대 세포를 직접 공격

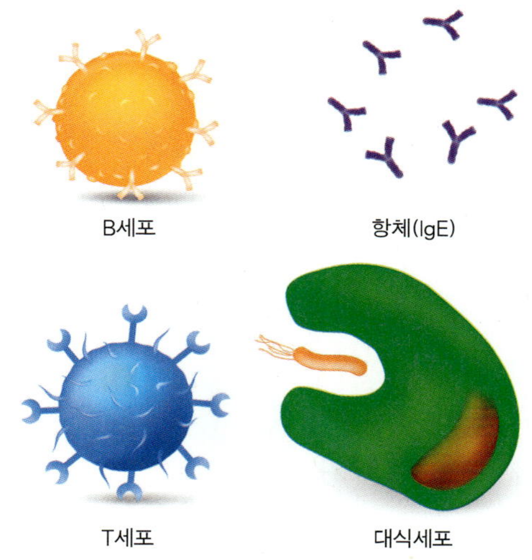

▲ 면역계 세포

❸ 림프계

① **정의**: 체액의 흐름을 담당하며, 맥관을 통해 심장으로 들어온다.

② **구성**: 림프를 운반하는 림프관과 림프절·비장·흉선·편도 등이 있다.

③ **주요 기능**

- 항원 자극에 대해 항체를 생성하여 면역 반응을 일으켜서 인체를 방어한다.

- 신체 내에 들어온 이물질을 대식 세포의 활동으로 제거하여 감염으로부터 신체를 보호한다.

- 조직액을 정맥으로 운반하고, 혈장 내 단백질과 체액을 유지한다.

면역의 종류

① **1차 방어 기관**
- 피부
- 미세한 털, 점막

② **2차 방어 기관**
- 랑게스한스 세포
- 탐식 세포
- 림프구

③ **3차 방어 기관**
- 림프계

11 피부 노화

1 피부 노화의 원인

1 생리적 노화(내인성 노화)

정의	25세 전후로 인체를 구성하는 모든 기관의 기능이 자연스럽게 저하되는 것
원인	유전, 연령의 증가, 혈액 순환의 저하, 내장 기능의 장애, 영양학적 요인, 면역 기능 이상, 호르몬의 영향 등

2 환경적 노화(외인성 노화)

정의	주변 환경이나 생활 여건 등의 외적 영향을 받아 일어나는 노화
원인	일광, 추위, 더위, 바람, 건조, 습기, 공해, 스모그, 흡연 등

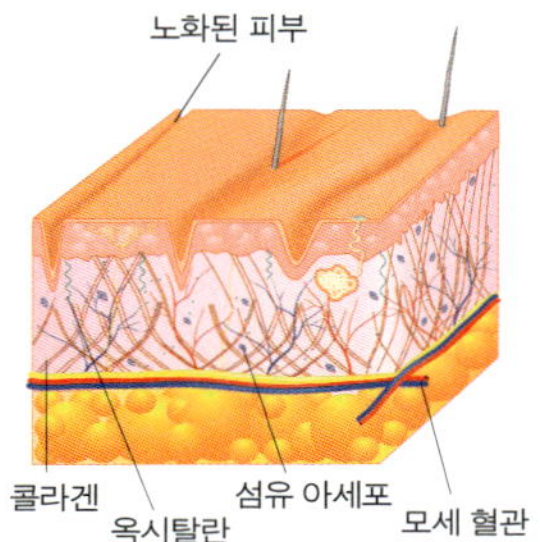

2 피부 노화의 현상

1 생리적 노화

① **표피**: 표피 두께가 얇아지고, 색소 침착이 유발되며, 피부 면역력이 감소된다.

② **진피**: 진피 두께가 얇아지고, 콜라겐과 엘라스틴이 감소하며, 혈액 순환과 점액 다당질이 감소된다.

2 광 노화

① **표피**: 표피 두께가 두꺼워지고, 색소 침착이 증가하며 피부암이 발생할 수 있다.

② **진피**: 진피 두께가 두꺼워지고, 콜라겐 변성과 파괴가 일어나며, 점액 다당질이 증가한다.

01 메이크업의 기원 중 현대 화장의 특성에 가장 가까운 것은?

① 장식설
✔ 이성 유인설
③ 보호설
④ 신분 표시설

시대별 미적 기준은 다르지만 상대방의 관심을 끌기 위한 목적으로 메이크업을 하였다.

02 신라 시대에 물에 개어 눈썹을 그리는 데 사용한 것은?

✔ 나무 재
② 팥가루
③ 돌가루
④ 분꽃 씨 가루

신라 시대에는 나무 재를 물에 섞어 눈썹 그리는 데 사용하였다.

03 한국인이 선호하는 화장으로 옳지 않은 것은?

✔ 진한 입술연지 화장
② 백색 피부를 호상이라 선호함.
③ 엷은 색조에 은은하고 세련된 화장
④ 타고난 아름다움을 중시함.

04 '영육 일치 사상'과 관계가 먼 것은?

① 아름다운 육체에 아름다운 정신이 깃든다.
② 신라
③ 미에 대한 높은 관심
✔ 고려

신라 시대에는 영육 일치 사상이라 하여, '아름다운 육체에 아름다운 정신이 깃든다.'고 하였다.

05 백제 여인들의 화장법에 관한 설명 중 옳지 않은 것은?

① 은은한 화장
② 입술연지는 바르지 않음.
③ 분사용
✔ 진한 입술

백제의 여인들은 분은 바르되 입술연지는 바르지 않는 은은하고 부드러운 화장을 하였다.

06 방물장수가 방문하여 '구리무'라는 크림을 덜어 팔았던 시기는?

① 1910년대　　　　✔ 1930년대
③ 1945년대　　　　④ 1960년대

1930년대는 방물장수가 '구리무'라는 크림을 덜어 팔았다.

07 메이크업의 대중화를 위해 국내 최초로 메이크업 캠페인을 실시하여 메이크업의 필요성을 부각시킨 시기는?

① 1950 ~ 60년대　　　✔ 1970년대
③ 1980년대　　　　　④ 1990년대

• 1950 ~ 1960년대: 오드리 헵번식 화장이 유행하였다.
• 1980년대: 컬러 TV의 보급으로 다양한 색채의 사용이 시도되었다.
• 1990년대: 개인 중심적 성향으로 화장품이 고급화, 다원화되었다.

08 이집트 여인들이 곤충의 접근을 방지하기 위해 눈에 사용했던 색상은?

✔ 녹색　　　　② 노랑
③ 검정　　　　④ 빨강

녹색을 사용하여 곤충이 접근하는 것을 방지하였다.

09 이집트 시대 화장에 대한 설명으로 바르지 않은 것은?

① 식물 기름에 라임, 향수를 섞어 클렌징크림을 만들었다.
✔ 인공적인 아름다움보다는 자연 그대로의 모습을 중시하였다.
③ 붉은색은 병의 원인인 마귀를 쫓는 주술적 의미로 사용되었다.
④ 코올(Kohl)이란 안료로 또렷한 눈매를 만들었다.

 고대 사람들이 몸과 얼굴에 주로 발랐던 붉은색은 마귀를 쫓는 색으로 병으로부터 신체를 보호하기 위해 사용하였다.

10 이집트의 메이크업에 사용된 재료와 색조가 바르게 연결된 것은?

① 백납 - 검은색
✔ 헤나(henna) - 적갈색
③ 코올(Kohl) - 붉은색
④ 자색 달팽이 - 흰색

 이집트인들은 코올(Kohl)로 검은색을, 백납으로 흰 피부를, 자색 달팽이로 붉은색의 색조 화장을 하였다.

11 고대 이집트 시대 메이크업에 사용되었던 코올(Kohl)의 용도가 아닌 것은?

① 이집트인들이 눈 화장에 즐겨 사용한 것이다.
② 눈매를 강조하는 짙은 눈썹과 아이 라인을 그리는 데 사용하였다.
✔ 흰 피부를 위해 사용하던 것이다.
④ 사막의 강한 태양빛이나 사막의 먼지나 모래로부터 보호하였다.

 흰 피부를 위해 백납을 사용하였다.

12 중세 시대 여성들이 선호하였던 이미지는?

✔ 창백한 이미지
② 건강한 이미지
③ 귀여운 이미지
④ 남성적인 이미지

 기독교 금욕주의의 영향으로 메이크업이 금기시되어 창백한 피부, 넓은 이마를 선호하는 그리스의 메이크업에 관심을 가졌다.

13 르네상스 시대의 메이크업 특징이 아닌 것은?

① 눈썹과 헤어 라인을 깎아 낸 넓은 이마
② 메이크업을 하지 않은 눈
③ 연한 색조의 입술과 뺨
✔ 몸의 냄새를 감추기 위해 사용하는 향수

 바로크 시대에는 강한 향수를 사용해 냄새를 감추었다.

14 바로크 시대에 유행한 데코레이션 기법에 대한 설명과 다른 것은?

✔ 초승달, 별 모양으로 오려 붙였으며, 붙이는 위치에 따라 의미가 달라졌다.
② 얼굴에 잡티나 상처를 가리기 위해 붙이기 시작하였다.
③ 옷감이나 가죽의 작은 조각을 이용해 붙였다.
④ 이가 빠져 뺨이 들어간 부분에 넣어 볼이 통통하게 보이도록 하였다.

 ①은 17세기에 사용한 '패치(Patch-애교점)'에 대한 설명이다. ④는 18세기에 사용한 '플럼프(plump)'라는 패드에 대한 설명이다.

15 로코코 시대 화장법의 특징이 아닌 것은?

✔ 포마드 연고나 파우더를 이용하여 머리를 하얗게 하였다.
② 얼굴 파우더, 아이브로, 루즈 등을 다양하게 사용하였다.
③ 납과 수은이 첨가된 화장품을 제한없이 사용하였다.
④ 향수를 구입하는 데 많은 돈을 투자하였다.

 바로크 시대에는 파우더로 머리카락을 착색하여 포마드로 고정하거나 인조 가발을 사용하여 장식하였다.

16 마름모형 얼굴에 대한 수정 메이크업으로 바르지 않은 것은?

① 눈: 화살형 눈썹으로 그린다.

② 입술: 상승 각도로 약간 두껍고 부드러운 곡선으로 처리한다.

③ 섀도: 튀어나온 볼 뼈 부분을 부드럽게 처리한다.

☑ 하이라이트: 이마 양옆과 뾰족한 턱에 하이라이트를 넣어 준다.

 ④는 역삼각형 얼굴의 수정 메이크업에 대한 설명이다.

17 둥근 얼굴형에 대한 수정 메이크업으로 바른 것은?

① 남성적인 이미지의 얼굴형이라고 볼 수 있다.

☑ 섀도는 이마에서 코까지 길게 넣어 주는 것이 좋다.

③ 눈썹은 어려 보이게 일자형으로 그려 주는 것이 좋다.

④ 입술은 폭이 좁고 도톰하게 그려 주는 것이 좋다.

 둥근 얼굴형은 어린아이 이미지의 얼굴형으로 눈썹은 올라가게, 입술은 약간 각지게 그린다.

18 얼굴형에 맞는 이미지의 설명이 바르지 않은 것은?

☑ 둥근형: 건강하고 행동적이며 강한 의지가 보인다.

② 역삼각형: 깔끔하고 적극적이며 활기가 넘친다.

③ 마름모형: 차분하고 지적이며 냉담하고 신경질적으로 보인다.

④ 긴 형: 침착하고 지적이며 성숙한 분위기를 준다.

 둥근 얼굴형의 이미지는 귀엽고 낙천적이며 생기가 넘친다.

19 역삼각형 얼굴을 보완하기 위한 눈썹 시술 방법으로 바른 것은?

① 직선적인 눈썹　　　☑ 아치형 눈썹

③ 화살형 눈썹　　　④ 올라 간 눈썹

 역삼각형 얼굴은 눈썹을 눈썹 산이 있는 아치형으로 그려서 보완한다.

20 각진 얼굴형의 부위별 수정 메이크업으로 바르지 않은 것은?

① 눈썹: 눈썹 산을 적당히 살린 직선적인 눈썹

☑ 입술: 눈썹의 각도를 반영한 약간 각진 입술

③ 하이라이트: 눈가와 턱 가운데 끝부분

④ 섀딩: 턱의 양 끝부분과 헤어 라인의 양 끝부분

 각진 얼굴형의 눈썹은 눈썹 산을 적당히 살린 직선적인 눈썹으로 수정한다.

21 수정 메이크업 중 섀딩에 관한 설명으로 바르지 않은 것은?

① 입체감 있는 얼굴의 연출이 가능하다.

② 베이스보다 1 ~ 2톤 어두운 색을 사용한다.

☑ 눈가, 콧등, 이마, 미간 등의 부위에 넣어 준다.

④ 축소 효과를 주기 위해 넣어 준다.

 ③은 수정 메이크업에서 하이라이트에 대한 설명이다.

22 긴 얼굴형의 입술 수정 메이크업에 대한 설명으로 바른 것은?

☑ 입꼬리를 올려서 수평으로 도톰하게 그린다.

② 길고 조금 두껍게 그린다.

③ 약간 위로 부드러운 곡선으로 그린다.

④ 눈썹의 각도에 맞추어 각지게 그린다.

 ②는 역삼각형 얼굴, ③은 각진 얼굴, ④는 둥근 얼굴의 입술 수정 메이크업에 대한 설명이다.

23 색에 대한 설명으로 바르지 않은 것은?

① 색의 강약을 채도라 한다.

② 색의 밝기를 명도라 한다.

③ 흰색, 회색, 검정과 같은 색을 무채색이라 한다.

☑ 빨강, 노랑, 초록, 파랑만을 유채색이라 한다.

 무채색을 뺀 나머지 색을 유채색이라 한다.

24 색의 혼합에 대한 설명으로 바른 것은?

① 어떤 색을 혼합하여도 만들 수 없는 기본색을 순색이라 한다.
② 가산 혼합, 감산 혼합 두 가지만 있다.
③ 3차색은 거의 유채색에 가깝다.
✔ 혼합되기 전의 원색을 1차색이라 한다.

 어떤 색을 혼합하여도 만들 수 없는 기본색을 삼원색 또는 1차색이라 하고, 1차색을 혼합해서 만들어진 색을 2차색이라 하며, 혼합을 거듭할수록 무채색에 가까워진다.

25 감산 혼합의 기본색이 아닌 것은?

① 사이안　　　✔ 초록
③ 노랑　　　④ 마젠타

 감산 혼합에서는 사이안(파랑), 노랑, 마젠타(빨강)를 여러 강도로 섞으면 어떤 색이라도 만들 수 있다. 따라서 이 3색을 감산 혼합의 3원색이라고 한다.

26 빛의 혼합에서 보색 관계의 빛을 섞으면 나타나는 색은?

✔ 검정　　　② 흰색
③ 보라　　　④ 갈색

 빛의 혼합에서 보색 관계의 색을 섞으면 검정이 된다.

27 중성색에 대한 설명으로 바르지 않는 것은?

① 중성색은 때로는 따뜻하게 때로는 차갑게 느껴진다.
② 파랑과 함께 있는 보라색은 차갑게 느껴진다.
✔ 청록색은 온화한 느낌을 준다.
④ 자주, 보라, 녹색은 중성색이다.

 청록색은 한색으로 수축, 후퇴, 긴장을 느끼게 한다.

28 1차색의 혼합색이 아닌 것은?

① 빨강 + 파랑 = 보라
② 빨강 + 노랑 = 주황
✔ 녹색 + 파랑 = 청록
④ 노랑 + 파랑 = 녹색

 혼합색이란 두 가지 이상의 1차색을 혼합하여 만든 색을 말하는데, 녹색은 노랑과 파랑을 혼합하여 만든 혼합색이다. ③은 2차색과 1차색의 혼합색이다.

29 색의 온도감에 대한 설명으로 바른 것은?

✔ 연두, 보라는 차가운 색이다.
② 무채색은 명도가 높으면 차갑게 느껴진다.
③ 무채색은 명도가 낮으면 차갑게 느껴진다.
④ 유채색은 명도가 높으면 따뜻하게 느껴진다.

 연두, 보라, 자주는 중성색이다.

30 색의 3속성이 아닌 것은?

① 명도　　　② 채도
③ 색상　　　✔ 빛

 색의 3속성은 색상, 명도, 채도이다.

31 색에 대한 신체 반응으로 바르지 않는 것은?

✔ 초록: 스트레스를 가중시키고 알레르기 반응을 심하게 한다.
② 주황: 식욕 조절 중추가 자극되고 식욕이 왕성해진다.
③ 갈색: 안정감을 주며 만성 피로감을 약화시킨다.
④ 빨강: 육체적인 강인함을 북돋우고 신체를 최고의 상태로 끌어올린다.

 초록은 침착과 신뢰, 안정감을 주므로 스트레스가 해소된다.

32 색채 배색에 대한 설명으로 바르지 않은 것은?

① 톤온톤 배색은 동일한 색상으로 톤의 차이 또는 명도의 차이를 강조한 배색이다.
② 톤인톤 배색은 유사한 톤의 색상으로 이루어진 배색이다.
✔ 그러데이션 배색은 급격히 변화하는 배색이다.
④ 그러데이션 배색은 색채의 점진적 변화 효과를 얻는 것이다.

33 팜므파탈의 이미지를 연상시키는 입술 화장에 어울리는 색은?

① 연분홍
✔ 빨강
③ 골드오렌지
④ 보라

빨강이 가지고 있는 이미지 중 정열, 흥분, 긴장, 위험, 환희 등이 팜므파탈을 연상시킨다.

34 계절과 이미지가 어울리지 않는 것은?

① 봄: 밝은 이미지의 금발, 밝은 갈색
② 여름: 은은하고 차가운 파스텔 컬러의 의상
✔ 가을: 따뜻함이 느껴지는 회색빛
④ 겨울: 블루블랙, 푸른빛이 도는 자주색

가을은 풍부함과 풍성함의 갈색이 어울린다.

35 입술 색을 선택할 때 참고해야 할 내용이 잘못된 것은?

① 비비드 톤은 화려하고 활동적으로 보인다.
② 스트롱 톤은 강하고 스포티해 보인다.
③ 라이트 톤은 차분하고 조용하며 수수해 보인다.
✔ 화이트 페일 톤은 흐릿하고 은은하며 편안해 보인다.

화이트 페일 톤은 연약하고 깨끗하며 부드러워 보인다.

36 눈 화장 도구로 짝지어진 것은?

① 아이 라이너 브러시, 팬 브러시
✔ 아이래시컬러, 스크루 브러시
③ 치크 브러시, 아이브로 콤브
④ 팁 브러시, 스패튤러

아이래시컬러와 스크루 브러시는 속눈썹의 결을 만들거나 펴는 데 사용한다.

37 부채꼴 모양의 브러시로, 과다하게 발린 파우더 등의 메이크업 잔여물을 털어 낼 때 사용하는 도구는?

① 팁 브러시
✔ 팬 브러시
③ 우드스틱
④ 스크루 브러시

팬 브러시는 메이크업 잔여물을 털어 낼 때 사용하며, 팁 브러시는 아이 메이크업을 할 때 발색을 하는 도구로, 농도 조절과 그러데이션이 잘된다.

38 번진 입술 화장을 수정하기에 적합한 도구는?

① 스패튤러
② 우드스틱
③ 스크루 브러시
✔ 면봉

면봉은 눈 끝, 립 라인, 아이 라인, 마스카라 등 섬세하게 수정해야 하는 부분을 깔끔하게 정리하는 데 사용한다.

39 베이스 메이크업(Base Make Up) 단계에서 필요한 도구가 아닌 것은?

① 라텍스 스폰지
✔ 스크루 브러시
③ 스패튤러
④ 파우더 브러시

스크루 브러시는 빳빳하고 촘촘하게 털이 박혀 있어 마스카라한 눈썹의 결을 살려 펴 주는 데 사용한다.

40 포인트 메이크업 단계에서 필요한 도구가 아닌 것은?

✔ 파운데이션 브러시
② 치크 브러시
③ 아이래시컬러
④ 립 브러시

파운데이션 브러시는 베이스 메이크업 단계에서 필요한 도구로, 면 퍼프를 대신해 사용할 수 있다.

41 얼굴의 윤곽 수정 시 하이라이트와 섀딩의 경계를 자연스럽게 그러데이션하는 파운데이션 기법은?

① 패딩
② 라이닝
③ 블렌딩 ✓
④ 슬라이딩

블렌딩
두가지 이상의 색상 경계를 자연스럽게 그러데이션하는 기법

42 볼 화장을 하거나 얼굴의 윤곽 수정을 할 때 사용하는 브러시는?

① 팁 브러시
② 스크루 브러시
③ 치크 브러시 ✓
④ 팬 브러시

치크 브러시는 털이 부드럽고 풍성해서 윤곽 수정이나 볼 섀도 용도로 사용한다.

43 립 브러시 세척에 사용하는 제품으로 적합하지 않은 것은?

① 해면 스펀지 ✓
② 클렌징크림
③ 알코올
④ 브러시 클리너

립 브러시는 클렌징크림, 알코올, 브러시 클리너 등으로 깨끗이 세척할 수 있다. 해면 스펀지는 클렌징크림이나 마사지 크림으로 메이크업을 녹인 다음 닦아 내는 용도로 사용한다.

44 브러시에 대한 설명으로 바르지 않은 것은?

① 치크 브러시: 볼 화장이나 윤곽 수정을 할 때 사용한다.
② 앵글 브러시: 메이크업의 잔여물을 털어 낼 때 사용한다. ✓
③ 스크루 브러시: 마스카라가 뭉쳤을 때 속눈썹의 결을 살려 펴 주는 데 사용한다.
④ 팁 브러시: 눈 화장에서 포인트를 줄 때 사용한다.

앵글 브러시는 짧은 모와 긴 모가 섞여 있는 브러시로, 크림 타입 파운데이션과 같은 베이스 메이크업을 하는 데 사용하는 도구이다.

45 눈썹을 그리거나 눈 화장을 할 때 선을 강조하는 용도로 사용하는 각진 모양의 브러시는?

① 베이스 브러시
② 팁 브러시 ✓
③ 팬 브러시
④ 앵글 브러시

팁 브러시는 포인트의 용도나 그러데이션 효과를 낼 때 사용한다.

46 브러시에 대한 설명으로 바르지 않은 것은?

① 브러시의 소재로 족제비, 오소리, 담비, 너구리 등의 털이 사용되기도 한다.
② 털의 형태는 빳빳한 것, 부드러운 것 등 사용 목적에 따라 구별하여 사용한다.
③ 브러시의 청결을 위하여 적절한 시기에 클렌징 오일로 세척해 주는 것이 좋다. ✓
④ 세척 후에는 통풍이 잘되는 곳에서 충분히 건조시키도록 한다.

브러시의 청결을 위하여 사용 후 바로, 적절한 방법으로 세척해 주는 것이 좋다.

47 아이 라이너 브러시에 대한 설명으로 바르지 않은 것은?

① 리퀴드 타입, 케이크 타입, 젤 타입 등 제품 유형에 따라 브러시 형태를 구분하여 선택한다.
② 리퀴드 타입의 경우 브러시 끝이 각지고 단단하여 굵은 선 처리에 용이하다. ✓
③ 케이크 타입으로 자연스러운 아이 라인을 표현하려면 가늘고 섬세한 브러시를 선택한다.
④ 젤 타입의 경우 모가 짧고 촘촘한 것이 사용하기에 용이하다.

리퀴드 타입은 가늘고 섬세하게 그려지며 마르면 번지지 않는다.

48 스패튤러에 대한 설명으로 바르지 않은 것은?

① 디자인이 심플하여 휴대하기가 용이하다.
② 파운데이션이나 크림류 제품을 용기에서 덜어 낼 때 사용한다.
③ 컬러 테스트를 동시에 할 수 있다.
✔ 소재가 나무로 되어 있는 것이 사용하기에 용이하다.

 플라스틱 소재의 스패튤러가 사용하기에 용이하다.

49 팬 브러시에 대한 설명으로 알맞은 것은?

① 눈썹 꼬리를 선명하고 깔끔하게 처리하는 데 사용한다.
✔ 과다한 메이크업의 잔여물을 털어 낼 때 사용한다.
③ 마스카라가 뭉쳤을 때 결을 살려 빗어 펴 주는 용도로도 사용한다.
④ 아이브로 펜슬을 부드럽게 그러데이션시킬 때 사용한다.

 ①은 아이 브러시, ③은 마스카라와 스크루 브러시, ④는 팁 브러시에 대한 설명이다.

50 인조 속눈썹에 대한 설명으로 바르지 않은 것은?

✔ 속눈썹이 견고하게 붙여지도록 풀을 많이 사용한다.
② 모델의 눈 길이에 맞게 잘라서 사용한다.
③ 심는 눈썹은 자연스러운 눈매를 연출할 수 있다.
④ 눈 앞머리에 너무 바짝 붙이면 불편할 수 있으므로 유의한다.

 속눈썹 중간은 앞머리와 꼬리 쪽보다 풀을 좀 더 많이 발라 반 건조시켜 붙인다.

51 글로시 메이크업에 적절한 파운데이션은?

① 크림 타입 파운데이션
② 스틱형 파운데이션
③ 케이크 파운데이션
✔ 펄이 섞인 리퀴드 파운데이션

 글로시 메이크업은 리퀴드 파운데이션에 펄을 섞어 발라 준다.

52 중국풍의 오리엔탈 메이크업에 어울리지 않는 것은?

① 피부는 하얗게 머리는 검게 연출한다.
✔ 페이스 라인을 브라운 컬러의 파우더로 어둡게 표현한다.
③ 아이 라인은 굵게 눈꼬리 쪽을 올리며 길게 빼 준다.
④ 눈썹은 길고 가늘게 위로 올리며 그려 준다.

 ②는 글로시 메이크업에 대한 설명으로, 글로시 메이크업을 할 때는 얼굴이 작아 보이도록 브라운 컬러의 파우더로 윤곽을 어둡게 표현한다.

53 패션쇼 메이크업과 가장 거리가 먼 메이크업은?

① 스테이지 메이크업
② 패션 메이크업
③ 트렌드 메이크업
✔ 수정 메이크업

 수정 메이크업은 여러 가지 신체적인 결함을 눈에 띄지 않게 보완하는 것이 특징이다.

54 사이버 메이크업에 대한 설명으로 바르지 않은 것은?

① 핑크 계열의 파운데이션과 실버 펄 파우더를 적정 비율로 섞어 스펀지로 바른다.
② 눈썹 산을 살려 샤프하게 그려 준다.
✔ 다크 브라운 컬러로 아이홀 메이크업을 강조한다.
④ 아이 섀도는 화이트 펄 베이스에 그레이나 블루 펄 등을 덧바른다.

 ③은 에스닉 메이크업에 대한 설명이다.

55 사이버 메이크업을 할 때 필요한 제품으로 적절하지 않은 것은?

① 펄 파운데이션
✔ 진한 와인 컬러의 립 라이너
③ 펄 파우더
④ 글리터 립스틱

 와인 컬러는 색감이 풍부하고 따뜻해 여성의 우아함과 화사한 이미지를 표현한다.

56 글로시 메이크업에 맞는 테크닉이 아닌 것은?

① 리퀴드 파운데이션에 펄을 섞어 발라 준다.
✔ 립 라인을 강조하고 진한 색으로 입술을 발라 준다.
③ 펄감이 있는 파스텔 색조의 아이 섀도를 선택한다.
④ 파우더 타입보다는 크림 타입의 블러셔를 사용한다.

②는 액티브 메이크업에 대한 설명으로, 액티브 메이크업은 립 라인을 강조하고 진한 색으로 입술을 발라 천진함과 발랄함을 표현한다.

57 광택 나는 소재를 사용한 의복 스타일과 잘 어울리는 미래적 이미지를 나타내는 메이크업은?

① 태닝 메이크업
② 누드 메이크업
✔ 사이버 메이크업
④ 글로시 메이크업

58 글로시 메이크업 테크닉으로 적절하지 않은 것은?

① 컨실러를 이용해서 부분적으로 잡티를 커버해 준다.
② 수분이 많은 모이스처라이저를 충분히 발라 준다.
③ 광택 있는 피부 표현을 위하여 파운데이션과 파우더에 펄을 섞어 준다.
✔ 피부의 완벽한 커버를 위하여 스틱형 파운데이션을 사용한다.

글로시 메이크업은 한 톤 낮은 베이스로 얼굴은 작아 보이게 하고 파우더를 적게 사용하여 촉촉한 피부를 연출한다.

59 인도와 중동의 민속풍을 살리기 위한 에스닉 메이크업으로 바른 것은?

① 화이트 계열 사용
② 흰 피부에 붉은색 혈색을 준 피부 표현
✔ 다크 브라운이나 선탠 톤
④ 파운데이션을 최소량 사용한 누드 톤

60 현재 유행하는 트렌드 메이크업의 패턴을 알 수 있는 자료라고 할 수 없는 것은?

① 인터넷 패션 정보 사이트
② 패션 잡지
③ 색조 화장품 광고 브로슈어
✔ 속옷 광고 브로슈어

속옷 광고는 한 듯 안 한 듯 자연스러운 메이크업을 하기 때문에 트렌드를 짐작할 수 없다.

61 메이크업 아티스트의 복장으로 바르지 않은 것은?

① 자신의 체형을 커버한 복장
② 활동하기 편한 복장
③ 깨끗하고 단정한 복장
✔ 아티스트의 개성만 강조한 최신 트렌드 복장

메이크업 아티스트의 복장은 유행에 뒤처진 복장도 문제지만 너무 유행을 따라가도 곤란하다.

62 메이크업 시술자 또는 모델의 차림새에 대한 설명으로 바르지 않은 것은?

① 시술자: 단정하고 작업하기 편한 차림을 한다.
② 시술자: 손톱은 청결하게 유지한다.
③ 모델: 어깨 보를 착용하여 2차 오염을 피한다.
✔ 모델: 반드시 헤어밴드로 머리를 고정한다.

헤어스타일 연출 후 메이크업을 하는 경우도 있으므로 반드시 헤어밴드를 착용하지 않아도 된다.

63 메이크업 아티스트가 가져야 할 사명감이나 태도가 아닌 것은?

① 고객의 미를 최우선으로 하는 직업의식
✔ 전문가이므로 메이크업 능력만 있으면 된다는 태도
③ 고객의 요구를 수렴하는 태도
④ 지속적으로 메이크업 관련 지식을 습득하는 태도

메이크업 아티스트는 메이크업의 최신 트렌드를 만드는 아티스트로서 항상 연구하고 노력해야 한다.

64 메이크업 시술 시 시술자의 자세로 바른 것은?

① 모델을 정면에서 마주보고 시술한다.
② 엉덩이를 뒤로 빼고 시술한다.
③ 모델과 마주 앉아 다리를 꼬고 시술한다.
☑ 모델의 측면에 서서 시술한다.

 모델의 측면에 서서 거울을 통해 확인하면서 메이크업을 한다.

65 메이크업 시 모델과 시술자의 대화 형태로 적절한 것은?

① 시작부터 계속 대화를 나누면서 시술한다.
☑ 적절한 대화로 부드러운 분위기를 유도한다.
③ 끊임없이 질문을 하여 대답을 유도한다.
④ 작업에 방해가 되므로 말은 일절 하지 않는다.

66 광고 촬영 시 메이크업 아티스트로서의 역할이 아닌 것은?

① 광고 목적에 따라 정확한 이미지를 연출한다.
② 모델과 긴밀히 협조한다.
③ 현장 스태프와 긴밀히 협조한다.
☑ 최신 트렌드 메이크업에만 집중한다.

 메이크업 아티스트는 전체적인 메이크업 밸런스를 맞추어 연출해야 한다.

67 메이크업 아티스트의 자세로 바르지 않은 것은?

① 기본에 충실하며 도구들은 항상 위생적으로 관리한다.
☑ 촬영장에서는 최신 유행 메이크업을 무조건 따라한다.
③ 지속적으로 메이크업 관련 지식을 습득하기 위해 노력한다.
④ 철저한 시간 관리로 주변 사람에게 신뢰감을 준다.

 최신 유행하는 메이크업보다는 촬영의 콘셉트를 먼저 고려해야 한다.

68 메이크업 아티스트가 알아야 할 기초 지식이 아닌 것은?

① 화장품 화학
② 피부 생리학
☑ 경영학
④ 미용 색채학

 메이크업 아티스트는 향장학, 피부 생리학, 색채학 등을 기본적으로 이해해야 한다.

69 메이크업 시술 시 아티스트의 올바른 자세는?

① 시야를 방해하지 않도록 모델 뒤에 서서 거울로 확인하며 시술한다.
☑ 좌우 대칭을 맞추기 위해 이리저리 이동하며 시술한다.
③ 모델을 편하게 눕혀서 시술한다.
④ 모델의 정면에 서서 마주보며 시술한다.

 모델의 양측에 번갈아 서서 거울을 보며 대칭을 맞춘다.

70 메이크업 시 고려해야 할 사항이 아닌 것은?

① T.P.O에 맞추어 메이크업을 한다.
② 색조 화장은 의상 색을 고려해 선택한다.
③ 기본인 베이스 메이크업에 중점을 둔다.
☑ 최신 트렌드만을 반영해 메이크업을 한다.

71 표피에서 촉각을 감지하는 세포는?

① 멜라닌 세포
☑ 머켈 세포
③ 각질 형성 세포
④ 랑게르한스 세포

 • 머켈 세포: 촉각을 감지하는 세포
• 멜라닌 세포: 색소 세포
• 각질 형성 세포: 피부의 각질을 만드는 세포
• 랑게르한스 세포: 면역 세포

72 모세 혈관이 위치하며 콜라겐 조직과 탄력적인 엘라스틴 섬유 및 뮤코다당류로 구성되어 있는 피부의 부분은?

① 표피　　　　　② 유극층
☑ 진피　　　　　④ 피하 조직

73 콜라겐과 엘라스틴이 주성분으로 이루어진 피부 조직은?

① 표피 상층
② 표피 하층
☑ 진피 조직
④ 피하 조직

 진피 조직은 콜라겐과 엘라스틴이 주를 이루는 성분이다.

74 피부 색상을 결정짓는 데 주요한 요인이 되는 멜라닌 색소를 만들어 내는 피부층은?

① 과립층　　　　② 유극층
☑ 기저층　　　　④ 유두층

75 피부에 있어 색소 세포가 가장 많이 존재하고 있는 곳은?

① 표피의 각질층
② 진피의 망상층
③ 진피의 유두층
☑ 표피의 기저층

기저층에는 각질 형성 세포, 멜라닌 세포, 머켈 세포(촉각 세포)가 존재한다.

76 원주형의 세포가 단층으로 이어져 있으며 각질 형성 세포와 색소 형성 세포가 존재하는 피부 세포층은?

☑ 기저층　　　　② 투명층
③ 각질층　　　　④ 유극층

77 피부 각질 형성 세포의 일반적 각화 주기는?

① 약 1주　　　　② 약 2주
③ 약 3주　　　　☑ 약 4주

 피부 각질 형성 세포의 일반적 각화 주기는 약 4주로 28일이다.

78 우리 피부의 세포가 기저층에서 생성되어 각질 세포로 변화하여 피부 표면으로부터 떨어져 나가는 데 걸리는 기간은?

① 대략 60일
☑ 대략 28일
③ 대략 120일
④ 대략 280일

79 피부의 천연 보습 인자(NMF)의 구성 성분 중 가장 많은 분포를 나타내는 것은?

☑ 아미노산
② 요소
③ 피롤리돈 카복실산
④ 젖산염

천연 보습 인자(NMF)
• 피지막의 친수성 부분으로 각질층의 건조를 방지한다.
• 아미노산 40%, 피롤리돈 카복실산 12%, 젖산염 18.5%, 요소 7%로 이루어진다.

80 천연 보습 인자(NMF)의 구성 성분 중 40%를 차지하는 성분은?

① 요소
② 젖산염
③ 무기염
☑ 아미노산

81 피부의 색소와 관계가 가장 먼 것은?

① 에크린선　　② 멜라닌
③ 카로틴　　　④ 헤모글로빈

- 에크린선: 땀샘
- 멜라닌: 흑색
- 카로틴: 황색
- 헤모글로빈: 적색

82 사춘기 이후에 주로 분비가 되며, 모공을 통하여 분비되어 독특한 체취를 발생시키는 것은?

① 소한선　　　② 대한선
③ 피지선　　　④ 갑상선

대한선은 2차 성징과 함께 사춘기 이후 주로 분비되어 독특한 체취를 발생시키며, 소한선은 태어날 때부터 전신에 분포된다.

83 다음 중 땀샘의 역할이 아닌 것은?

① 체온 조절
② 분비물 배출
③ 땀 분비
④ 피지 분비

피지 분비는 피지선에서 일어난다.

84 피지선에 대한 설명으로 틀린 것은?

① 피지를 분비하는 선으로 진피 중에 위치한다.
② 피지선은 손바닥에는 없다.
③ 피지의 1일 분비량은 10 ~ 20g 정도이다.
④ 피지선이 많은 부위는 코 주위이다.

피지의 1일 분비량은 1 ~ 2g 정도이다.

85 인체 기관 중 피지선이 전혀 없는 곳은?

① 이마　　　　② 코
③ 귀　　　　　④ 손바닥

손바닥과 발바닥에는 피지선이 없다.

86 피부 유형에 맞는 화장품 선택이 아닌 것은?

① 건성 피부 – 유분과 수분이 많이 함유된 화장품
② 민감성 피부 – 향, 색소, 방부제를 함유하지 않거나 적게 함유된 화장품
③ 지성 피부 – 피지 조절제가 함유된 화장품
④ 정상 피부 – 오일이 함유되어 있지 않은 오일 프리(Oil Free) 화장품

정상 피부는 유분과 수분이 적절히 함유된 화장품을 사용해야 한다.

87 각 피부 유형에 대한 설명으로 잘못된 것은?

① 유성 지루 피부 – 과잉 분비된 피지가 피부 표면에 기름기를 만들어 항상 번들거리는 피부
② 건성 지루 피부 – 피지가 과다 분비되어 표피에 기름기가 흐르나 보습 기능이 저하되어 피부 표면에 당김 현상이 일어나는 피부
③ 표피 수분 부족 건성 피부 – 피부 자체의 내적 원인에 의해 피부 자체의 수화 기능에 문제가 되어 생기는 피부
④ 모세 혈관 확장 피부 – 코와 뺨 부위의 피부가 항상 붉거나 피부 표면에 붉은 실핏줄이 보이는 피부

피부 자체의 내적 원인에 의해 피부 자체의 수화 기능에 문제가 되어 생기는 피부는 표피가 아닌 진피 수분 부족 건성 피부이다.

88 건성 피부의 화장품 사용법으로 옳지 않은 것은?

① 영양, 보습 성분이 있는 오일이나 에센스
② 알코올이 다량 함유되어 있는 토너
③ 밀크 타입이나 유분기가 있는 크림 타입의 클렌저
④ 토닉으로 보습 기능이 강화된 제품

알코올이 다량 함유되어 있는 토너는 지성 피부에 사용한다.

89 일반적으로 정상적인 피부 표면의 pH는?

   ① 약 4.5 ~ 5.5
   ② 약 9.5 ~ 10.5
   ③ 약 2.5 ~ 3.5
   ④ 약 7.5 ~ 8.5

정상적인 피부 pH는 5.5로, 피부 속은 촉촉하고 피부 겉은 얇은 유분막이 덮여 있어 각종 세균과 유해 환경으로부터 피부를 건강하게 지킬 수 있는 상태이다.

90 피부 유형을 결정하는 요인이 아닌 것은?

   ① 얼굴형
   ② 피부 조직
   ③ 피지 분비량
   ④ 모공

91 여드름 피부에 관련된 설명으로 잘못된 것은?

   ① 여드름은 사춘기에 피지 분비가 왕성해지면서 나타나는 비염증성, 염증성 피부 발진이다.
   ② 다양한 원인에 의해 피지가 많이 생기고 모공 입구의 폐쇄로 인해 피지 배출이 잘되지 않는다.
   ③ 여드름은 사춘기에 일시적으로 나타나며 30대 정도에 모두 사라진다.
   ④ 선천적인 체질상 체내 호르몬의 이상 현상으로 지루성 피부에서 발생되는 여드름 형태를 심상성 여드름이라 한다.

사춘기 여드름과 달리 성인 여드름의 경우 20 ~ 30대에 많이 형성된다.

92 건성 피부를 관리하는 방법으로 가장 적당한 것은?

   ① 적절한 수분과 유분 공급
   ② 적절한 일광욕
   ③ 당단백 섭취
   ④ 카페인 섭취 줄이기

건성 피부는 유분과 수분이 부족한 피부로 이를 적절하게 공급해 주며 관리해 주어야 한다.

93 광 노화 현상이 아닌 것은?

   ① 표피 두께 증가
   ② 멜라닌 세포 이상 항진
   ③ 체내 수분 증가
   ④ 진피 내의 모세 혈관 확장

광 노화 현상
모세 혈관 확장으로 피부 세포가 손상되고, 염증이 발생하여 피부 결이 거칠어진다. 표피의 두께가 두꺼워지고 불규칙한 색소 침착이 발생한다.

94 모발 관련 멜라닌 색소를 함유하고 있는 부분은?

   ① 모표피   ② 모피질
   ③ 모유두   ④ 모수질

멜라닌 색소를 함유하고 있는 모피질은 모발의 성질을 나타내는 감촉과 질감, 탄력과 색상을 좌우하는 중요한 부분이다.

95 탄수화물에 대한 설명으로 옳지 않은 것은?

   ① 당질이라고도 하며 신체의 중요한 에너지원이다.
   ② 장에서 포도당, 과당 및 갈락토오스로 흡수된다.
   ③ 지나친 탄수화물의 섭취는 신체를 알칼리성 체질로 만든다.
   ④ 탄수화물의 소화 흡수율은 99%에 가깝다.

지나친 탄수화물의 섭취는 지방으로 전환될 수 있다.

96 결핍되면 피부 표면이 경화되어 거칠어지는 물질은?

   ① 비타민 A와 단백질
   ② 지방
   ③ 탄수화물
   ④ 무기질

• 비타민 A는 상피 보호 물질로 신진대사를 원활하게 하고 피부 세포를 형성한다.
• 단백질은 신체 조직의 구성 성분으로 모발이나 근육 및 피부의 조직을 구성한다.

97 피부 재생을 돕고 상피 조직의 신진대사에 관여하며 노화 방지에 효과가 있는 비타민은?

- ✔ ① 비타민 A
- ② 비타민 K
- ③ 비타민 C
- ④ 비타민 E

비타민 A는 피부 재생과 노화 방지에 효과적이며, 비타민 K는 혈액 응고와 관련 있고, 비타민 C는 콜라겐 합성 촉진, 비타민 E는 항산화제이다.

98 칼슘과 인의 대사를 도와주고, 자외선에 의해 합성되며, 발육을 촉진시키는 비타민은?

- ① 비타민 A
- ② 비타민 C
- ③ 비타민 B
- ✔ ④ 비타민 D

비타민 D는 자외선에 의해 합성되는 지용성 비타민으로 칼슘과 인의 대사를 도와준다.

99 피부의 기능에 대한 설명으로 잘못된 것은?

- ① 인체 내부 기관을 보호한다.
- ② 체온 조절을 한다.
- ③ 감각을 느끼게 한다.
- ✔ ④ 비타민 B를 생성한다.

피부가 햇빛을 받으면 비타민 D를 생성한다.

100 비타민 결핍증인 불임증 및 생식 불능과 피부의 노화 방지 작용 등과 가장 관계가 깊은 것은?

- ① 비타민 A
- ② 비타민 B 복합체
- ✔ ③ 비타민 E
- ④ 비타민 D

비타민 A는 야맹증과 안구 건조증, 비타민 B는 각기병 및 구순염 등의 질병, 비타민 D는 구루병과 관련이 있다.

101 다음 중 비타민(Vitamin)과 그 결핍증을 연결한 것으로 틀린 것은?

- ① Vitamin B_2 – 구순염
- ② Vitamin D – 구루병
- ③ Vitamin A – 야맹증
- ✔ ④ Vitamin C – 각기병

각기병은 비타민 B_1의 결핍증이며 비타민 C의 결핍증은 괴혈병이다.

102 피부의 기능이 아닌 것은?

- ① 보호 작용
- ② 체온 조절 작용
- ✔ ③ 비타민 A 합성 작용
- ④ 호흡 작용

피부는 자외선에 의해 비타민 A가 아닌 비타민 D 합성 작용을 한다.

103 다음 중 적외선에 관한 설명으로 옳지 않은 것은?

- ① 피부에 생성물이 흡수되도록 돕는 역할을 한다.
- ② 혈류의 증가를 촉진시킨다.
- ✔ ③ 노화를 촉진시킨다.
- ④ 피부에 열을 가하여 피부를 이완시키는 역할을 한다.

적외선은 신진대사를 촉진하여 세포 재생을 도와 노화가 아닌 혈액 순환을 촉진시킨다.

104 자외선이 피부에 미치는 영향이 아닌 것은?

- ① 색소 침착
- ② 살균 효과
- ③ 홍반 형성
- ✔ ④ 비타민 A 합성

피부에 자외선을 쏘이면 프로비타민 D가 비타민 D로 합성된다.

105 자외선을 많이 쬐이면 나타나는 부정적인 효과는?

   ☑ 홍반 반응
② 강장 효과
③ 살균 효과
④ 비타민 D 형성

자외선을 많이 쬐이면 홍반 반응, 광 과민증, 색소 침착, 피부 노화 등의 부정적인 효과가 나타난다.

106 탄력 섬유(Elastin)와 교원 섬유(Collagen)로 구성되어 강한 탄력성을 지니고 있는 곳은?

① 근육
☑ 진피
③ 피하 조직
④ 표피

90% 이상의 교원 섬유와 탄력 섬유가 치밀하게 구성되어 있는 진피층은 강한 탄력성을 지니고 있다.

107 색소 형성 세포에서 피부 색소의 멜라닌을 만드는 층은?

① 유극층
② 투명층
③ 각질층
☑ 기저층

기저층에서는 멜라닌 형성 세포, 각질 형성 세포, 머켈 세포 등이 있으며, 유극층에는 랑게르한스 세포가 있다.

108 피부의 구조 중 진피에 속하는 것은?

① 과립층
② 기저층
☑ 유두층
④ 유극층

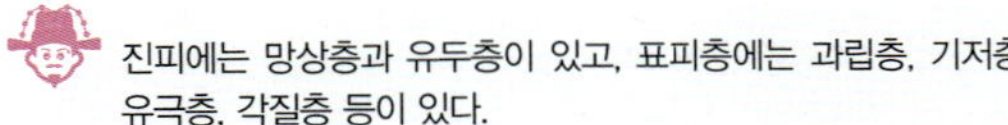
진피에는 망상층과 유두층이 있고, 표피층에는 과립층, 기저층, 유극층, 각질층 등이 있다.

109 케라토히알린(Keratohyaline) 과립은 피부 표피의 어느 층에 주로 존재하는가?

☑ 과립층
② 유극층
③ 기저층
④ 각질층

케라토히알린 과립은 황을 많이 함유하고 있으며, 피부 표피의 과립층에 존재한다.

110 상처를 입었을 때 흉터가 남는 층은?

☑ 기저층
② 투명층
③ 각질층
④ 유극층

기저층은 표피 발생의 근원지인 멜라닌 색소가 있는 층으로 기저층을 다치면 흉터가 생긴다.

111 광 노화 현상에 대한 설명과 거리가 먼 것은?

① 점다당질이 증가한다.
② 섬유 아세포 수가 감소한다.
☑ 콜라겐이 비정상적으로 늘어난다.
④ 피부 두께가 두꺼워진다.

피부의 엘라스틴과 콜라겐이 줄어들면서 탄력이 저하되며 주름이 느는 피부의 노화가 진행되면 콜라겐과 엘라스틴은 파괴되기 쉽다.

112 노화 피부의 증세와 가장 관련이 깊은 현상은?

☑ 유분과 수분이 부족하다.
② 항상 촉촉하고 매끈하다.
③ 수분이 80% 이상이다.
④ 지방이 과다 분비한다.

노화된 피부는 유분과 수분이 부족해지므로 지속적인 관리가 필요하다.

113 지성 피부에 적용되는 작업 방법 중 적절하지 않은 것은?

 이온 영동 침투 기기의 양극봉으로 디스인크러스테이션을 해준다.
② 자켓법을 이용한 관리는 디스인크러스테이션 후에 시행한다.
③ 지성 피부의 상태를 호전시키기 위해서는 고주파기의 직접법을 적용시킨다.
④ T-존(T-zone) 부위의 노폐물 등은 안면 진공 흡입기로 제거한다.

이온 영동 침투기기는 음극봉에서 생성된 알칼리성 물질이 모공을 열고 노폐물을 유화시킨다.

114 올바른 피부 관리를 위한 필수 조건과 가장 거리가 먼 것은?

 관리사의 유창한 화술
② 정확한 피부 타입 측정
③ 화장품에 대한 지식과 응용 기술
④ 적절한 매뉴얼 테크닉 기술

115 피부의 기능에 속하지 않는 기능은?

① 신경 기능　　② 분비 기능
③ 감각 기능　　④ 체온 조절 기능

피부는 감각, 체온 조절, 보호, 호흡, 배설, 분비 등의 기능과 각화 기능을 한다.

116 유분이 많은 화장품보다는 수분 공급에 효과적인 화장품을 선택하여 사용하고, 알코올 함량이 많아 피지 제거 기능과 모공 수축 효과가 뛰어난 화장수를 사용하여야 할 피부 유형으로 가장 적합한 것은?

① 건성 피부
② 민감성 피부
③ 정상 피부
④ 지성 피부

117 표피의 구조 순서로 알맞은 것은?

① 각질층 → 기저층 → 유극층 → 투명층 → 과립층
② 각질층 → 과립층 → 기저층 → 유극층 → 투명층
③ 각질층 → 투명층 → 과립층 → 유극층 → 기저층
④ 각질층 → 유극층 → 투명층 → 과립층 → 기저층

118 진피의 구성 물질인 교원 섬유에 대한 특징으로 옳지 않은 것은?

① 진피의 90%를 차지하고 있다.
② 그물모양으로 이루어져 피부에 탄력성과 신축성을 부여한다.
③ 체온 유지, 수분 조절, 외부 충격으로부터 보호 기능을 한다.
④ 피부 탄력 감소와 주름 형성의 원인이다.

119 다음 중 표피와 무관한 층은?

① 각질층　　② 유두층
③ 기저층　　④ 무핵층

 표피는 각질층, 기저층, 무핵층, 유극층, 과립층, 투명층 등이 있으며 유두층은 진피에 속한다.

120 손바닥과 발바닥에 주로 있는 생명력이 없는 상태의 무색, 무핵층인 것은?

① 유극층　　② 과립층
③ 투명층　　④ 기저층

 투명층은 손바닥이나 발바닥에서 주로 볼 수 있는 무색, 무핵층이다.

Ⅱ

공중위생 관리학

1 공중 보건학의 개념

1 일반 정의

공중 보건학이란 지역 사회의 노력을 통하여 질병 '치료'보다는 '예방'에 중점을 두어 건강을 유지·증진시킴으로써 생명 연장, 질병 예방, 건강 증진을 목적으로 하는 학문이라고 볼 수 있다.

2 윈슬로(C.E.A. Winslow 1920년)의 정의

공중 보건학은 조직적인 지역 사회의 노력을 통해서 질병을 예방하고 생명을 연장시키며, 신체·정신적 효율을 증가시키는 기술이며, 과학이다.

2 건강과 질병

1 세계보건기구의 건강에 대한 정의

보건 헌장에서는 "건강(Health)이란 단순한 질병이나 허약하지 않은 상태만을 의미하는 것이 아니고, 육체적·정신적·사회적으로 모두 완전한 상태"를 의미한다고 정의하였다.

2 질병 발생의 3대 요인

① **병인**: 세균, 바이러스

생물적	병원 미생물, 기생충, 위생 동물
물리적	외상, 화상, 기압, 자외선, 방사선
화학적	영양소, 약품, 중금속, 유독 물질
정신적	스트레스, 자살

② **숙주**: 사람, 동물

인적	인종, 연령, 성별, 직업
신체적	영양·생리 상태, 체격
선천적	유전
후천적	면역력 획득

공중 보건학의 대상

보건 사업을 적용하는 공중 보건의 최초 대상은 개인이 아닌 지역 사회의 인간 집단이며, 나아가 국민 전체

범위

- **환경 보건**: 환경 위생, 식품 위생, 환경 보전, 공해 문제, 산업 환경 등
- **질병 관리**: 감염병 관리, 역학, 기생충 질환 관리, 성인병 관리 등
- **보건 관리**: 보건 행정, 보건 교육, 보건 영양, 보건 통계, 인구 보건, 가족계획, 영유아 보건, 모자 보건, 학교 보건 등

바이러스

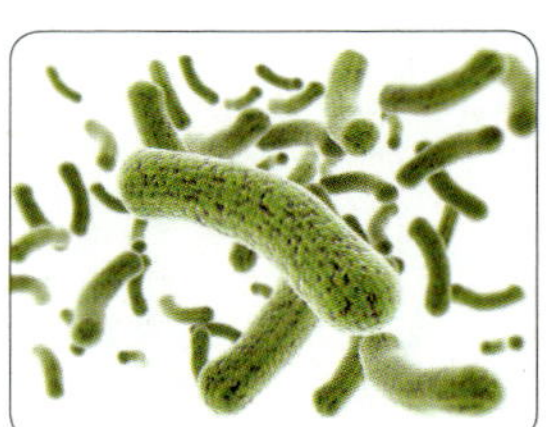

③ 환경: 외적인 요인, 매개체

생물적	미생물, 매개 동물
물리적	기후, 기상, 계절, 지형, 지리
경제적	직업, 빈부
사회적	교육, 종교, 문화, 교통, 주거

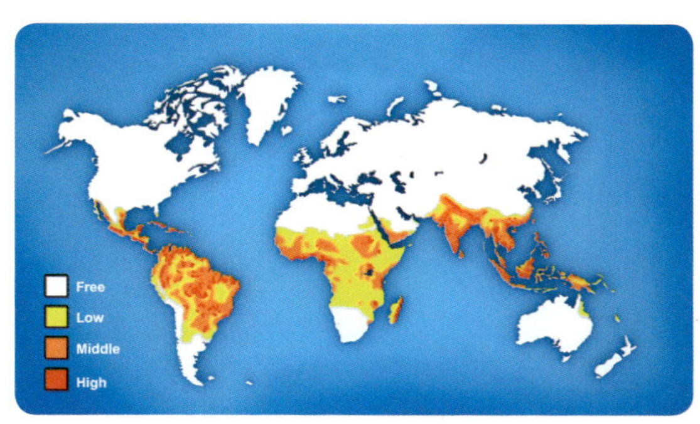

▲ 뎅기열 위험 지역

3 인구 보건 및 보건 지표

1 인구 구성의 형태

① **피라미드형(인구 증가형)**: 출생률 증가, 사망률 감소형(후진국형)

② **종형(인구 정지형)**: 출생률과 사망률이 낮은 형(가장 이상적인 형)

③ **방추형(인구 감소형)**: 출생률이 사망률보다 낮은 형(선진국형)

④ **별형**: 생산 인구가 전체 인구의 1/2 이상인 형(도시 유입형)

⑤ **표주박형**: 생산 연령 인구가 전체 인구의 1/2 미만인 형(농촌형)

▲ 피라미드형 　 ▲ 종형 　 ▲ 방추형 　 ▲ 별형 　 ▲ 표주박형

공중 보건의 평가 지표
- 영아 사망률
- 평균 수명
- 비례 사망 지수
- 조사망률
- 사인별 사망률

건강 지표
- 비례 사망 지수
- 평균 수명
- 조사망률

보건 의료 서비스 지표
- 의료 인력과 시설
- 보건 정책 지표

2 공중 보건 수준과 건강 수준의 평가 지표

① **WHO의 3대 건강 지표**: 평균 수명, 조사망률, 비례 사망 지수

② **한 국가의 건강 수준을 나타내는 지표**: 영아 사망률

③ **연간 영아 사망률** $= \dfrac{\text{연간 생후 1년 미만 사망아 수}}{\text{연간 출생아 수}} \times 1{,}000$

1 역학

1 역학의 정의

① 질병의 관리와 예방을 목적으로 인간 집단 속에 발생하는 질병의 발생과 분포를 관찰하고 원인을 탐구하는 학문이다.

② 질병의 원인과 발생에 관계되는 병인, 숙주, 환경의 관계를 연구하는 학문이다.

2 역학의 구분

① 기술 역학

- 질병의 발생과 관련이 있다고 의심되는 속성과 질병 발생의 분포, 경향 등을 조사하고 연구한다.
- 생물학적 · 사회적 · 지역적 · 시간적 변수가 영향을 미친다.

② 분석 역학

- 기술 역학의 결과를 바탕으로 의도적으로 계획하고 설정하여 인과관계를 밝혀낸다.
- 단면적 연구, 환자-대조군 연구, 코호트 연구가 있다.

코호트
- 원래는 로마 군단의 1단위를 뜻하는 단어
- 조사 연구와 인구학적 연구에서 특별한 기간 내에 출생하거나 조사하는 주체와 관련된 특성을 공유하는 대상의 집단을 의미

2 감염병 관리

1 질병의 발생 과정

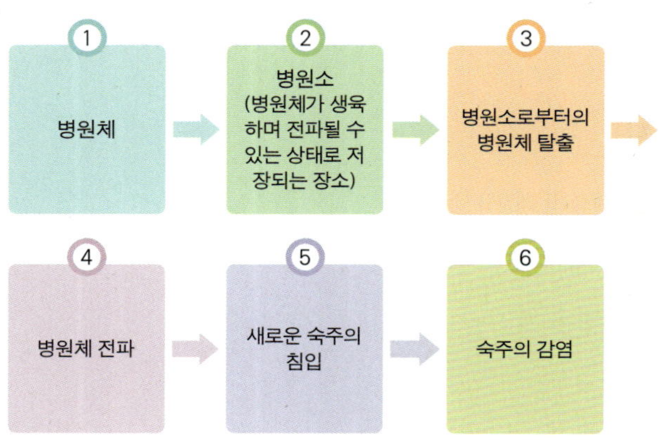

감염병 유형의 3요인
- 감염원
- 감염 경로(환경)
- 숙주(감수성)

2 질병 발생 과정에 따른 분류

① 병원체

세균성 감염병	장티푸스, 콜레라, 파라티푸스, 세균성 이질, 디프테리아, 백일해, 성홍열, 결핵, 폐렴, 나병 등
바이러스성 감염병	인플루엔자(독감), 홍역, 유행성 이하선염, 뇌염, 두창, 트라코마, 풍진, 광견병, 급성 회백수염(폴리오, 소아마비), 유행성 간염 등
리케차	발진티푸스, 발진열, 양충병 등
원충성	아메바성 이질, 말라리아 등

② 병원소

건강 보균자	병의 증상은 나타나지 않지만 체내 병원균을 가지고 있어 일상생활에서 병원체(장티푸스, 콜레라, 디프테리아 등)를 배출하는 자로 가장 중요하게 취급
잠복기 보균자	감염성 질환의 잠복 기간 중에 병원체(디프테리아, 홍역, 백일해, 유행성 이하선염, 수막구균성 수막염 등)를 배출하는 자
병후(회복기) 보균자	감염성 질환에 이환된 후 그 임상 증상이 완전히 소멸되었으나 병원체(장티푸스, 파라티푸스, 콜레라, 세균성 이질 등)를 배출하는 보균자

병원소
- 인간, 동물, 오염된 토양 등으로 병원체가 생활·증식하고 생존 유지를 위해 인간에게 전파될 수 있는 상태로 저장되는 장소
- 병원소로부터의 병원체 탈출
- 소화·호흡·비뇨기·생식 기계·개방 병소(피부병)

③ 숙주

- 감수성: 숙주가 병원체에 대한 저항력이나 면역력이 없는 것을 의미
- 감수성 지수: 감수성 보유자가 감염되어 발생하는 비율을 %로 표시
- 면역성

비특이적 저항력	피부, 점막, 림프계에 의한 면역
특이적 저항력	특정한 병원체에만 작용하는 저항력, 항체 형성에 의한 면역

숙주
병원체가 침입하였을 때 대항할 수 있는 저항력과 면역 상태를 의미

3 병원체의 종류와 침입 부위별 감염

① 병원체의 종류에 따른 감염

세균	세균성 이질, 콜레라, 장티푸스, 디프테리아, 파라티푸스, 페스트, 결핵
바이러스	일본 뇌염, 인플루엔자, 소아마비, 두창, 홍역, 수두, 유행성 간염
곰팡이	무좀, 버짐, 부스럼
리케차	발진티푸스, 발진열
원충류	말라리아, 아메바성 이질, 아프리카 수면병
기생충	회충, 구충, 선모충, 조충류

② 침입 부위에 따른 감염

- 직접 접촉 감염: 매독, 임질 등이 있다.
- 간접 접촉 감염: 비말 감염병으로 대화 시에 나오는 환자나 보균자의 기침, 침, 재채기 등 비말 내의 병원균에 의한 감염을 말한다(디프테리아, 인플루엔자, 성홍열 등).
- 진애 감염병: 오염된 먼지의 흡입을 통해 감염되는 것을 말한다(나병, 결핵, 천연두, 디프테리아 등).
- 개달물 감염병: 서적, 의복, 음식물, 식기, 완구, 우유 등을 매개로 감염되는 것을 말한다(나병, 결핵, 트라코마, 천연두 등).
- 수인성 감염병: 장티푸스, 파라티푸스, 이질, 콜레라, 소아마비 등을 말한다.
- 토양 감염병: 파상풍(경피 감염), 구충, 보툴리누스균 등을 말한다.

4 법정 감염병

제1군 감염병	마시는 물 또는 식품을 매개로 발생하고 집단 발생의 우려가 커서 발생 또는 유행 즉시 방역 대책을 수립하여야 하는 감염병	콜레라, 장티푸스, 파라티푸스, 세균성 이질, 장출혈성 대장균 감염증, A형 간염
제2군 감염병	예방 접종을 통하여 예방 및 관리가 가능하여 국가 예방 접종 사업의 대상이 되는 감염병	디프테리아, 백일해, 파상풍, 홍역, 유행성 이하선염, 풍진, 폴리오, B형 간염, 일본 뇌염, 수두, B형 헤모필루스 인플루엔자, 폐렴구균
제3군 감염병	간헐적으로 유행할 가능성이 있어 계속 그 발생을 감시하고 방역 대책의 수립이 필요한 감염병	말라리아, 결핵, 한센병, 성홍열, 수막구균성 수막염, 레지오넬라증, 비브리오 패혈증, 발진티푸스, 발진열, 쯔쯔가무시증, 렙토스피라증, 브루셀라증, 탄저, 공수병, 신증후군 출혈열, 인플루엔자, 후천 면역 결핍증(AIDS), 매독, 크로이츠펠트-야콥병(CJD) 및 변종 크로이츠펠트-야콥병(vCJD)
제4군 감염병	국내에서 새롭게 발생하였거나 발생할 우려가 있는 감염병 또는 국내 유입이 우려되는 해외 유행 감염병으로서 보건복지부령으로 정하는 감염병	페스트, 황열, 뎅기열, 바이러스성 출혈열, 두창, 보툴리눔 독소증, 중증 급성 호흡기 증후군(SARS), 동물 인플루엔자 인체 감염증, 신종 인플루엔자, 야토병, 큐열(Q熱), 웨스트나일열, 신종 감염병 증후군, 라임병, 진드기 매개 뇌염, 유비저(類鼻疽), 치쿤구니야열, 중증 열성 혈소판 감소증후군(SFTS), 중동 호흡기 증후군(MERS), 지카 바이러스 감염증
제5군 감염병	기생충에 감염되어 발생하는 감염병으로서 정기적인 조사를 통한 감시가 필요하여 보건복지부령으로 정하는 감염병	회충증, 편충증, 요충증, 간흡충증, 폐흡충증, 장흡충증

경피 침입 감염증
- 피부 접촉에 의한 경피 침입: 와일씨병, 십이지장충
- 상처를 통한 경피 침입: 파상풍, 매독, 한센병 등
- 곤충 동물에 의한 경피 침입: 모기, 이, 벼룩, 진드기, 개, 쥐 등

법정 감염병
"감염병"은 제1군 감염병, 제2군 감염병, 제3군 감염병, 제4군 감염병, 제5군 감염병, 지정 감염병, 세계보건기구 감시 대상 감염병, 생물 테러 감염병, 성매개 감염병, 인수 공통 감염병 및 의료 관련 감염병을 말한다.

급성 감염병 관리
- 소화기계: 장티푸스, 파라티푸스, 콜레라, 세균성 이질, 폴리오, 유행성 간염
- 호흡기계: 홍역, 유행성 이하선염, 풍진, 디프테리아, 백일해, 천연두
- 절지동물: 일본 뇌염, 말라리아, 발진티푸스, 페스트, 유행성 출혈열
- 동물: 광견병, 탄저, 렙토스피라증, 브루셀라증

만성 감염병 관리
결핵, 나병, 유행성 간염, 매독, 임질, 후천 면역 결핍증, 트라코마 등

제1군 ~ 4군 감염병은 즉시 신고, 제5군 감염병은 7일 이내 신고한다.

③ 기생충 질환 관리

1 기생충에 의한 질병

① 선충류

회충	야채, 손, 파리에 의해 감염, 인체의 소장에 기생
요충	오염된 음식 및 손에 의해 감염, 인체의 소장에 기생
구충	토양, 야채에 의해 감염, 인체의 소장에 기생
편충	야채, 손, 파리에 의해 감염, 인체의 대장 상부에 기생

선충류
- 소화기, 근육, 혈액 등에 기생
- 집단 감염이 가장 잘되는 기생충은 요충

② 조충류

- 갈고리촌충(유구조충): 덜 익은 돼지고기에 의해 감염된다.
- 민촌충(무구조충): 덜 익은 소고기에 의해 감염된다.

조충류
주로 숙주의 소화기관에 기생

③ 흡충류

- 간디스토마: 민물고기의 생식으로 전파된다.
- 폐디스토마: 감염된 게나 가재의 생식으로 전파된다.

흡충류
숙주의 간, 폐 기관에 흡착하여 기생

2 해충에 의한 질병

모기, 파리에 의한 질병	• **모기**: 일본 뇌염, 말라리아, 사상충, 황열병, 뎅기열 등 • **파리**: 세균성 이질, 콜레라, 결핵, 장티푸스, 식중독, 파라티푸스, 디프테리아, 회충, 요충, 편충, 촌충, 소아마비 등
바퀴벌레에 의한 질병	장티푸스, 결핵, 세균성 이질, 콜레라, 살모넬라, 디프테리아, 회충, 요충, 편충, 촌충, 소아마비 등
쥐에 의한 질병	살모넬라증, 유행성 출혈열, 페스트, 서교열, 렙토스피라증, 발진열, 이질, 선모충증 등

원충류
이질성 아메바는 분변에 오염된 식품, 물을 통한 경구 침입에 전파됨.

④ 성인병 관리

1 성인병의 원인과 발생

① **원인**: 노화가 진행되면서 생체 항상성의 부조화가 야기되어 신진대사가 원활하지 않고 여러 기능이 감퇴된다.

② **발생**: 성인병은 내분비 계통의 이상 및 변화와 원인 환경에의 반복적인 노출과 면역학적 기전의 변화 등에 의해 발생한다.

2000년대 이후 대표적인 성인병은 암, 뇌졸중, 심장병, 당뇨병이다.

① 고혈압

- 고혈압은 병명이라기보다는 증세라고 볼 수 있으며, 최고 혈압 150~160 mmHg 이상, 최저 혈압 90~95 mmHg 이상을 고혈압으로 간주한다.
- 고혈압은 원인을 알 수 있는 것(2차성 또는 속발성)과 원인을 알 수 없는 유전적인 요소를 가진 것(1차성 또는 본태성)으로 나뉜다.
- 본태성 고혈압이 90~95 % 정도이다.
- 주요 증상: 뇌신경 증상, 심장과 신장 증상 등이다.
- 고염식을 피하고 과식하지 말며, 양질의 단백질을 충분히 섭취하여 발생 요인을 감소시킨다.

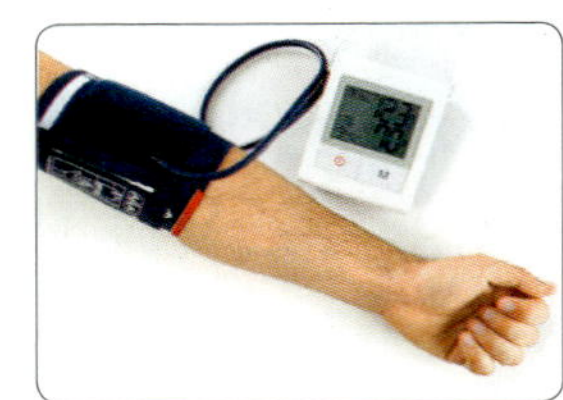
고혈압

② 당뇨병

- 당뇨병은 인슐린의 부족으로 혈액 중 포도당이 높아져 소변으로 포도당이 배출되는 만성 질환이다.
- 주요 증상: 다뇨, 다갈, 다식, 권태, 체중 감소, 당뇨성 산중독(혼수) 등이 있다.
- 당뇨병은 완치가 불가능하며, 진행을 정지시킴과 동시에 합병증 발생을 예방해야 한다.

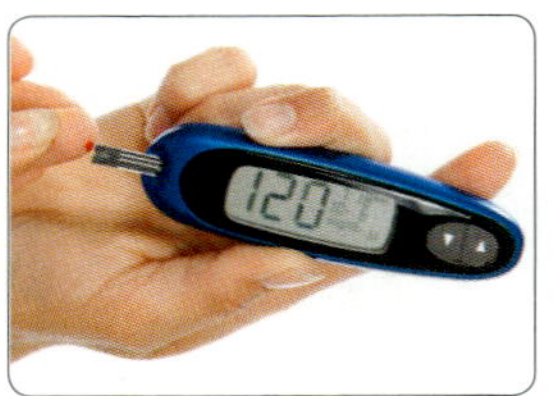
당뇨병

③ 동맥 경화증

- 혈관의 지질 중 콜레스테롤, 중성 지질 등이 침착하여 혈관 내강을 좁히고 탄력을 잃게 하는 병변이다.
- 가장 주요한 발생 인자는 고혈압이며, 체내 지질 대사 이상, 호르몬 대사 이상, 유전적 요인, 식생활 등에 의해 일어난다.
- 주요 병변은 전신에서 일어날 수 있으나 대동맥, 뇌, 심장, 신장 등의 혈관에 나타나 문제가 된다.
- 비만이 되지 않도록 체중 관리에 적합한 영양 섭취를 하며, 과로와 자극을 피하고 규칙적인 생활을 한다.

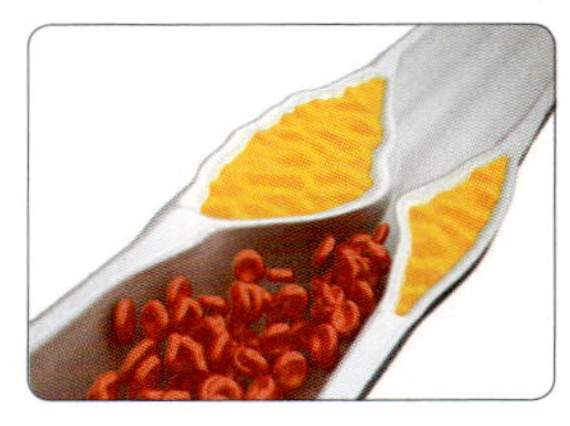
동맥 경화증

④ 뇌졸중

- 뇌의 혈액 순환 장애에 의해 일어나며 급격한 의식 장애와 운동 마비를 수반하는 증후군으로 뇌출혈에서 많이 나타난다.
- 뇌출혈의 가장 큰 원인은 고혈압이며, 뇌경색의 중요한 원인은 혈전 형성이다.(우리나라가 세계 발병률 1위)
- 급격한 온도 변화나 충격을 피하고, 규칙적인 생활을 하며 적합한 식이 요법을 실천해야 한다.

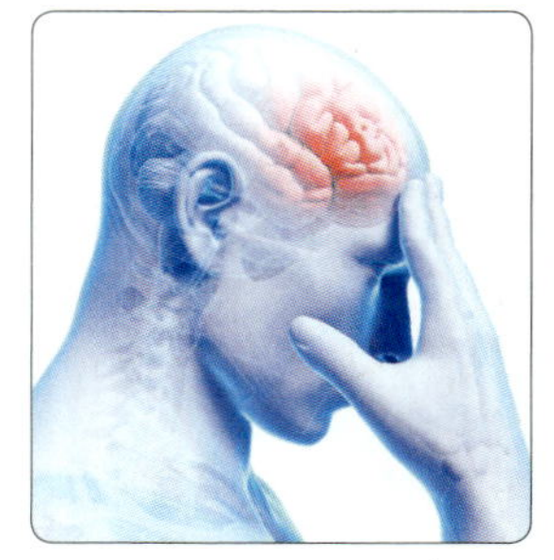
뇌졸중(뇌중풍)

정기적인 건강 진단을 실시하며 조기 발견과 치료에 노력한다.

1 정신 보건

① 기본 이념
- 모든 정신 질환자는 인간으로서의 존엄 · 가치 및 최적의 치료와 보호를 받을 권리를 보장받는다.
- 모든 정신 질환자는 부당한 차별 대우를 받지 않는다.
- 미성년자인 정신 질환자에 대해서는 특별히 치료, 보호, 필요한 교육권 등이 보장되어야 한다.
- 입원 치료가 필요한 정신 질환자는 항상 자발적인 입원이 권장되어야 한다.
- 입원 중인 정신 질환자에게 가능한 한 자유로운 환경과 타인과의 자유로운 의견 교환이 보장되어야 한다.

② 정신 질환자 및 관련 개념
- 정신 질환자: 정신병 · 인격 장애 · 알코올 및 약물 중독, 기타 비정신병적 정신 장애를 가진 자를 뜻한다.
- 조현병(정신 분열증): 양성 증상(망각, 환각, 행동 장애 등)과 음성 증상(무언어증, 무욕증 등)이 있다.
- 신경증: 공황 장애, 강박 장애, 고소 공포증, 폐쇄 공포증 등이다.

2 정신 보건 사업의 일반 사항

① 정신 보건 사업의 개념
- 의미: 지역 사회에 있는 정신 질환자 및 정신 요양 시설, 사회 복귀 시설, 정신 의료 기관에 입원한 정신 질환자에게 지속적인 관리와 재활 및 프로그램을 제공하여 사회에 적응하고 복귀할 수 있도록 국가나 지방 자치 단체에서 지원하는 사업이다.
- 필요성: 국민의 정신 건강 문제 해결을 통한 개인 삶의 가치 향상과 사회적 비용 절감 및 국가 경쟁력 확보를 위함이다.

② 기본 원칙
- 전체 국민을 대상으로 한 정신 건강 증진과 예방, 환경 조성을 강조한다.
- 서비스 접근성을 확보(지역 사회 인프라 강화 → 정보 시스템 → 협력 체계 구축)한다.
- 국가 정신 건강 증진 사업의 리더십을 강화한다.
- 정확한 정보와 근거를 기반으로 정신 건강 정책과 사업을 수행한다.

- 1차 예방: 질병 발생률 감소
- 2차 예방: 조기 발견, 재발 방지
- 3차 예방: 부분적 복원, 사회 복귀 원조

정신 보건 사업의 추진 방향
- 정신 질환에 대한 편견 해소와 우호적인 환경을 조성
- 다양한 대상군에 대한 정신 질환을 예방
- 중증 정신 질환의 치료 수준을 높이고, 재활 체계를 구축
- 자살 예방을 위한 조기 개입 체계를 구축

정신 질환자의 사회 복귀 시설
정신 질환자를 정신 의료 기관에 입원시키거나 정신 요양 시설에 입소시키지 않고 사회 복귀 촉진을 위한 훈련을 하는 시설이다.

정신 요양 시설
정신 의료 기관에서 의뢰된 정신 질환자와 만성 정신 질환자를 입소시켜 요양과 사회 복귀 촉진을 위한 훈련을 하는 시설이다.

1 작업 시의 안전 관리

① 손을 알코올로 소독하여 시술 전후에 항상 청결을 유지해야 한다.

② 도구 사용 시 날카로운 것에 주의하여 상처를 최소화한다.

③ 호흡기 · 접촉성 감염에 주의하여 마스크를 착용하고, 출혈 후 소독을 철저히 한다.

④ 물 묻은 손으로 전기를 만지지 않도록 한다.

⑤ 감염성 질환이 시술자와 고객 사이에 전염되지 않도록 한다.

2 화학 물질 취급 시의 안전 관리

① 작업장의 공기를 자주 환기시켜 냄새가 머물지 않도록 한다.

② 피부에 직접 닿지 않도록 주의하며 호흡 중 흡입되지 않도록 한다.

③ 라벨링을 통해 제품을 혼동하지 않게 하고, 사용 후 마개를 닫아서 보관한다.

④ 화기성 제품이 화재에 노출되지 않도록 주의한다.

⑤ 사용 방법과 주의 사항을 반드시 확인하고 유해 정보를 숙지한다.

3 재해 사례와 예방 대책

① 바닥의 전선, 의자 다리 등에 걸리거나 머리카락 등에 미끄러져 넘어지는 경우 → 제한된 실내 공간이므로 항상 미용 도구와 바닥의 전선 등을 정리해야 하고, 장애물의 위치를 확인해야 한다.

② 가위, 칼, 등의 미용 도구를 사용하는 과정에서 손가락이나 신체를 베이거나 찔리는 경우 → 날카로운 미용 도구의 취급 시 안전 수칙을 지키도록 근로자 교육을 실시하고, 응급 처치 물품을 가까운 곳에 구비하도록 한다.

③ 드라이기, 고대기, 아이론 등의 고온 기기를 사용하거나 뜨거운 물을 취급하다 화상을 입는 경우 → 고온 기기를 사용할 때는 항상 온도를 확인하고, 피부에 직접 닿지 않도록 주의하며, 안전 수칙에 맞게 작업해야 한다.

④ 무거운 물건의 정리나 부적절한 자세로 인해 신체에 통증이 발생하는 경우 → 불안전한 작업 자세나 반복적인 도구의 사용으로 인해 특정 신체 부위에 무리가 갈 수 있으므로, 수시로 스트레칭을 해 준다.

이·미용 안전사고에 관한 기술 숙지

- 소화기 사용법
- 응급조치 방법
- 인체 유해 물질에 대한 관리 능력

03 가족 및 노인 보건

1 가족 보건

1 가족계획

① **의미**: 출산의 시기와 간격을 조절하여 자녀의 수를 제한하고, 불임 환자를 진단하여 치료하는 것을 뜻한다.

② **방법**
- 일시적인 피임법: 콘돔, 성교 중절법, 자궁 내 장치, 월경 주기법, 기초 체온법, 경구 피임약 복용 등
- 영구 피임법: 난관 수술, 정관 수술 등

2 모자 보건

① **모자 보건법의 정의**: 모성 및 영유아의 생명과 건강을 보호하고 건전한 자녀의 출산과 양육을 도모함 으로써 국민 보건 향상에 이바지함을 목적으로 한다.

② **모자 보건이 중요한 이유**
- 영유아 및 모성의 인구가 전체 인구의 $60 \sim 70\%$를 차지한다.
- 임산부와 영유아들은 건강 취약 대상이기 때문이다.

모성 사망의 원인
- 임신 중독증
- 출산 직후 출혈설 질환
- 산욕열(패혈증)
- 자궁 외 임신 및 유산

[자료 제공: 통계청]

▲ 모성 사망비(출생아 10만 명당)

3 영 · 유아 보건

① 생후 1주까지를 초생아, 생후 4주까지를 신생아, 1년까지를 영아라고 하며, 모성의 영향을 크게 받는 시기인 4세 이하를 유아라고 한다.

② **영아 사망**: 대부분 신생아 기간에 발생한다.

성인 보건
- 40세 전후를 향로기 또는 중년기 라고 하고, $45 \sim 55$세를 초로기, $55 \sim 65$세를 점로기, 65세 이상 을 노쇠기라고 한다.
- 중년기에는 질병을 예방하고 건 강을 유지하기 위하여 균형있는 영양 섭취 및 규칙적인 생활이 필요하다.
- 식생활 관리: 정상 체중을 유지 하도록 총 섭취량을 조절하고 당 질의 양을 조절하며 과음이나 과 식을 피한다.
- 생활 습관 개선: 스트레스 해소, 금연 및 금주, 과로와 수면 부족 을 피하고 규칙적인 운동을 한다.

③ **유아 사망**: 1~4세인 유아 사망은 낙상, 화상, 익사 등의 사고사가 가장 많고, 폐렴 및 기관지염, 소화기염, 이질의 순서이다.

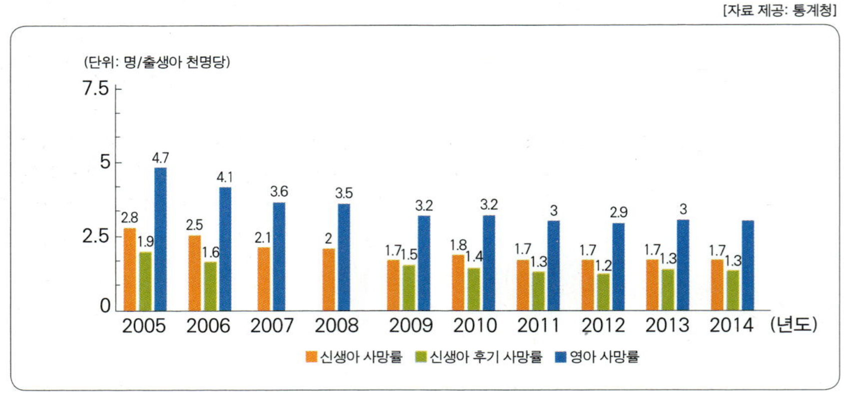

▲ 영아 사망 추이

영유아기의 예방 접종

디프테리아, 백일해, 파상풍, 결핵, 폴리오(급성 회백수염), 홍역, B형 간염, 유행성 이하선염, 풍진 등

모자 보건 사업의 수행 평가
• 모성 사망률
• 영·유아 사망률

2 노인 보건

1 노인 보건

① **정의**
- 노인 보건은 65세 전후의 노인에 대한 임상의학적, 생물학적, 역사적, 사회학적 등 여러 가지 특성과 제반 문제들을 과학적으로 연구한다.
- 노인 보건은 노인 인구의 신체적·사회적·정신적 건강을 유지하고 증진시키기 위하여 관련된 보건 의료 자원을 효율적으로 조달하고 분배하며 관리하는 분야이다.

② **특성**
- 개인차가 있긴 하지만 보통 40세가 넘으면 체력이 쇠퇴하고 노화가 진행된다.
- 노화 현상에서 생기는 노인성 질환을 노인병이라고 하며, 퇴행성 변화로 일어나는 동맥경화증, 만성 폐기종, 척추나 관절의 퇴행성 변화 등이 해당된다.

노인성 질환
• 고혈압
• 치매
• 퇴행성 관절염
• 난청
• 백내장

2 보건 지표

① **의미**: 어느 한 지역 사회의 건강 수준을 파악하는 것으로, 보건 수준을 계량화한 것이다.

② **종류**
- 건강 지표: 평균 수명, 비례 사망 지수, 조사망률 등이 있다.
- 보건 의료 서비스지표: 의료 인력과 시설, 보건 정책 지표 등이 있다.
- 사회, 경제 지표: 인구 증가율, 국민 소득, 주거 상태 등이 있다.

04 환경 보건

1 환경 보건의 개념

1 정의

인간의 신체 발육, 건강 및 생존에 유해한 영향을 미칠 가능성이 있는 물리적인 모든 환경 요소뿐만 아니라, 일상생활에 직간접적으로 영향을 미칠 수 있는 모든 인자를 관리하는 것을 의미한다.

2 목적 및 영향을 미치는 생활 환경 요인

① **목적**: 인간을 둘러싸고 있는 생활 환경을 조정 및 개선하여 쾌적하고 건강한 생활을 영위할 수 있게 하는 데 있다.

② **영향을 주는 생활 환경**
- 자연적인 환경 요인: 기후(기온, 기습, 기류, 기압, 복사열), 일광, 공기, 소리, 물 등
- 인위적인 환경 요인: 채광, 냉방, 조명, 환기, 상하수도, 오물 처리, 곤충의 구제, 공해, 의복 등
- 사회적인 환경 요인: 문화, 인구, 교통, 종교, 정치, 경제, 교육 등

2 대기 환경

1 공기

① **습도(기습)**
- 절대 습도: 일정 온도의 공기 $1\,m^3$에 함유된 수증기량 또는 장력
- 상대 습도: 일정 온도에서의 포화 습도에 대한 절대 습도의 백분율

② **기류**: 기동 또는 바람이라고 하며, 기압의 차이로 발생한다.

③ **감각 온도**: 기온, 기류, 기습의 3인자에 의해 이루어지는 온냉 체감을 수치화한 도표로 구한다.

④ **불쾌지수**: 인간이 느끼는 불쾌감을 표시한 것으로, 온도 $17 \sim 18℃$, 습도 $60 \sim 65\%$일 때 가장 쾌적하다.

환경 보건에 영향을 주는 기후 요인

- **기온(온도)**
  - 쾌적한 실내 온도는 $18\pm2℃$이고, 침실에서는 $15\pm1℃$
  - 지상 1.5m 백엽상에서의 건구 온도를 실외 온도라 하는데, 실내 기류를 측정할 때는 카타 온도계를 사용
- **기습(습도)**
  - 인체에 적당한 습도는 $60 \sim 65\,\%$이고, $40 \sim 70\,\%$를 쾌적 습도
  - 불쾌지수(Discomfortable Index): 인간이 느끼는 불쾌감의 정도를 기온과 습도로 조합하여 나타내는 수치
- **기류(바람)**
  - 쾌감 기류: 1m/sec
  - 불감 기류: $0.2 \sim 0.5$m/sec
  - 무풍: 0.1m/sec

불쾌지수(DI)
(건구 온도 + 습구 온도)×0.72 + 40.6

- DI > 70: 일부 사람이 다소 불쾌
- DI > 75: 50%의 사람이 불쾌
- DI > 80: 모든 사람이 불쾌
- DI > 85: 모든 사람이 매우 불쾌

2 공기와 건강

① **산소(O₂)**: 대기 중에서 21 %를 차지하는데, 10 % 이하인 경우는 호흡 곤란이 오고 7 % 이하인 경우는 질식사에 이르게 된다.

② **질소(N₂)**: 대기 중에서 약 78 %를 차지하는데, 호흡에는 관여하지 않는다.(잠수병의 원인)

③ **이산화탄소(CO₂)**: 인간의 호흡 시 배출되는 성분으로, 실내 공기 오탁도의 판정 기준이 된다.(실내 공기의 위생학적 허용 기준 0.1 %)

④ **일산화탄소(CO)**: 물체의 불완전 연소 시 발생하는 유독 가스로 산소 결핍증을 유발한다.(허용 농도는 8시간 기준 0.01 %)

3 수질 환경

1 수인성 질병

① 오염된 물이나 음식물을 먹었을 때 일으키는 질병을 의미한다.

② 세균성 이질, 콜레라, 장티푸스, 장 출혈성 대장균, A형 간염 등이 있다.

③ 환자 발생이 2~3일 내에 폭발적으로 급증하고, 급수 지역 내에 한정되어 환자가 발생한다.

④ 일반적으로 2차 감염자가 적고, 계절과 관계없이 발생하며, 가족 집적성은 낮다.

2 수질 검사

① 매일 1회 냄새, 맛, 색도, 탁도, pH, 잔류 염소의 6개 항목을 검사한다.

② 음용수 처리 기준

항목	기준
대장균 군	수질 오염의 지표로, 100mL에서 검출되지 않아야 함.
일반 세균	1mL 중 100개를 넘지 않아야 함.
비소, 암모니아성 질소	비소는 0.01mg/L 이하, 암모니아성 질소는 0.5mg/L 이하
맛과 냄새, pH	맛과 냄새가 없어야 하며, pH 6.5 ~ 7.5가 적당함.
색도 및 탁도	색도 -5도 이하, 탁도 -1NTU 이하
과망간산 칼륨 소비량	수중의 유기물 양을 간접적으로 추정하는 오염 지표로, 10mg/L 이하여야 함.

③ **물의 소독법**: 열처리법, 자외선 소독법, 오존 소독법, 염소 소독법

3 상·하수 처리

① **상수 처리 과정**: 수원지 → 정수장 → 배수지 → 가정

- 수원지에서 물을 끌어오는 취수 → 취수한 물을 정수장까지 끌어오는 도수 → 정수 → 송수 → 배수 → 급수
- 정수 과정: 모래를 가라앉히는 침사 → 침전 → 여과 → 소독

② **하수 처리 과정**: 예비 처리 → 본 처리 → 오니 처리

예비 처리 (스크린 처리)	하수에 떠 있는 부유물을 스크린으로 제거, 무거운 무기 물질을 침전시킴.
본 처리	• **혐기성 분해 처리**: 부패조법, 임호프 탱크법 • **호기성 분해 처리**: 활성 오니법, 살수 여과법
오니 처리	사상건조법, 소각법, 퇴비법

병명	원인 물질	증상
미나마타병	수은	청력·언어 장애, 시야 협착, 사지 마비 등
이타이이타이병	카드뮴	신장 기능 장애, 골 연화증, 보행 장애 등

하수 처리 시설

4 주거 및 의복 환경

1 쾌적한 실내 환경

① 남향 또는 동남향, 지하 수위 $1.5 \sim 3\,m$, 지질이 건조하고 배수가 잘되어야 한다.

② 창의 면적은 방바닥 면적의 $1/5 \sim 1/7$이 적당하다.

③ 온도는 거실 $18 \pm 2\,°C$, 침실 $15 \pm 1\,°C$, 병실 $21 \pm 2\,°C$이고, 습도 $40 \sim 70\,\%$가 적당하다.

④ 일상생활의 적정 조명도는 $80 \sim 120\,Lux$ 정도이다.

자연 조명
- **직사광선**: 태양 광선에 직접 비치는 자연 조명
- **천공광**: 창을 통해 실내에 비치는 자연 조명

2 소음 공해

① 단위는 dB(데시벨)이고, 허용 한계는 8시간 기준 $90\,dB$이다.

② 소음의 피해로는 불쾌감, 호흡수 증가, 작업 능률 저하, 수면 방해, 청력 손실 등이 있다.

3 의복 환경

① 의복의 보온력을 나타내는 단위를 **클로(clo)**라고 한다.

② 기온이 $21\,°C$, 상대 습도 $50\,\%$ 이하, 기류 $10\,cm/sec$의 환경 조건하에서 의자에 편히 앉아 있는 안정 상태의 사람이 쾌적감을 느끼는 평균 온도인 $33.3\,°C$를 유지할 수 있는 보온력을 뜻한다.

의복의 기능
- 기후 조절
- 청결 유지
- 신체 보호
- 신체 활동 보장

1 산업 보건의 개념

1 산업 보건

① 모든 근로자들의 육체적, 정신적, 사회 복지를 고도로 증진하고 유지하는 데 목적이 있다.

② 세계보건기구(WHO)와 국제노동기구(ILO)의 정의

> "모든 산업장 직업인들의 육체적, 정신적, 사회 복지를 최고도로 증진, 유지하기 위하여 작업 조건으로 인한 질병을 예방하고 건강에 유해한 작업 조건으로부터 근로자들을 보호하여, 그들을 정서적으로나 생리적으로 알맞은 작업 조건에서 일하도록 배치하는 것"

③ 근로자와 작업 환경을 중심으로 구성하고, 담당 부서는 고용 노동부가 된다.

2 산업 피로

① **의미**: 정신적 · 육체적 · 신경적 노동의 부하로 인하여 충분한 휴식을 취하였음에도 회복되지 않는 피로이다.

② **본질**: 생체의 생리적 변화, 피로 감각, 작업량의 변화에 있다.

③ **종류**: 정신적 피로(중추신경계)와 육체적 피로(근육)가 있다.

④ **대책**

- 작업 방법의 합리화
- 개인차를 고려한 작업량 분배
- 적절한 휴식
- 효율적인 에너지 소모

2 산업 재해

1 산업 재해의 지표

① **의미**: 재해의 정도를 분석하여 재해의 실상을 파악하고, 그 방지 대책을 마련할 때 중요 자료로 활용된다.

산업 보건 사업의 기본 원칙

대치	물질의 변경, 공정의 변경, 시설의 변경, 작업 환경의 변경, 유해 물질 관리 방법 중 가장 기본적이고 우선적으로 해야 하는 원칙임.
격리	저장 물질의 격리, 시설의 격리, 공정의 격리, 작업자의 격리
환기	깨끗한 공기로 희석
보호	개인 보호구 착용
교육	작업장의 청결 및 정돈, 직업병으로부터 자신을 보호하여 건강 관리 능력을 증진

산업 보건의 목적
- 근로자의 안전·보건 유지
- 노동 생산성의 향상

RMR(Relative Metabolic Rate)

$$= \text{작업 대사율}$$
$$= \frac{\text{작업 대사량}}{\text{기초 대사량}}$$

② 종류

건수율	• 조사 시간 동안 산업체 종사자의 재해 발생 건수 • 일정 기간 중의 재해 건수 / 일정 기간 중의 평균 종업원 수 × 1,000
도수율	• 산업 재해의 발생 빈도를 국제·국내 산업 간에 상호 비교하기 위한 표준적인 지표 • 일정 기간 중의 재해 건수 / 일정 기간 중의 연작업 시간 수 × 1,000,000
강도율	• 연 근로 시간당 작업 손실 일수로 재해에 의한 손상의 정도를 나타냄. • 일정 기간 중의 작업 손실 일 수 / 일정 기간 중의 연 작업 시간 수 × 1,000

2 산업 재해의 원인

직접	• **불안전한 행동**: 재해 발생 비율이 가장 높음.
	  – 작업 태도의 불안전, 위험 장소의 출입, 보호구 미착용, 작업자의 실수, 작업자의 피로 등
	• **불안전한 상태**: 업무 환경의 불안정성의 뜻함.
	  – 기계의 결함, 안전 장치의 부족, 불안정한 환경, 방호 장치의 결함, 불안정한 조명 등

간접	• 안전 교육의 미비, 안전 수칙의 부재, 잘못된 작업 관리 등 • 작업자의 개인적인 환경이나 사회적 불만 등(직접적인 원인 이외의 요인)
불가항력	• 지진, 태풍, 홍수 등의 천재지변 • 인간이나 기계의 한계로 인한 불가항력 등

3 직업병

① 특징

• 만성의 경과를 밟게 되지만, 예방도 가능하다.

• 특수하게 발병되며, 특수 건강 검진으로 판정된다.

• 고정된 것이 아니라, 그 시대의 산업 추이에 따라 변화한다.

② 주요 직업병

기압 이상 장애	고기압 – 잠수병(잠함병), 저기압 – 고산병(항공병)
진동 이상 장애	레이노 증후군(Raynaud's Phenomenon)
분진 작업 장애	진폐증(규소 폐증) – 유리 규산, 석면 폐증
저온 작업 장애	참호족, 동상
소음 작업 장애	소음성 난청(직업성 난청)
중독에 의한 장애	납·수은·비소·카드뮴·크롬 중독 등

06 식품 위생과 영양

1 식품 위생의 개념

1 식품 위생에 대한 정의

① **세계보건기구(WHO)**: 식품 위생이란 식품의 생육·생산·제조에서 최종적으로 사람에게 섭취될 때까지의 모든 단계에서 식품의 안정성·건전성 및 완전 무결성을 확보하기 위하여 필요한 모든 수단을 말한다.

② **우리나라의 식품 위생법에서의 정의**: 식품으로 인하여 생기는 위생상의 위해를 방지하고 식품 영양의 질적 향상을 도모하며 식품에 관한 올바른 정보를 제공하여 국민 보건의 증진에 이바지함을 목적으로 한다.

2 식품과 감염병

① **수육을 통한 질환**

- 돼지고기: 유구조충(갈고리촌충, 돼지고기촌충으로 돼지고기 생식에 의해 감염), 선모충
- 소고기: 무구조충(민촌충, 쇠고기촌충으로 급속 냉동으로도 사멸되지 않음.)

② **담수어를 통한 질환**

왜우렁이, 담수어	간디스토마[제1중간 숙주 왜우렁이, 제2중간 숙주 민물고기(참붕어)], 간흡충, 광절열두조충[긴촌충으로 제1중간 숙주 물벼룩, 제2중간 숙주 민물고기(송어, 연어 등)]
다슬기, 가재, 게	폐디스토마(제1중간 숙주 다슬기, 제2중간 숙주 가재, 게), 요코가와흡충[제1중간 숙주 다슬기, 제2중간 숙주 민물고기(은어)], 이형흡충 등

③ **해수어(갑각류, 고등어, 갈치, 전갱이, 청어, 대구, 조기)를 통한 질환**: 아나사키스증

3 식중독

세균성 식중독	살모넬라 식중독	• 동물성 식품, 유제품, 어패류 등에 의해 발병 • 급성 위장염과 함께 발열, 오한을 동반함.
	장염 비브리오 식중독	• 어패류와 가공품 등에 의해 발병, 2~5%의 식염에서 성장 • 열에 약하고 담수에 의해 사멸되므로 생식을 피하고, 위생적인 조리 기구를 사용해야 함.

세균성 식중독	병원성 대장균	• 사람에서 사람에게로 감염되는 질병, 잠복기가 10 ~ 30시간 정도 • 급성 위장염 · 두통 · 발열 · 구토 · 설사 · 복통 등의 증상
독소형 식중독	포도상구균	• 화농성 질환으로 장독소가 원인 • 120℃에서 20분간 가열하여도 거의 파괴되지 않음. • 218 ~ 248℃에서 30분이면 파괴
	보툴리누스균	• 신경계 증상이 주요 증상으로 치명률이 가장 높은 식중독 • 통조림, 소시지의 위생적 보관 및 가공 처리로 예방 가능
동물성 자연독	복어	• 복어의 난소나 간 등에 많이 함유 • 내열성이 강하여 가열해도 파괴되지 않음.
	패류	• 모시조개 · 굴 · 바지락, 홍합(검은조개, 대합조개, 섭조개) 등의 중독으로 말초 신경 마비가 나타남.

2 영양소

1 열량 영양소

탄수화물	• 탄수화물은 C, H, O의 3원소로 구성되어 있는 중요한 열량원 • 1g당 4kcal의 열량 • 탄수화물의 부족 · 소모 시 단백질이 분해되어 열량원이 되므로, 단백질 절약 작용을 함.
단백질	• 신체를 구성하는 주요 성분으로서, 약 20종의 아미노산이 결합되어 있는 고분자 화합물 • 1g당 4kcal의 열량
지방	• 1g당 9kcal의 열량(탄수화물과 단백질의 2배 이상) • 부족 시 빈혈, 허약, 피부 질병에 대한 면역력이 저하될 수 있음. • 지방이 풍부한 식품: 식물성 오일, 버터, 육류 등

2 조절 영양소

무기질	• 신체의 기능 조정을 하는 조절 영양소로 부족하면 여러 가지 생리적 이상이 발생
	  − **철분(Fe)**: 혈액의 구성 성분으로 간, 고기, 노른자에 특히 많이 함유
	  − **인(P)**: 뼈와 치아, 뇌신경의 주성분으로 지방과 탄수화물의 에너지 대사에 관여
	  − **요오드(I)**: 갑상선 기능을 유지하며, 해조류에 많이 포함.

비타민	• 인체 내에서는 생성되지 않으므로 식품을 통해 섭취해야 함. • 지용성 비타민(A, D, E, K), 수용성 비타민(B 복합체, C) • 부족 시: 야맹증 · 안구 건조증(비타민 A), 구루병(비타민 D), 노화 촉진 · 불임증(비타민 E), 혈액 응고 지연(비타민 K), 각기병(비타민 B_1), 구순염(비타민 B_2), 피부염(비타민 B_6), 악성 빈혈(비타민 B_{12}), 괴혈병(비타민 C)

1 영양 상태의 판정 방법

① **주관적 판정법**: 시진, 촉진

② **객관적 판정법**: 신체 계측에 의한 판정

Kaup 지수(영유아)	체중(kg) / [신장(cm)]² × 10⁴ • 22 이상: 비만 • 15 이하: 마른 아이
Rohrer 지수(학동기 이후 소아)	체중(kg) / [신장(cm)]³ × 10⁷ • 160 이상: 비만 • 110 미만: 마른 아이
Vervaek 지수	체중(kg) + 흉위(cm) / 신장 × 10²
Broca 지수(성인의 비만)	• 표준 체중 = (신장 − 100) / 0.9 • 정상: 90 ~ 109
비만도(표중 체중 계산 방법)	(실측 체중 ÷ 표준 체중) × 100 (%)

③ **국민 영양 조사**: 우리나라의 최초 실시 년도는 1969년이고, 3년마다 실시

④ **기초 대사**

- 생명체가 생명을 유지하는 데 필요한 최소한의 에너지 대사를 뜻한다.
- 기초 대사량은 성별, 연령, 체질, 계절, 시간 등에 따라 다르다.
- 우리가 하루에 소모하는 총 에너지의 60 ~ 70%를 차지하는데, 일반적으로 20 ~ 40세가 가장 높고 남자가 여자보다 5 ~ 10% 더 높다.

⑤ **표준 영양 권장량**

- 성인 남자의 연령을 20 ~ 49세, 체중을 67kg이라 가정할 때 1일분의 식품 구성량을 기준으로 한다.
- 여기에 안전율 10% 정도가 가산되어 식품의 섭취가 부족하여도 쉽게 결핍증에 걸리지 않게 된다.

⑥ **영양 상태 판정**

- 1966년 WHO의 영양 판정 전문 위원회는 '영양 판정 지침서'를 만들었다.
- 생화학적 검사, 임상 조사, 식사 조사 등의 방법이 있다.
- 영양 문제를 사회적 요인과의 관계로 취급하여 영양 개선에 응용하는 보건 영양학은 인구 집단 또는 지역 사회의 영양 상태 및 식생활을 평가하고, 더 나아가 질병 예방 및 건강 증진을 위해 계획하고 실행한다.

영양소 결핍 시의 장애

① **탄수화물**: 체중 감소, 기력 부족

② **단백질**: 성장·발육 저조, 소화기 질환, 빈혈

③ **지방**: 체중 감소, 기력 부족, 성장·발육 저조

2 영양 장애

① 식사 부적합으로 일어나는 감염병

과식이나 과다 지방식	비만증, 고혈압, 당뇨병, 관상 동맥 질환, 심장 질환, 골 관절염 등
식염의 과다 섭취와 자극적인 음식	고혈압, 신장병, 심장병 등
비타민이나 무기질이 부족한 식사	각기병, 구루병, 펠라그라, 빈혈, 갑상선종, 충치 등
만성 감염병	결핵, 나병, 성병, AIDS 등

② 부모로부터 전염되거나 유전되는 감염병

- 감염병: 매독, 두창, 풍진 등
- 비감염성 질환: 고혈압, 당뇨병, 알레르기, 혈우병, 통풍, 정신 발육 지연, 시력 및 청력 장애 등

③ 절지동물에 의해 전파되는 질병

벼룩	발진열, 재귀열, 페스트 등
모기	사상충증, 뎅기열, 황열, 말라리아, 일본 뇌염 등
파리	장티푸스, 파라티푸스, 이질, 콜레라, 결핵 등
바퀴	이질, 콜레라, 장티푸스, 폴리오 등
이	재귀열, 발진티푸스 등
쥐	페스트, 재귀열, 발진열, 신증후군, 유행성 출혈열, 쯔쯔가무시증 등
빈대	재귀열 등
진드기	양충병, 옴, 재귀열, 로키산 홍반열 등

④ 정기 예방 접종이 필요한 감염병

- 특별도지사 또는 시장, 군수, 구청장은 질병에 따라 보건소나 의료 기관을 통해 예방 접종을 실시하여야 한다.
- 홍역, 결핵, 폴리오, 디프테리아, 백일해, 풍진, 파상풍, 유행성 이하선염, B형 간염, 수두, 일본 뇌염, 콜레라, 소아마비 등을 말한다.

구분	의미
결핍증	필요 영양소가 부족하여 발생되는 병적인 상태
저영양	영양 섭취가 부족한 상태
영양 실조증	영양소의 공급이 질적, 양적으로 부족한 건강하지 못한 상태
기아 상태	저영양과 영양 실조증이 함께 발생된 상태
비만증	체지방의 이상 과다 축적 상태

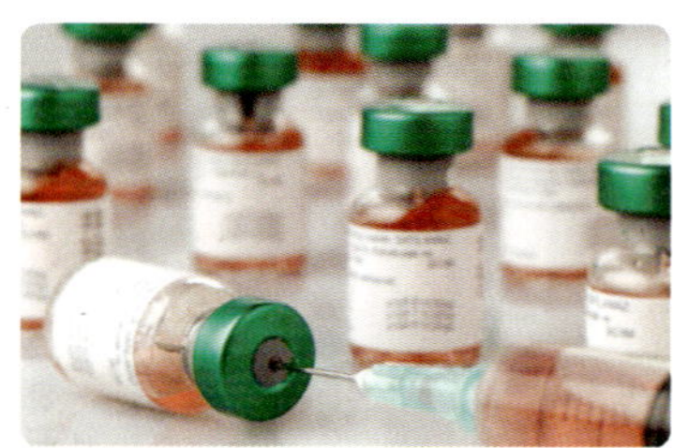

▲ 예방 접종

07 보건 행정

1 보건 행정의 정의 및 체계

1 정의

① 공중 보건학의 원리를 통해 국민의 건강과 정신적 안녕을 도모하는 목적을 달성하기 위해 수행하는 행정 활동이다.

② 공공의 책임으로 국민 보건 향상을 위하여 시행하는 활동의 총칭으로, 보건 지식과 기술을 하나로 묶은 기술 행정을 의미한다.

2 분류

① 일반 보건 행정은 보건복지부 보건 정책국 및 환경부 소관이며, 예방 보건 행정·모자 보건 행정, 의료 보험 행정으로 구분한다.

② 보건복지부의 일반 보건 행정, 교육부의 학교 보건 행정, 고용노동부의 근로 보건 행정이 있다.

3 범위

① 보건 관련 기록 보존　　② 대중에 대한 보건 교육

③ 환경 위생　　④ 모자 보건

⑤ 감염 질환의 관리　　⑥ 의료, 보건 간호

보건 행정에 필요한 특성
- 공공성
- 사회성
- 봉사성
- 교육성
- 과학성

2 사회 보장과 국제 보건 기구

1 사회 보장의 정의 및 체계

① **정의**: 질병, 노령, 장애, 실업, 사망 등의 사회적 위험으로부터 모든 국민을 보호하고, 빈곤을 해소하며, 국민 생활의 질을 향상시키기 위하여 제공되는 사회 보험, 공공부조, 공공 서비스 등을 의미한다.

② **우리나라의 사회 보장 체계**
- 사회 보험: 소득 보장(국민연금, 고용 보험), 의료 보장(건강 보험, 산재 보험)
- 공공부조: 생활 보호, 의료 보호
- 공공 서비스: 사회 복지 서비스, 보건 의료 서비스(개인 보건, 공공 보건)

우리나라의 의료 보건법
- 1963년 12월 처음 제정
- 1989년 7월 1일에 도시와 지역 모두 적용받는 전 국민 건강 보험이 됨.

2 의료 보장의 정의 및 체계

① **정의**: 사회 구성원에게 건강의 위험이 발생하였을 때 의료상의 위험을 사회적으로 보호하기 위한 사회 보장 제도이다.

② **우리나라의 의료 보장**: 국민 건강 보험과 의료 급여 제도

3 국제 보건 기구

① **유엔아동기금(UNICEF)**: 원조 물품을 접수하여 필요한 국가에 원조하고, 정당한 분배와 이용을 확인하는데, 특히 모자 보건 향상에 기여한다.

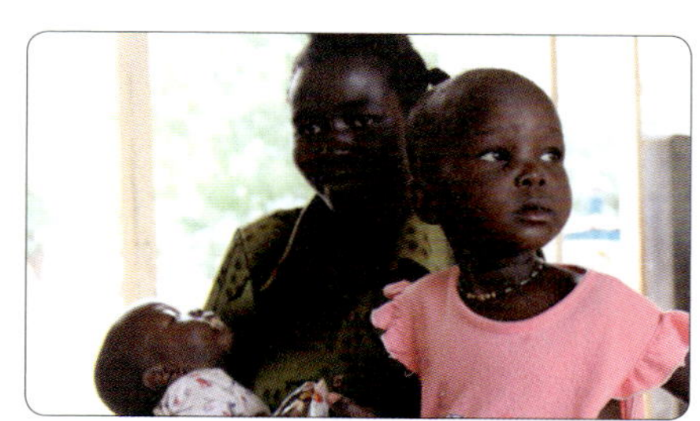

② **세계보건기구(WHO)**: 국제 연합 산하의 전문 기관으로 모든 인류의 최고 건강 수준 달성을 목적으로 1948년 4월에 설립하였다.

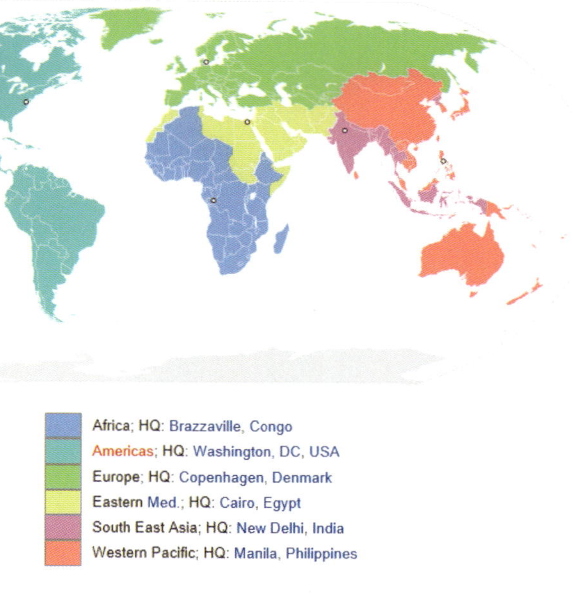

③ **유엔식량농업기구(FAO)**: 인류의 영양 기준 및 생활 향상을 목적으로 설치된 기구이다.

보건소
- 우리나라 보건 행정의 최일선 말단 기관
- 1956년 보건소법 제정
- 1962년 시·군·구 단위로 1개조씩 배정

세계보건기구
총 6개 지역 사무소 중 우리나라가 속하는 지역 사무소는 서태평양 지역

1 소독 관련 용어 정의

1 소독(disinfection)의 정의

① 원인균에 의한 질병의 감염이나 전염을 막기 위해 실시하는 것을 의미한다.

② 병원 미생물의 생활력을 파괴하여 감염력을 없애는 행위이다.

2 소독 관련 용어

① **살균**: 세균을 죽이는 것이다.

② **멸균**: 병원균, 아포 등의 미생물을 사멸시키는 것이다.

③ **방부**: 병원성 미생물의 발육을 저지시키는 것이다.

④ **무균**: 미생물이 존재하지 않는 상태를 뜻한다.

소독의 역사
- **접촉 감염설**: 15 ~ 16세기, 흑사병·천연두·디프테리아 등
- **간헐 멸균법**: 영국의 존 틴탈에 의해 고안
- **저온 살균법**: 루이스 파스퇴르에 의해 개발
- **건열 멸균법**: 루이스 파스퇴르에 의해 고안, 170℃에서 60분 건열
- **고압 증기 멸균법**: 찰스 캄베르랜드 고안, 아포 생성균을 121℃에서 15 ~ 20분간 적용하여 멸균

2 소독 기전

1 소독의 작용 원리

① 소독은 균체 내 단백질의 변성과 응고 작용을 일으킨다.

② 세포를 용해시키는 작용을 한다.

③ 효소계에 침투하여 세포막과 세포벽을 파괴한다.

2 소독 기전

① **단백질의 변성과 응고 작용**: 소독은 균체 내 단백질의 변성과 응고 작용을 일으켜서 그 기능을 상실케 하는 것이다.

② **세포막 또는 세포벽의 파괴**: 영양 물질과 노폐물의 선택적 투과 기능을 상실케 하고 원형질을 객출시켜 미생물체를 사멸시키는 것으로, 활성 산소 등의 산화 작용에 의한 살균이다.

③ **화학적 길항 작용**: 세균의 세포 내로 침습하여 아주 낮은 농도에서는 조효소 등 특이 활성 분자들의 활성을 저해하거나 완전 정지시킨다.

④ **계면 활성제**: 미생물이나 효소의 표면을 농후하게 피복하여 투과성을 저해하고, 타 물질과의 접촉을 방해함으로써 세포벽의 상해 작용을 일으킨다.

① **자연적 소독법**

- 희석: 용액에 물이나 다른 용매를 더하여 농도를 묽게 한다.
- 태양 광선: 태양 광선을 비춰 세균을 죽인다.
- 한랭: 온도를 낮추어 세균의 활동을 느리게 하거나, 정지시킨다.

② **물리적 소독법**

- 건열 멸균법: 화염 멸균법, 건열 멸균법, 소각 소독법
- 습열 멸균법: 자비 소독법, 고압 증기 멸균법, 간헐 멸균법, 저온 소독법, 초고온 단시간 소독법

③ **화학적 소독법**

- 소독약의 살균 작용
  - 응고 작용: 석탄산, 생석회, 승홍, 알코올, 크레졸
  - 산화 작용: 과산화수소, 과망간산, 붕산, 아크리놀, 염소 및 그 유도체
  - 불활화 작용: 석탄산, 알코올, 역성 비누, 중금속염
  - 가수 분해 작용: 강산, 알칼리, 중금속염
  - 탈수 작용: 알코올, 포르말린, 식염, 설탕
  - 삼투성 변화 작용: 석탄산, 역성 비누, 중금속염
- 소독약의 종류: 석탄산, 크레졸, 승홍, 생석회(산화칼슘), 포르말린, 과산화수소, 역성 비누, 약용 비누 등
- 석탄산 계수 $= \dfrac{\text{소독약의 희석 배수}}{\text{석탄산의 희석 배수}} \times 100$

석탄산(페놀) 계수
(phenol coefficient)

- 페놀 계수가 클수록 살균력이 강하며, 계수가 1.0이라면 페놀과 같은 살균력을 가진 것이다.
- 강력 살균 순서: 멸균 > 소독 > 방부

① **온도**: 온도의 영향을 받는다.

② **수분**: 적절한 수분이 필요하다.

③ **시간**: 소독제에 따라 농도와 시간을 지킨다.

④ **소독제의 불활성화**: 무기 성분(소금, 금속, 산, 알칼리)이 함유되어 있으면 소독 효과가 떨어진다.

⑤ **소독제의 농도**

- 농도가 높을수록 소독 효과가 좋고, 소독 시간이 짧아진다.
- 소독제가 수용액인 경우 물의 양에 따라 달라진다.

⑥ **미생물의 농도**: 미생물의 온도가 낮으면, 단시간 내에 소독이 가능하다.

09 미생물 총론

 1 미생물의 정의

1 미생물의 정의

① 0.1mm 이하의 육안으로 식별이 불가능하여 광학 현미경으로 관찰이 가능한 미세한 생물이다.

② 주로 단일 세포 또는 균사로 몸을 이루고 있다.

③ 원생동물류(Protozoa), 조류(Algae), 균류(Bacteria), 사상균류(Mold), 효모류(Yeast)와 한계적 생물이라고 할 수 있는 바이러스(Virus) 등이 이에 속한다.

미생물의 분포

① **토양**
- 가장 다양한 종
- 병원성 미생물이 존재

② **물**
- 유기물을 분해
- 병원성 미생물이 수인성 감염병을 유발

③ **공기**: 비말 감염을 유발

▲ 원생동물류

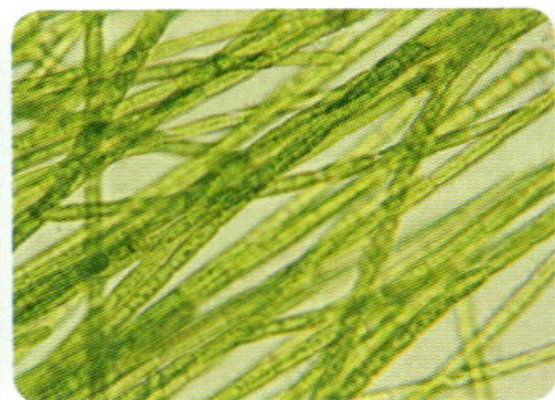

▲ 조류

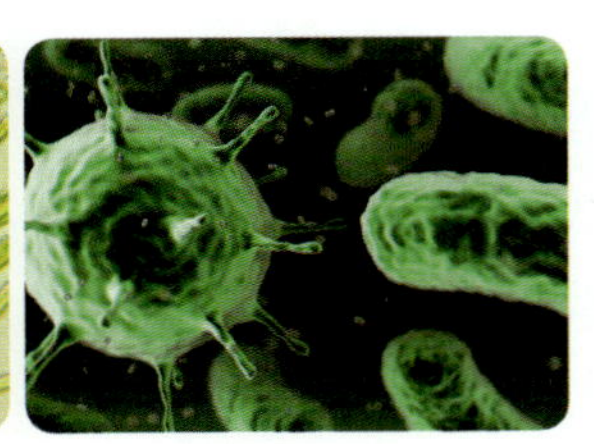

▲ 균류

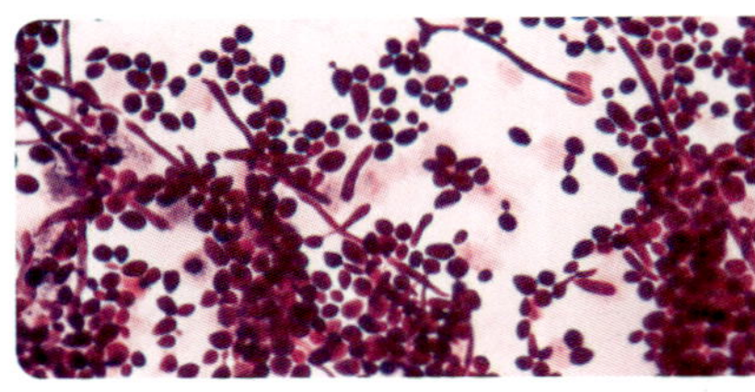

▲ 사상균

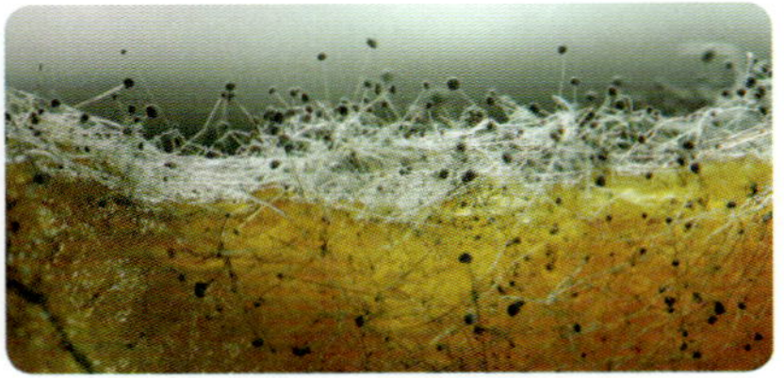

▲ 효모류

2 미생물의 여러 종류

① **곰팡이(Filamentous Fungi)**: 병원성 미생물로 발효 식품이나 항생 물질에 유용하게 사용되며, 누룩곰팡이, 푸른곰팡이, 털곰팡이, 거미줄곰팡이가 있다.

② **효모(Yeast)**: 포도주, 메주 등의 발효 식품에 이용되며 발육 최적 온도는 $25 \sim 30^{\circ}C$이다.

③ **리케차(Rickettsia)**: 세균과 바이러스의 중간에 속하는 미생물로, 발진티푸스나 발진열 등의 원인이 된다.

④ 바이러스(Virus): 미생물 중 가장 작아 숙주에 의존하며 증식한다.

⑤ 박테리아(Bacteria): 구균·간균·나선균·대장균 등이 있으며, 분변 오염의 지표균으로 사용된다.

⑥ 원생동물(Protozoa): 이질, 아메바처럼 간단한 단세포로 구성되어 분열 또는 출아에 의해 증식한다.

2 미생물의 역사

1 생물 발생에 관한 논쟁

① **자연 발생설**: 자연적으로 무기물로부터 발생한 것이라는 주장으로, 고대 로마 시대부터 중세 이후 르네상스 시대까지 이어졌다.

② **생물 속생설**: 이탈리아의 생물학자였던 레디에 이어 니담, 파스퇴르의 실험으로 확립되었다.

2 미생물의 발견

① **로버트 훅(Robert Hooke)**: 1665년 광학 현미경으로 썬 코르크를 관찰하였으며, 세포(cell)라는 용어를 만들었다.

② **안톤 반 레벤훅(Anton van Leeuwenhoeck)**: 1673년 단일 렌즈 현미경으로 살아 있는 미생물을 최초로 관찰하였다.

1831년 로버트 브라운: 식물 표본 연구 중 미생물의 핵 발견

3 미생물의 분류

1 비병원성 미생물

① **의미**: 인체 내에서 병적인 반응을 일으키지 않는 미생물이다.

② **종류**: 발효균, 곰팡이균, 유산균, 효모균 등이 있다.

2 병원성 미생물

① **의미**: 인체 내에서 병적인 반응을 일으키며, 증식하는 미생물이다.

② **종류**: 바이러스, 세균(구균, 간균, 나선균), 리케차, 진균 등이 있다.

3 유용 미생물

① 술, 간장, 된장 등의 발효 식물을 만드는 데 이용하는 미생물이다.

② 대표적으로 효모(yeast)가 있다.

효모
- 출아법으로 증식하며 발육 최적 온도는 25 ～ 30℃
- 양조, 알코올 제조, 제빵 등 발효에 이용되는 미생물
- 젤리, 벌꿀 등 당 함량이 높은 식품에 증식하여 거품을 유발

1 수분

① 몸체를 구성하고 생리 기능을 조절하는 성분으로, 보통 40 % 이상 필요하다.

② 수분 활성

- water activity, 식품 성분에 회합되어 있는 물의 강도를 표시한 것이다.
- 일반적으로 식품의 수분 활성은 그 속에 함유된 용질의 종류와 그 양에 따라 다르다.
- 순수한 물의 수분 활성도가 1이고, 용액에 있는 수분의 활용도는 1 이하가 된다.
- 생육에 필요한 수분량은 세균(Aw 0.94) > 효모(Aw 0.88) > 곰팡이(Aw 0.80)의 순서이다.
- 일반적으로 Aw 0.6 이하에서는 미생물의 증식이 억제된다.

2 온도

① **저온균**: 최적 온도 15 ~ 20°C

② **중온균**: 대부분의 병원성 세균이 해당하고, 최적 온도 25 ~ 37°C

③ **고온균**: 최적 온도 50 ~ 60°C

3 산소

호기성균	• 산소를 필요로 하는 곰팡이, 결핵균, 디프테리아균
혐기성균	• 산소를 필요로 하지 않는 균 　– 통성혐기성균: 산소가 있더라도 이용하지 않는 대장균, 포도상구균, 젖산균 　– 편성혐기성균: 산소가 있으면 생육에 지장을 받는 보툴리누스균, 파상풍균

4 수소 이온 농도(pH)와 삼투압

① **수소 이온 농도(pH)**: pH 6.5 ~ 7.5에서 가장 잘 증식한다.

② **삼투압**: 일반 세균은 3 % 정도의 식염에서 증식이 억제된다.

5 광선 · 방사선

① **가시광선**: 사람의 눈으로 볼 수 있는 빛으로, 380 ~ 800nm이다.

② **자외선**: 260 nm 파장에서 살균력이 가장 강하다.

③ **방사선**: 자외선보다 파장이 짧고 투과력이 높다.

1 병원성 미생물의 분류

1 바이러스

① 의미

- 살아 있는 생명체 중 20~300 nm 크기로 가장 작다.
- 생존에 필요한 물질로 숙주에 의존해서 살아간다.
- 소독제로 56℃ 이상에서 30분 이상 가열 시 감염력이 상실된다.

② 분류

- 동물 바이러스: 폴리오 바이러스, 폭스 바이러스 등
- 식물 바이러스: 식물 세포를 감염시키는 것
- 세균 바이러스: 세균에 침입하는 바이러스

2 세균

① 의미

- 번식 속도가 빠르고 유해 물질을 발생시켜 질병을 전염시킨다.
- 인간에게 감염시키는 질병의 가장 큰 원인이다.
- 미생물이라고도 하며, 동물의 조직에 침입하여 서식한다.

그람 양성균

- 그람 반응에서 짙은 자주색을 띠는 세균
- 결핵균·디프테리아균·방선균·폐렴균·파상풍균·포도상구균
- 위액이나 소화 효소에 잘 견디며, 페니실린에 민감하게 반응함.

② 분류

간균 (Bacillus)	• 원통형 또는 막대기처럼 길쭉한 모양 • 디프테리아에서 볼 수 있는 연쇄상간균은 쌍을 이루거나 연쇄상으로 배열 • 간균은 길이가 폭보다 약간 긴 형태
구균 (Coccus)	• 포도상구균: 포도송이 모양으로 분열 방향이 불규칙하며 화농증을 유발 • 연쇄상구균: 사슬 모양의 구균으로 한쪽 방향으로 분열 • 그 외 단구균, 쌍구균, 4연구균, 8연구균 등
나선균 (Spirillum)	• 나선형이나 꼬여 있는 코일형 • 가늘고 길게 꼬여 있는 모양(한 번 꼬인 것도 있고 여러 번 꼬인 형태도 있음.) • 나선균은 콤마처럼 생긴 호균과 나선균으로 구분

① **리케차**

- 세균보다 작고 바이러스보다 크며, 사람과 가축, 동물 등에 감염되는 인수 공통 미생물 병원체이다.
- 유발 질환: 발진티푸스, 발진열, 지중해열, 쯔쯔가무시병 등이다.

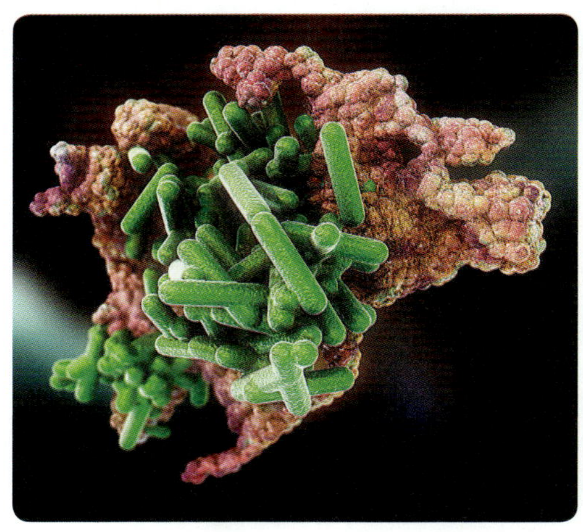

▲ 리케차

② **진균**

- 곰팡이, 효모, 버섯 등에서 서식한다.
- 유발 질환: 무좀, 백선 등의 피부병이 있다.

2 병원성 미생물의 특성

구 분	세 균	바이러스
특성	균 자체 또는 균이 생산하는 독소에 의하여 식중독이 발병하며 감염형, 독소형이 있음.	DNA 또는 RNA가 단백질 외피에 둘러싸여 있으며 공기, 접촉, 물 등의 경로로 전염
증식	온도, 습도, 영양 성분 등이 적정하면 자체 증식 가능	자체 증식이 불가능하며 반드시 숙주가 존재하여야 증식 가능
발병량	일정량(수백 ~ 수백만) 이상의 균이 존재하여야 발병 가능	미량(10 ~ 100) 개체로도 발병 가능
치료	항생제 등을 사용하여 치료 가능하며, 일부 균은 백신이 개발되었음.	일반적 치료법이나 백신이 없음.
2차 감염	2차 감염되는 경우는 거의 없음.	대부분 2차 감염됨.

병원성 미생물

- 사람이나 동물에 감염되어 다양한 형태의 질병을 유발하는 병원성을 띤 미생물
- 사람에게는 무생물에서 증식하여 파상풍을 일으키며, 분비물과 대변 등에 의해 전파
- 주요 유발 병증: 매독, 대장균, 세균성 이질, 콜레라 등

11 소독 방법

1 소독 도구 및 기기

1 건열법

화염 멸균법	• 20초 이상 불꽃 속에 접촉하여 살균하는 방법 • 금속류, 유리봉, 백금루프, 도자기류 소독 • 이 · 미용 기구 소독에 적합한 표면의 미생물 멸균
소각법	• 오염된 티슈, 수건 등의 오물을 태우는 방법 • 화염 멸균법 중 가장 강력한 멸균력
건열 멸균법	• 170℃에서 1 ～ 2시간 처리 • 유리기구, 주사침, 유지, 글리세린, 분말, 금속류, 자기류 등에 사용

2 습열법

자비 소독법	• 끓는 물 100℃ 이상에서 15 ～ 20분간 처리 • 아포균이 완전하게 소독되지 않아 완전 멸균은 불가능
고압 증기 멸균법	• 포자균 멸균에 가장 좋은 방법 • 115.5℃에서 30분 멸균, 126.5℃에서 15분 멸균
간헐 멸균법	• 코흐(Koch) 멸균법 사용 • 100℃ 증기에서 30 ～ 60분 가열
저온 소독법	• 60 ～ 65℃에서 30분 소독 • 고온 처리 불가능한 물품 소독
초고온 순간 멸균법	135℃에서 2초간 처리

3 비열처리법

자외선 멸균법	• 2,650 Å의 파장 사용 • 무균실, 제약실, 수술실 등의 기구, 용기 등 소독
초음파 멸균법	• 8,800cycle 음파, 200,000Hz 이상의 진동으로 살균 • 식품, 액체 약품, 시약 등 멸균
방사성 멸균법	• 세포 내 핵의 DNA나 RNA의 작용으로 단시간 살균 • ^{50}C, ^{137}CS 등 방사능으로 멸균 • 각종 용기, 플라스틱, 포장 등 투과력으로 멸균
냉동법	살균 효과 없지만, 균의 번식 및 활동 억제
세균 여과법	화학 물질, 액체 물질(열을 이용할 수 없는 시약, 주사제)에 이용

1 소독약의 사용 방법

① **석탄산(Phenol)**

- 3%(3~5%)의 수용액을 사용하며 단백질 응고 작용이 있다.
- 고온일수록 소독 효과가 크기 때문에 열탕수로 사용하며 금속에는 사용하지 않는 것이 좋다.

② **크레졸(Cresol)**

- 3~5% 수용액으로 사용하며, 크레졸 3%에 물 97%의 비율로 크레졸 비누액을 만들어 손, 오물, 객담 등의 소독에 사용한다.
- 3%로 사용하면 피부 자극은 약하지만, 소독력은 석탄산보다 강하다.

③ **승홍(昇汞)**

- 0.1~0.5% 농도로 사용하며, 맹독성으로 식기구나 피부 소독에는 적당하지 않다.
- 승홍 1 : 식염 1 : 물 1,000의 비율로 사용한다.
- 온도 상승에 따라 살균력도 비례하여 증가한다.

④ **생석회(CaO)**

- 분변·하수·오수·오물·토사물 등의 소독에 적당하다.
- 포자를 형성하는 세균이 아니면 효과가 있다.

⑤ **과산화수소(H_2O_2)**

- 3%의 수용액으로 사용한다.
- 자극성이 적어 구내염·인후염·입안 세척·상처 등에 사용된다.

⑥ **역성 비누**

- 무미, 무해하여 자극성과 독성이 없어 침투력, 살균력이 강하다.
- 10% 용액을 200~400배 희석하여 손 소독에 사용한다.
- 과일, 채소, 식기 등에는 0.01~0.1%로 사용한다.

⑦ **약용 비누**: 손, 피부 소독 등에 주로 사용된다.

⑧ **포르말린**

- 포름알데히드를 물에 녹여 만든 35~37.5% 수용액으로 사용한다.
- 의류·도자기·목제품·셀룰로이드·고무제품 등을 소독에 사용한다.

⑨ **알코올**

- 피부 및 기구 소독에 사용한다.
- 상처·눈·구강·비강·음부 등의 점막에는 사용하지 않는다.

머큐로크롬

점막 및 피부 상처에 사용하며, 자극성은 없으나 살균력이 강하지 않음.

포름알데히드

강한 환원력이 있고, 낮은 온도에서 살균 작용

염소제

표백분 혹은 차아염소산나트륨이 있으며, 일광과 열에 분해되지 않도록 냉암소에서 보관

2 소독약의 구비 조건

① 살균력이 강할 것

② 물품의 부식성, 표백성이 없을 것

③ 용해성이 높고, 안정성이 있을 것

④ 경제적이고 사용 방법이 간편할 것

3 대상별 살균력 평가

1 소독액의 농도 표시 방법

① 퍼센트(%)

- 소독약과 희석액의 비율로 백분율로 표시한다.

- 용질량 / 용액양 × 100(%)으로 계산한다.

② 퍼밀리

- 소독약과 희석액의 비율을 천분율로 표시한다.

- 용질량 / 용액양 × 1000(%)으로 계산한다.

③ PPM

- 소독약과 희석액의 비율을 100만분율로 표시한다.

- 용질량 / 용액양 × 100만(ppm)으로 계산한다.

④ 희석 배수

- 원액이 몇 배로 희석되었는지를 표시한다.

- 원액 1푼에 물 10푼을 넣었을 경우 10배 수용액이라고 한다.

희석 배수가 높을수록 원액의 함량이 적다.

2 대상물에 따른 소독 방법

대소변, 배설물, 토사물	소각법, 석탄산수(대상물과 동량), 크레졸수, 생석회 분말 등
의복, 침구류, 모직물	일광 소독, 증기 소독, 자비 소독, 크레졸수, 석탄산수 등
초자기구, 목죽제품, 도자기류	석탄산수, 크레졸수, 승홍수, 증기 소독 및 자비 소독
고무제품, 피혁제품, 모피, 칠기	석탄산수, 크레졸수, 포르말린수 등
화장실, 쓰레기통, 하수구	분변에는 생석회, 변기 또는 화장실 내부는 석탄산수, 크레졸수, 포르말린수 사용
병실	석탄산수, 크레졸수, 포르말린수 사용
환자 및 환자 접촉자	손은 석탄산수, 크레졸수, 승홍수, 역성 비누를 사용
냉장고	역성 비누, 염소수(약 50ppm)

1 실내 환경 위생·소독

1 공중 이용 시설의 실내 공기 위생 관리 기준

24시간 평균 실내 미세 먼지의 양이 $150\mu g/m^3$을 초과하는 경우에는 실내 공기 정화 시설(덕트) 및 설비를 교체 또는 청소하여야 한다.

오염 물질의 종류	오염 허용 기준
미세 먼지(PM–10)	24시간 평균치 150 $\mu g/m^3$ 이하
일산화탄소(CO)	1시간 평균치 25 ppm 이하
이산화탄소(CO_2)	1시간 평균치 1,00 0ppm 이하
포름알데히드(HCHO)	1시간 평균치 120 $\mu g/m^3$ 이하

2 도구 및 기기 위생·소독

1 화장품 관리

① 유통 기한을 지키고, 직사광선을 피해서 관리한다.

② 온도 변화가 없는 일정한 온도에서 보관한다.

③ 화장품에 공기가 유입되지 않도록 최대한 관리한다.

④ 사용 시에는 손을 청결하게 하고, 사용 후에는 반드시 뚜껑을 닫는다.

⑤ 화장 도구를 청결하게 보관한다.

자외선 살균기

2 메이크업 샵의 기기 관리

① **메이크업 기기의 소독**: 자외선 소독기, 에어브러시 등은 알코올 소독한다.

② **라텍스 스펀지, 분첩의 소독**: 비누 세척하고 깨끗한 수건을 덮어 가볍게 두드려 물기를 제거해 준다.

③ **스패튤러, 수정 가위, 눈썹칼, 족집게 등의 금속 도구**

• 더러운 부분을 먼저 티슈로 닦아 내고, 알코올을 적신 화장 솜으로 소독한다.

• 알코올 소독과 더불어 주 2회 자외선 소독을 실시한다.

병원용 고압 증기 멸균기

에탄올 소독

④ 기타 메이크업 브러시

- 클렌징 제품으로 먼저 세척하고, 비누나 샴푸로 이중 세척한다.
- 헹굼 물에 유연제를 풀어 헹궈 주고, 수건을 감싸 물기를 제거한다.
- 깨끗한 수건에 뉘어 그늘에서 건조한다.

3 이·미용업의 종사자 및 고객의 위생 관리

① 점 빼기 · 귓불 뚫기 · 쌍꺼풀 수술 · 문신 · 박피술 그 밖에 이와 유사한 의료 행위를 하여서는 아니 된다.

② 피부 미용을 위하여 「약사법」에 따른 의약품 또는 「의료 기기법」에 따른 의료 기기를 사용하여서는 아니 된다.

③ 미용 기구 중 소독을 한 기구와 소독을 하지 아니한 기구는 각각 다른 용기에 넣어 보관하여야 한다.

④ 1회용 면도날은 손님 1인에 한하여 사용하여야 한다.

⑤ 영업장 안의 조명도는 75룩스 이상이 되도록 유지하여야 한다.

⑥ 영업소 내부에 미용업 신고증 및 개설자의 면허증 원본을 게시하여야 한다.

⑦ 영업소 내부에 최종 지불 요금표를 게시 또는 부착하여야 한다.

⑧ 신고한 영업장 면적이 66제곱미터 이상인 영업소의 경우 영업소 외부에도 손님이 보기 쉬운 곳에 「옥외광고물 등 관리법」에 적합하게 최종 지불 요금표를 게시 또는 부착하여야 한다. 이 경우 최종 지불 요금표에는 일부 항목(5개 이상)만을 표시할 수 있다.

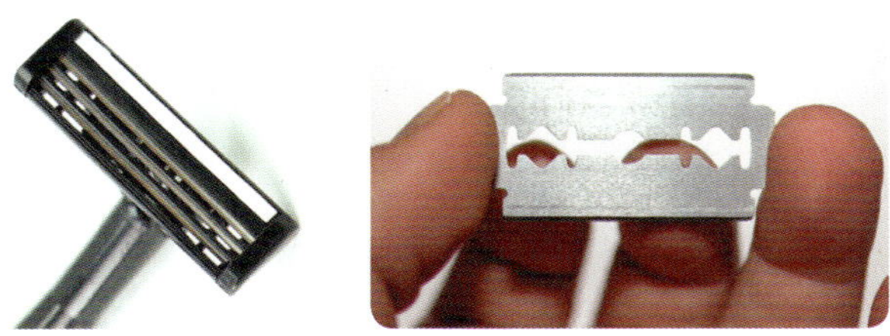

▲ 면도날은 손님 1인에 한하여 사용

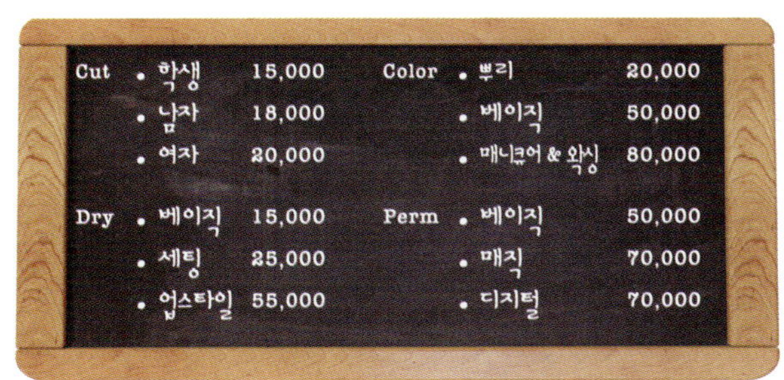

Cut			Color		
	• 학생	15,000		• 뿌리	20,000
	• 남자	18,000		• 베이직	50,000
	• 여자	20,000		• 매니큐어 & 왁싱	80,000
Dry	• 베이직	15,000	Perm	• 베이직	50,000
	• 세팅	25,000		• 매직	70,000
	• 업스타일	55,000		• 디지털	70,000

▲ 미용실 옥외 가격 표시제 예시

1 공중위생 관리법의 목적

이 법은 공중이 이용하는 영업과 시설의 위생 관리 등에 관한 사항을 규정함으로써 위생 수준을 향상시켜 국민의 건강 증진에 기여함을 목적으로 한다.

2 공중위생 관리법의 정의

① **공중위생 영업**: 다수인을 대상으로 위생 관리 서비스를 제공하는 영업으로 숙박업 · 목욕장업 · 이용업 · 미용업 · 세탁업 · 위생 관리 용역업을 말한다.

② **숙박업**: 손님이 잠을 자고 머물 수 있도록 시설 및 설비 등의 서비스를 제공하는 영업을 말한다.(단, 농어촌에 소재하는 민박 등 대통령령이 정하는 경우는 제외)

③ **목욕장업**: 다음 각 항목의 어느 하나에 해당하는 서비스를 손님에게 제공하는 영업을 말한다.(단, 숙박업 영업소에 부설된 욕실 등 대통령령이 정하는 경우는 제외)

- 물로 목욕을 할 수 있는 시설 및 설비 등의 서비스
- 맥반석 · 황토 · 옥 등을 직접 또는 간접 가열하여 발생되는 열기 또는 원적외선 등을 이용하여 땀을 낼 수 있는 시설 및 설비 등의 서비스

④ **이용업**: 손님의 머리카락 또는 수염을 깎거나 다듬는 등의 방법으로 손님의 용모를 단정하게 하는 영업을 말한다.

⑤ **미용업**: 손님의 얼굴 · 머리 · 피부 등을 손질하여 손님의 외모를 아름답게 꾸미는 영업을 말한다.

⑥ **세탁업**: 의류 기타 섬유제품이나 피혁제품 등을 세탁하는 영업을 말한다.

⑦ **위생 관리 용역업**: 공중이 이용하는 건축물 · 시설물 등의 청결 유지와 실내 공기 정화를 위한 청소 등을 대행하는 영업을 말한다.

⑧ **공중 이용 시설**: 다수인이 이용함으로써 이용자의 건강 및 공중위생에 영향을 미칠 수 있는 건축물 또는 시설로 대통령령이 정하는 것을 말한다.

공중 이용 시설
업무 시설, 복합 건축물, 예식장, 공연장, 실내 체육 시설 등

영업의 신고 및 폐업

1 영업의 신고 및 폐업 신고

1 공중위생 영업의 신고

① 공중위생 영업을 하고자 하는 자는 공중위생 영업의 종류별로 보건복지부령이 정하는 시설 및 설비를 갖추고 시장 · 군수 · 구청장에게 신고하여야 한다.(보건복지부령이 정하는 중요 사항을 변경하고자 할 때에도 이와 같음.)

② 공중위생 영업의 신고 시 시장 · 군수 · 구청장에게 제출할 서류

- 영업 시설 및 설비 개요서
- 교육필증(미리 교육을 받은 경우)
- 면허증 원본(이용업 · 미용업의 경우)

2 공중위생 영업의 폐업 신고

① 폐업 신고를 하려는 자는 신고서를 시장 · 군수 · 구청장에게 제출하여야 한다.(공중위생 영업을 폐업한 날부터 20일 이내)

② 폐업 신고를 하려는 자가 「부가가치세법」 제8조제6항에 따른 폐업 신고를 같이 하려는 경우에는 폐업 신고서에 「부가가치세법 시행규칙」 별지 제9호서식의 폐업 신고서를 함께 제출하여야 한다. 이 경우 시장 · 군수 · 구청장은 함께 제출받은 폐업 신고서를 지체 없이 관할 세무서장에게 송부하여야 한다.

2 영업의 승계

① 공중위생 영업자가 그 공중위생 영업을 양도하거나 사망한 때 또는 법인의 합병이 있는 때에는 그 양수인 · 상속인 또는 합병 후 존속하는 법인이나 합병에 의하여 설립되는 법인은 그 공중위생 영업자의 지위를 승계한다.

② 민사집행법에 의한 경매, 환가나 국세징수법 · 관세법 또는 압류 재산의 매각 그 밖에 이에 준하는 절차에 따라 공중위생 영업 관련 시설 및 설비의 전부를 인수한 자는 그 공중위생 영업자의 지위를 승계한다.

변경 신고

- 영업 신고 사항 변경 시 보건복지부령이 정하는 중요 사항의 변경인 경우에는 시장 · 군수 · 구청장에게 변경 신고를 해야 한다.
- 보건복지부령이 정하는 중요한 사항일 경우
  - 영업소의 명칭 또는 상호
  - 영업소의 소재지
  - 신고한 영업장 면적의 3분의 1 이상의 증감
  - 대표자의 성명(법인의 경우에 한함.)
- 영업 신고 사항 변경 신고 시 시장·군수·구청장에게 제출할 서류
  - 영업 신고증
  - 변경 사항을 증명하는 서류

관할 세무서장이 폐업 신고를 받아 이를 해당 시장·군수·구청장에게 송부한 경우에는 폐업 신고서가 제출된 것으로 본다.

규정에도 불구하고 이용업 또는 미용업의 경우에는 제6조의 규정에 의한 면허를 소지한 자에 한하여 공중위생 영업자의 지위를 승계할 수 있다.

지위를 승계한 자는 1월 이내에 보건복지부령이 정하는 바에 따라 시장·군수 또는 구청장에게 신고하여야 한다.

1 위생 관리

1 공중위생 영업자의 위생 관리 의무

공중위생 영업자는 그 이용자에게 건강상 위해 요인이 발생하지 아니하도록 영업 관련 시설 및 설비를 위생적이고 안전하게 관리하여야 한다.

2 공중 이용 시설의 위생 관리

공중 이용 시설의 소유자·점유자 또는 관리자는 시설 이용자의 건강에 해가 없도록 다음의 사항을 지켜야 한다.

- 실내 공기는 보건복지부령이 정하는 위생 관리 기준에 적합하도록 유지할 것
- 영업소·화장실 기타 공중 이용 시설 안에서 시설 이용자의 건강을 해할 우려가 있는 오염 물질이 발생되지 아니하도록 할 것

위생 관리 의무
- 의료기구와 의약품을 사용하지 아니하는 순수한 화장 또는 피부 미용을 할 것
- 미용 기구는 소독을 한 기구와 소독을 하지 아니한 기구로 분리하여 보관
- 미용 기구의 소독 기준 및 방법은 보건복지부령으로 정함.
- 미용사 면허증을 영업소 안에 게시할 것

3 메이크업 샵의 위생 관리하기

① 매장 내부 관리
- 모든 사용 기기에는 점검 일지 및 점검표(일, 주, 월, 반기, 연별)를 작성하여 정기적인 점검 현황을 보고한다.
- 고장이나 사고 등에 대비하여 A/S 센터, 거래처 등을 일지에 작성·관리하여 소모적인 예산을 줄일 수 있도록 한다.
- 원활한 업무를 위해 물품 구입과 폐품 처리는 계획을 세워 진행하도록 한다.

② 위생 관리
- 시설의 위생은 손님뿐만 아니라 직원들의 건강과 직결되는 문제이므로, 대청소 계획표를 작성하여 운영한다.
- 청소 담당 구역을 정해 정기적으로 관리·감독한다.
- 메이크업 아티스트로서 단정한 복장과 헤어스타일을 유지하며, 과하지 않은 자신만의 개성 연출을 존중한다.
- 손으로 하는 작업이므로 손이나 손톱의 위생 관리를 철저히 한다.

메이크업 샵의 안전 관리
- 다중 이용 업소인 메이크업 샵은 채광, 환기, 통풍 및 피난 등이 용이하지 않은 구조로 되어 있는 경우가 많으므로 「소방 시설 설치·유지 및 안전 관리에 관한 법률」에 따라 관리하도록 한다.
- 화재 배상 책임 보험에 의무 가입하도록 한다.
- 안전 관리 업무 이행 실태가 우수하면 '안전 관리 우수 업체'로 선정되며, 이를 증명하는 표지를 입구에 부착하여 손님에게 인지시킨다.

메이크업 아티스트

1 면허 발급 및 취소

1 이 · 미용사의 면허 발급 등

① 이용사 또는 미용사가 되고자 하는 자는 다음에 해당하는 자로서 보건 복지부령이 정하는 바에 의하여 시장 · 군수 · 구청장의 면허를 받아야 한다.

- 전문대학 또는 이와 동등 이상의 학력이 있다고 교육부 장관이 인정하는 학교에서 이용 또는 미용에 관한 학과를 졸업한 자
- 대학 또는 전문대학을 졸업한 자와 동등 이상의 학력이 있는 것으로 인정되어 이용 또는 미용에 관한 학위를 취득한 자
- 고등학교 또는 이와 동등의 학력이 있다고 교육부 장관이 인정하는 학교에서 이용 또는 미용에 관한 학과를 졸업한 자
- 교육부 장관이 인정하는 고등 기술학교에서 1년 이상 이용 또는 미용에 관한 소정 의 과정을 이수한 자
- 국가 기술 자격법에 의한 이용사 또는 미용사의 자격을 취득한 자

② 다음에 해당하는 자는 이용사 또는 미용사의 면허를 받을 수 없다.

- 금치산자
- 정신 질환자(다만, 전문의가 이용사 또는 미용사로서 적합하다고 인정하는 사람은 그러하지 아니하다.)
- 공중의 위생에 영향을 미칠 수 있는 감염병 환자로서 보건복지부령이 정하는 자
- 마약 기타 대통령령으로 정하는 약물 중독자
- 면허가 취소된 후 1년이 경과되지 아니한 자

③ 이용사 또는 미용사의 면허를 받으려는 자는 면허 신청서에 다음의 서류 를 첨부하여 시장 · 군수 · 구청장에게 제출하여야 한다.

- 졸업증명서 또는 학위증명서 1부
- 이수증명서 1부
- 최근 6개월 이내의 의사의 진단서 또는 이를 증명할 수 있는 전문의의 진단서 1부
- 최근 6개월 이내에 찍은 가로 3cm 세로 4cm의 탈모 정면 상반신 사진 2매

④ 신청을 받은 시장·군수·구청장은 행정 정보의 공동 이용을 통하여 다음의 서류를 확인하여야 한다.(다만, 신청인이 확인에 동의하지 아니하는 경우에는 해당 서류를 첨부하도록 하여야 한다.)

- 학점은행제학위증명
- 국가기술자격 취득사항 확인서

⑤ 보건복지부령이 정하는 자란 결핵 환자를 말한다.
⑥ 시장·군수·구청장은 이·미용사의 면허증 발급 신청을 받은 경우 그 신청 내용이 요건에 적합하다고 인정되면 면허증을 교부하고, 면허등록 관리 대장을 작성·관리하여야 한다.

2 이·미용사의 면허 취소 등

① 시장·군수·구청장은 이용사 또는 미용사가 다음에 해당하는 때에는 그 면허를 취소하거나 6월 이내의 기간을 정하여 그 면허의 정지를 명할 수 있다.

- 규정에 의한 명령에 위반한 때
- 금치산자 내지 마약, 기타 대통령령으로 정하는 약물 중독자에 해당하게 된 때
- 면허증을 다른 사람에게 대여한 때

② 면허 취소·정지 처분의 세부적인 기준은 그 처분의 사유와 위반의 정도 등을 감안하여 보건복지부령으로 정한다.

3 면허증의 반납

① 면허가 취소되거나 면허의 정지 명령을 받은 자는 지체 없이 관할 시장·군수·구청장에게 면허증을 반납하여야 한다.
② 면허의 정지 명령을 받은 자가 반납한 면허증은 그 면허 정지 기간 동안 관할 시장·군수·구청장이 이를 보관하여야 한다.

2 면허 수수료

① 규정에 따른 수수료는 지방 자치 단체의 수입 증지 또는 정보 통신망을 이용한 전자 화폐·전자 결제 등의 방법으로 시장·군수·구청장에게 납부하여야 한다.
② 수수료: 신규(5,500원), 재교부(3,000원)

면허증의 재교부 등

- 이용사 또는 미용사는 면허증의 기재 사항에 변경이 있는 때, 면허증을 잃어버린 때 또는 면허증이 헐어 못쓰게 된 때에는 면허증의 재교부를 신청할 수 있다.
- 면허증의 재교부 신청을 하고자 하는 자는 신청서에 다음의 서류를 첨부하여 시장·군수·구청장에게 제출하여야 한다.
  - 면허증 원본(기재 사항이 변경되거나 헐어 못쓰게 된 경우에 한한다.)
  - 최근 6개월 이내에 찍은 가로 3cm 세로 4cm 탈모 정면 상반신 사진 1매
  - 면허증을 잃어버린 후 재교부 받은 자가 그 잃어버린 면허증을 찾은 때에는 지체 없이 관할 시장·군수·구청장에게 이를 반납하여야 한다.

 # 17 이·미용사의 업무

1 이·미용사의 업무

1 이·미용사의 업무 일반 사항

① 이용사 또는 미용사의 면허를 받은 자가 아니면 이용업 또는 미용업을 개설하거나 그 업무에 종사할 수 없다.(다만, 이용사 또는 미용사의 감독을 받아 이용 또는 미용 업무의 보조를 행하는 경우에는 그러하지 아니하다.)

② 이용 및 미용의 업무는 영업소 외의 장소에서 행할 수 없다.(다만, 보건복지부령이 정하는 특별한 사유가 있는 경우에는 그러하지 아니하다.)

③ 이용사 및 미용사의 업무 범위에 관하여 필요한 사항은 보건복지부령으로 정한다.

2 업무 범위

① **이용사의 업무 범위**: 이발, 아이론, 면도, 머리피부 손질, 머리카락 염색 및 머리감기

② **공중위생 관리법 제6조 제1항 제1호부터 제3호까지에 해당하는 자와 2007년 12월 31일 이전에 미용사 자격을 취득한 자로서 미용사 면허를 받은 자**: 영업에 해당하는 모든 업무

③ **2008년 1월 1일 이후부터 2015년 4월 16일까지 미용사(일반) 자격을 취득한 자로서 미용사 면허를 받은 자**: 파마·머리카락 자르기·머리카락 모양내기·머리피부 손질·머리카락 염색·머리 감기, 의료 기기나 의약품을 사용하지 아니하는 눈썹 손질, 얼굴의 손질 및 화장, 손톱과 발톱의 손질 및 화장

③ **2015년 4월 17일 이후 미용사(일반) 자격을 취득한 자로서 미용사 면허를 받은 자**: 파마·머리카락 자르기·머리카락 모양내기·머리피부 손질·머리카락 염색·머리 감기, 의료 기기나 의약품을 사용하지 아니하는 눈썹 손질, 얼굴의 손질 및 화장

④ **미용사(피부) 자격을 취득한 자로서 미용사 면허를 받은 자**: 의료 기기나 의약품을 사용하지 아니하는 피부 상태 분석·피부 관리·제모·눈썹 손질

⑤ **미용사(네일) 자격을 취득한 자로서 미용사 면허를 받은 자**: 손톱과 발톱의 손질 및 화장

18 행정지도 감독

1 영업소 출입 검사

① 특별시장 · 광역시장 · 도지사 또는 시장 · 군수 · 구청장은 공중위생 관리상 필요하다고 인정하는 때에는 공중위생 영업자 및 공중 이용 시설의 소유자 등에 대하여 필요한 보고를 하게 하거나 소속 공무원으로 하여금 영업소 · 사무소 · 공중 이용 시설 등에 출입하여 공중위생 영업자의 위생 관리 의무 이행 및 공중 이용 시설의 위생 관리 실태 등에 대하여 검사하게 하거나 필요에 따라 공중위생 영업 장부나 서류를 열람하게 할 수 있다.

② 관계 공무원은 그 권한을 표시하는 증표를 지녀야 하며, 관계인에게 이를 내보여야 한다.

2 영업 제한

시 · 도지사는 공익상 또는 선량한 풍속을 유지하기 위하여 필요하다고 인정하는 때에는 공중위생 영업자 및 종사원에 대하여 영업 시간 및 영업 행위에 관한 필요한 제한을 할 수 있다.

영업 제한

① **위생 지도 및 개선 명령**
위반한 사람에게 즉시 또는 기간을 정하여 제한

② **개선 기간**
6개월 범위 내에서 기간을 정함.

3 영업소 폐쇄

① 시장 · 군수 · 구청장은 공중위생 영업자가 명령에 위반하거나 또는 관계 행정 기관 의 장의 요청이 있는 때에는 6월 이내의 기간을 정하여 영업의 정지 또는 일부 시 설의 사용 중지를 명하거나 영업소 폐쇄 등을 명할 수 있다.

② 영업의 정지, 일부 시설의 사용 중지와 영업소 폐쇄 명령 등의 세부적인 기준은 보건복지부령으로 정한다.

③ 시장 · 군수 · 구청장은 공중위생 영업자가 영업소 폐쇄 명령을 받고도 계속하여 영업을 하는 때에는 관계 공무원으로 하여금 당해 영업소를 폐쇄하기 위하여 다음의 조치를 하게 할 수 있다.

- 당해 영업소의 간판 기타 영업 표지물의 제거
- 당해 영업소가 위법한 영업소임을 알리는 게시물 등의 부착
- 영업을 위하여 필수불가결한 기구 또는 시설물을 사용할 수 없게 하는 봉인

4 공중위생 감시원

1 공중위생 감시원의 자격 및 임명

① 특별시장 · 광역시장 · 도지사 또는 시장 · 군수 · 구청장은 다음 소속 공무원 중에서 공중위생 감시원을 임명한다.

- 위생사 또는 환경기사 2급 이상의 자격증이 있는 자
- 대학에서 화학 · 화공학 · 환경공학 또는 위생학 분야를 전공하고 졸업한 자 또는 이와 동등 이상의 자격이 있는 자
- 외국에서 위생사 또는 환경기사의 면허를 받은 자
- 3년 이상 공중위생 행정에 종사한 경력이 있는 자

② 시 · 도지사 또는 시장 · 군수 · 구청장은 위에 해당하는 자만으로는 공중위생 감시원의 인력 확보가 곤란하다고 인정되는 때에는 공중위생 행정에 종사하는 자중 공중위생 감시에 관한 교육 훈련을 2주 이상 받은 자를 공중위생 행정에 종사하는 기간 동안 공중위생 감시원으로 임명할 수 있다.

2 명예 공중위생 감시원의 자격 등

① 명예 공중위생 감시원은 시 · 도지사가 다음에 해당하는 자중에서 위촉한다.

- 공중위생에 대한 지식과 관심이 있는 자
- 소비자 단체, 공중위생 관련 협회 또는 단체의 소속 직원 중에서 당해 단체 등의 장이 추천하는 자

② 명예 감시원의 업무는 다음과 같다.

- 공중위생 감시원이 행하는 검사 대상물의 수거 지원
- 법령 위반 행위에 대한 신고 및 자료 제공
- 그 밖에 공중위생에 관한 홍보 · 계몽 등 공중위생 관리업무와 관련하여 시 · 도지사가 따로 정하여 부여하는 업무

③ 시 · 도지사는 명예 감시원의 활동 지원을 위하여 예산의 범위 안에서 시 · 도지사가 정하는 바에 따라 수당 등을 지급할 수 있다.

④ 명예 감시원의 운영에 관하여 필요한 사항은 시 · 도지사가 정한다.

업소 위생 등급

1 위생 평가

① 시 · 도지사는 공중위생 영업소의 위생 관리 수준을 향상시키기 위하여 위생 서비스 평가 계획을 수립하여 시장 · 군수 · 구청장에게 통보하여야 한다.
② 시장 · 군수 · 구청장은 평가 계획에 따라 관할 지역별 세부 평가 계획을 수립한 후 공중위생 영업소의 위생 서비스 수준을 평가하여야 한다.
③ 시장 · 군수 · 구청장은 위생 서비스 평가의 전문성을 높이기 위하여 필요하다고 인정하는 경우에는 관련 전문기관 및 단체로 하여금 위생 서비스 평가를 실시하게 할 수 있다.
④ 위생 서비스 평가의 주기 · 방법, 위생 관리 등급의 기준 기타 평가에 관하여 필요한 사항은 보건복지부령으로 정한다.

2 위생 등급

① 시장 · 군수 · 구청장은 보건복지부령이 정하는 바에 의하여 위생 서비스 평가의 결과에 따른 위생 관리 등급을 해당 공중위생 영업자에게 통보하고 이를 공표하여야 한다.
② 공중위생 영업자는 시장 · 군수 · 구청장으로부터 통보받은 위생 관리 등급의 표지를 영업소의 명칭과 함께 영업소의 출입구에 부착할 수 있다.
③ 시 · 도지사 또는 시장 · 군수 · 구청장은 위생 서비스 평가의 결과 위생 서비스의 수준이 우수하다고 인정되는 영업소에 대하여 포상을 실시할 수 있다.
④ 시 · 도지사 또는 시장 · 군수 · 구청장은 위생 서비스 평가의 결과에 따른 위생 관리 등급별로 영업소에 대한 위생 감시를 실시하여야 한다. 이 경우 영업소에 대한 출입 · 검사와 위생 감시의 실시 주기 및 횟수 등 위생 관리 등급별 위생 감시 기준은 보건복지부령으로 정한다.

위생 관리 등급 구분
① 최우수 업소: 녹색
② 우수 업소: 황색
③ 일반 관리 대상 업소: 백색

20 보수 교육

1 영업자 위생 교육

① 공중위생 영업자는 매년 위생 교육을 받아야 한다.

② 신고를 하고자 하는 자는 미리 위생 교육을 받아야 한다. 다만, 부득이한 사유로 미리 교육을 받을 수 없는 경우에는 영업 개시 후 보건복지부령이 정하는 기간 안에 위생 교육을 받을 수 있다.

③ 위생 교육을 받아야 하는 자중 영업에 직접 종사하지 아니하거나 둘 이상의 장소에서 영업을 하는 자는 종업원 중 영업장별로 공중위생에 관한 책임자를 지정하고, 그 책임자로 하여금 위생 교육을 받게 하여야 한다.

④ 위생 교육은 보건복지부 장관이 허가한 단체가 실시할 수 있다.

⑦ 위생 교육의 내용은 「공중위생 관리법」 및 관련 법규, 소양 교육, 기술 교육, 그 밖에 공중위생에 관하여 필요한 내용으로 한다.

⑧ 위생 교육 대상자 중 보건복지부 장관이 고시하는 도서·벽지 지역에서 영업을 하고 있거나 하려는 자에 대하여는 제7항에 따른 교육 교재를 배부하여 이를 익히고 활용하도록 함으로써 교육에 갈음할 수 있다.

⑦ 영업 신고 전에 위생 교육을 받아야 하는 자 중 다음 어느 하나에 해당하는 자는 영업 신고를 한 후 6개월 이내에 위생 교육을 받을 수 있다.

⑧ 위생 교육을 받은 자가 위생 교육을 받은 날부터 2년 이내에 위생 교육을 받은 업종과 같은 업종의 영업을 하려는 경우에는 해당 영업에 대한 위생 교육을 받은 것으로 본다.

2 위생 교육 기관

① 위생 교육을 실시하는 단체는 보건복지부 장관이 고시한다.

② 위생 교육 실시 단체는 교육 교재를 편찬하여 교육 대상자에게 제공하여야 한다.

③ 위생 교육 실시 단체의 장은 위생 교육을 수료한 자에게 수료증을 교부하고, 교육 실시 결과를 교육 후 1개월 이내에 시장·군수·구청장에게 통보하여야 하며, 수료증 교부 대장 등 교육에 관한 기록을 2년 이상 보관·관리하여야 한다.

위생 교육
- 3시간
- 방법·절차 등은 보건복지부령으로 정함.

천재지변, 본인의 질병·사고, 업무상 국외 출장 등의 사유로 교육을 받을 수 없는 경우, 교육을 실시하는 단체의 사정 등으로 미리 교육을 받기 불가능한 경우

위생 교육에 관하여 필요한 세부 사항은 보건복지부 장관이 정한다.

21 벌칙

1 위반자에 대한 벌칙, 과징금

1 벌칙

① 1년 이하의 징역 또는 1천만 원 이하의 벌금에 처한다.

- 신고를 하지 아니한 자
- 영업 정지 명령 또는 일부 시설의 사용 중지 명령을 받고도 그 기간 중에 영업을 하거나 그 시설을 사용한 자 또는 영업소 폐쇄 명령을 받고도 계속하여 영업을 한 자

② 6월 이하의 징역 또는 500만 원 이하의 벌금에 처한다.

- 변경 신고를 하지 아니한 자
- 공중위생 영업자의 지위를 승계한 자로서 신고를 하지 아니한 자
- 규정에 위반하여 건전한 영업 질서를 위하여 공중위생 영업자가 준수하여야 할 사항을 준수하지 아니한 자

③ 300만 원 이하의 벌금에 처한다.

- 규정에 위반하여 위생 관리 기준 또는 오염 허용 기준을 지키지 아니한 자로서 개선 명령에 따르지 아니한 자
- 면허가 취소된 후 계속하여 업무를 행한 자 또는 면허 정지 기간 중에 업무를 행한 자, 규정에 위반하여 이용 또는 미용의 업무를 행한 자

2 과징금

① 시장 · 군수 · 구청장은 영업 정지가 이용자에게 심한 불편을 주거나 그 밖에 공익을 해할 우려가 있는 경우에는 영업 정지 처분에 갈음하여 3천만 원 이하의 과징금을 부과할 수 있다.

② 징수 절차

- 과징금의 납입 고지서에는 이의 제기의 방법 및 기간 등을 함께 적어야 한다.
- 과징금을 납기일까지 납부하지 아니한 때에는 납기일이 경과한 날부터 15일 이내에 10일 이내의 납기 기한을 정하여 독촉장을 발부하여야 한다.

벌금
범죄에 대한 처벌로, 재판을 거쳐 일정 금액을 납부하게 하는 형사 처벌

과징금
- 대통령령으로 정함.
- 행정법 위반에 대한 금전적 제제

1 과태료

① 300만 원 이하의 과태료에 처한다.

- 폐업 신고를 하지 아니한 자
- 목욕장의 수질 기준 또는 위생 기준을 준수하지 아니한 자로서 개선 명령에 따르지 아니한 자
- 숙박 업소·목욕장 업소의 시설 및 설비를 위생적이고 안전하게 관리하지 아니한 자
- 보고를 하지 아니하거나 관계 공무원의 출입·검사 기타 조치를 거부·방해 또는 기피한 자
- 개선 명령에 위반한 자
- 이용 업소 표시등을 설치한 자

② 200만 원 이하의 과태료에 처한다.

- 미용 업소의 위생 관리 의무를 지키지 아니한 자
- 영업소 외의 장소에서 이용 또는 미용 업무를 행한 자
- 위생 교육을 받지 아니한 자

2 과태료의 부과·징수 절차

① 과태료는 대통령령이 정하는 바에 의하여 시장·군수·구청장이 부과·징수한다.

② 과태료 처분에 불복이 있는 자는 그 처분의 고지를 받은 날부터 30일 이내에 처분권자에게 이의를 제기할 수 있다.

③ 과태료 처분을 받은 자가 이의를 제기한 때에는 처분권자는 지체 없이 관할 법원에 그 사실을 통보하여야 하며, 그 통보를 받은 관할 법원은 비송사건절차법에 의한 과태료의 재판을 한다.

3 양벌 규정

법인의 대표자나 법인 또는 개인의 대리인, 사용인, 그 밖의 종업원이 그 법인 또는 개인의 업무에 관하여 위반 행위를 하면 그 행위자를 벌하는 외에 그 법인 또는 개인에게도 해당 조문의 벌금형을 부과한다. 다만, 법인 또는 개인이 그 위반 행위를 방지하기 위하여 해당 업무에 관하여 상당한 주의와 감독을 한 경우는 예외이다.

과태료
형벌 없이 법령 위반에 대한 금전적 벌칙

이용 업소 표시등

기간 내에 이의를 제기하지 아니하고 과태료를 납부하지 아니한 때
지방세 체납 처분의 예에 의하여 징수

비송사건 절차법
법원이 관여하는 사생활관계 사건 중 소송 사건 이외의 사건을 심판하는 절차법

3 행정처분

1 미용사 면허에 관한 규정을 위반한 때(법 제7조 제1항)

① 미용사 자격이 취소된 때: 면허 취소

② 미용사 자격 정지 처분을 받은 때: 면허 정지(국가 기술 자격법에 의한 자격 정지 처분 기간에 한함.)

③ 결격 사유에 해당하거나 이중으로 면허를 취득한 때: 면허 취소(나중에 발급받은 면허)

④ 면허 정지 처분을 받고 그 정지 기간 중 업무를 행한 때: 면허 취소

⑤ 면허증을 다른 사람에게 대여한 때: 1차 위반 시 면허 정지 3개월, 2차 위반 시 면허 정지 6개월, 3차 위반 시 면허 취소

2 법 또는 법에 의한 명령에 위반한 때

① 시설 및 설비 기준을 위반한 때

- 1차 위반 시 개선 명령
- 2차 위반 시 영업 정지 15일
- 3차 위반 시 영업 정지 1월
- 4차 위반 시 영업장 폐쇄 명령

② 신고하지 않고 영업소의 소재지를 변경한 때, 영업 정지 처분을 받고 영업 정지 기간 중 영업을 한 때: 1차 위반 시 영업장 폐쇄 명령

③ 소독한 기구와 하지 않은 기구를 구별 보관하지 않은 경우, 일회용 면도날을 재사용한 경우

- 1차 위반 시 경고
- 2차 위반 시 영업 정지 5일
- 3차 위반 시 영업 정지 10일
- 4차 위반 시 영업장 폐쇄 명령

④ 약사법, 의료 기기법에 따른 의료 기기 사용, 점 빼기 · 귓불 뚫기 · 쌍꺼풀 수술 등의 의료 행위를 한 때, 손님에게 성매매 등의 음란 행위를 알선 · 제공한 영업소: 1차 위반 시 영업 정지 2월, 2차 위반 영업 정지 3월, 3차 위반 시 영업장 폐쇄 명령

⑤ 영업소 이외의 장소에서 업무를 행한 때, 손님에게 도박 및 사행 행위를 하게 한 때, 무자격 안마사로 하여금 업무를 하게 한 때

- 1차 위반 시 영업 정지 1월
- 2차 위반 시 영업 정지 2월
- 3차 위반 시 영업장 폐쇄 명령

 22

법령, 법규 사항

1 공중위생 관리법 시행령

제1조 (목적) 이 영은 「공중위생 관리법」에서 위임된 사항과 그 시행에 관하여 필요한 사항을 규정함을 목적으로 한다. [개정 2005.11.1]

제2조 (적용 제외 대상)

제3조 (공중 이용 시설)

제4조 (숙박업 및 미용업의 세분)

제6조 (마약 외의 약물 중독자)

제7조의2 (과징금을 부과할 위반 행위의 종별과 과징금의 금액)

제8조 (공중위생 감시원의 자격 및 임명)

제9조 (공중위생 감시원의 업무 범위)
제9조의2 (명예 공중위생 감시원의 자격 등)

제10조 (세탁물 관리 사고로 인한 분쟁의 조정)
제10조의2 (수수료)
제10조의3 (민감 정보 및 고유 식별 정보의 처리)
제10조의4 (규제의 재검토)

제11조 (과태료의 부과)

대통령령 제25840호 일부 개정 2014. 12. 09.
(규제 재검토 기한 설정 등 규제 정비를 위한 건축법 시행령 등)

위반 행위	근거 법령	과태료
1. 폐업 신고를 하지 아니한 자	법 제22조 제1항 제1호	30만 원
2. 목욕장의 욕수 중 원수의 수질 기준 또는 위생 기준을 준수하지 아니한 자로서 법 제10조에 따른 개선 명령에 따르지 아니한 자	법 제22조 제1항 제1호의 2	100만 원
3. 목욕장의 욕수 중 욕조수의 수질 기준 또는 위생 기준을 준수하지 아니한 자로서 법 제10조에 따른 개선 명령에 따르지 아니한 자	법 제22조 제1항 제1호의 2	70만 원
4. 이용 업소의 위생 관리 의무를 지키지 아니한 자	법 제22조 제2항 제1호	50만 원
5. 미용 업소의 위생 관리 의무를 지키지 아니한 자	법 제22조 제2항 제2호	50만 원
6. 세탁 업소의 위생 관리 의무를 지키지 아니한 자	법 제22조 제2항 제3호	30만 원
7. 위생 관리 용역 업소의 위생 관리 의무를 지키지 아니한 자	법 제22조 제2항 제4호	30만 원
8. 숙박 업소의 시설 및 설비를 위생적이고 안전하게 관리하지 아니한 자	법 제22조 제1항 제2호	50만 원
9. 목욕장 업소의 시설 및 설비를 위생적이고 안전하게 관리하지 아니한 자	법 제22조 제1항 제3호	50만 원
10. 영업소 외의 장소에서 이용 또는 미용 업무를 행한 자	법 제22조 제2항 제5호	70만 원
11. 법 제9조에 따른 보고를 하지 아니하거나 관계 공무원의 출입·검사, 기타 조치를 거부·방해 또는 기피한 자	법 제22조 제1항 제4호	100만 원
12. 법 제10조에 따른 개선 명령에 위반한 자	법 제22조 제1항 제5호	100만 원
13. 이용 업소 표시등을 설치한 자	법 제22조 제1항 제6호	70만 원
14. 위생 교육을 받지 아니한 자	법 제22조 제2항 제6호	20만 원

01 세계보건기구(WHO)에서 규정한 건강의 정의를 가장 적절하게 표현한 것은?

① 육체적으로 완전히 양호한 상태
② 정신적으로 완전히 양호한 상태
③ 질병이 없고 허약하지 않은 상태
✔ 육체적, 정신적, 사회적 안녕이 완전한 상태

 세계보건기구에서 건강이란 질병이 없거나 허약하지 않은 상태만이 아니라 육체적, 정신적, 사회적 안녕이 완전한 상태를 말한다.

02 한 국가가 지역 사회의 건강 수준을 나타내는 지표로서 대표적인 것은?

① 질병 이환률
✔ 영아 사망률
③ 신생아 사망률
④ 조사망률

 영아 사망률이란 출생아 1,000명당 1년간 생후 1년 미만 영아의 사망자 수의 비율로, 한 국가의 건강 수준을 나타내는 대표적인 지표로 사용된다.

03 감염병 예방법상 제2군 감염병인 것은?

① 장티푸스
② 말라리아
✔ 유행성 이하선염
④ 세균성 이질

 장티푸스와 세균성 이질은 제1군 감염병, 말라리아는 제3군 감염병이다.

04 법정 감염병 중 제3군 감염병에 속하는 것은?

✔ 후천 면역 결핍증
② 장티푸스
③ 일본 뇌염
④ B형 간염

 장티푸스는 제1군, 일본 뇌염과 B형 간염은 제2군 감염병이다.

05 분뇨의 비위생적 처리로 오염될 수 있는 기생충으로 가장 거리가 먼 것은?

① 회충
✔ 사상충
③ 십이지장충
④ 편충

사상충은 모기를 통해 감염되는 풍토병이다.

06 다음 중 환자의 격리가 가장 중요한 관리 방법이 되는 것은?

① 파상풍, 백일해
② 일본 뇌염, 성홍열
✔ 결핵, 한센병
④ 폴리오, 풍진

제3군 감염병은 환자의 격리가 가장 중요한 질병으로 결핵, 한센병 등이 포함된다.

07 어류인 송어, 연어 등을 날로 먹었을 때 주로 감염될 수 있는 것은?

① 갈고리촌충
✔ 긴촌충
③ 폐디스토마
④ 선모충

송어나 연어 등을 날로 섭취하였을 경우 긴촌충인 광절열두조충에 감염될 수 있다.

08 소음이 인체에 미치는 영향으로 가장 거리가 먼 것은?

① 불안증 및 노이로제
② 청력 장애
✔ 중이염
④ 작업 능률 저하

중이염은 소음보다는 유스타키오관의 기능 장애나 미생물에 의해 감염된다.

09 음용수의 일반적인 오염 지표로 사용되는 것은?

① 탁도
② 일반 세균 수
✔ 대장균 수
④ 경도

 음용수의 오염 지표로는 오염원과 공존이 가능한 대장균 수가 대표적으로 활용된다.

10 대기 오염에 영향을 미치는 기상 조건으로 가장 관계가 큰 것은?

① 강우, 강설 　　② 고온, 고습
✔ 기온 역전 　　④ 저기압

 기온 역전은 고도가 상승함에 따라 수직 확산이 일어나지 않아 대기 오염에 영향을 미친다.

11 주로 7 ~ 9월 사이에 많이 발생되며, 어패류가 원인이 되어 발병, 유행하는 식중독은?

① 포도상구균 식중독
② 살모넬라 식중독
③ 보툴리누스균 식중독
✔ 장염 비브리오 식중독

 포도상구균은 유제품이 원인이며, 살모넬라는 어패류 및 달걀 등의 식품, 보툴리누스균은 통조림의 혐기성 상태에서 식중독을 일으킨다.

12 돼지와 관련이 있는 질환으로 거리가 먼 것은?

① 유구조충
② 살모넬라증
③ 일본 뇌염
✔ 발진티푸스

유구조충, 살모넬라, 일본 뇌염은 돼지와 관련된 질환이며 발진티푸스는 리케차 감염에 의한 질병으로 이를 매개로한 전파를 말한다.

13 위생 해충의 구제 방법으로 가장 효과적이고 근본적인 방법은?

① 성충 구제
② 살충제 사용
③ 유충 구제
✔ 발생원 제거

 위생 해충의 가장 효과적인 방법은 발생원을 제거하고 서식처를 제거하는 것이다.

14 파리에 의해 주로 전파될 수 있는 감염병은?

① 페스트 　　✔ 장티푸스
③ 사상충증 　　④ 황열

 파리에 의해 전파 가능한 질병은 장티푸스, 이질, 소아마비, 파라티푸스, 콜레라, 결핵, 디프테리아 등이다.

15 질병 발생의 역학적 삼각형 모형에 속하는 요인이 아닌 것은?

① 병인적 요인
② 숙주적 요인
✔ 감염적 요인
④ 환경적 요인

 질병 발생의 역학적 3대 요인은 병인, 숙주, 환경이다

16 산업 피로의 본질과 가장 관계가 먼 것은?

① 생체의 생리적 변화
② 피로 감각
✔ 산업 구조의 변화
④ 작업량 변화

 산업 피로는 정신적, 육체적, 작업량 등의 변화에 따른 피로감이며 산업 구조의 변화와는 본질적 관계가 없다.

17 특별한 장치를 설치하지 아니한 일반적인 경우에 실내의 자연적인 환기에 가장 큰 비중을 차지하는 요소는?

① 실내외 공기 중 CO_2의 함량 차이
② 실내외 공기의 습도 차이
✔ 실내외 공기의 기온 차이 및 기류
④ 실내외 공기의 불쾌지수 차이

 자연의 에너지를 이용한 환기를 자연 환기라고 하며 공기의 기온 차이와 기류에 의해 진행된다.

18 환경 오염의 발생 요인인 산성비의 가장 주요한 원인과 산도는?

① 이산화탄소 pH 5.6 이하
✔ 아황산가스 pH 5.6 이하
③ 염화불화탄소 pH 6.6 이하
④ 탄화수소 pH 6.6 이하

 산성비의 주요 물질인 황산화물에는 황과 산소의 화합물로 아황산가스의 산도가 5.6 이하일 때를 말한다.

19 기온 측정 등에 관한 설명 중 틀린 것은?

① 실내에서는 통풍이 잘되는 직사광선을 받지 않는 곳에 매달아 놓고 측정하는 것이 좋다.
② 평균 기온은 높이에 비례하여 하강하는데, 고도 11,000m 이하에서는 보통 100m당 0.5 ~ 0.7도 정도이다.
③ 측정할 때 수은주 높이와 측정자의 눈의 높이가 같아야 한다.
✔ 정상적인 날의 하루 중 기온이 가장 낮을 때는 밤 12시경이고 가장 높을 때는 오후 2시경이 일반적이다.

 정상적인 날의 하루 중 기온이 가장 낮을 때는 해가 뜨기 직전인 새벽 4 ~ 5시경이고, 가장 높을 때는 오후 2시경이 일반적이다.

20 다음 중 객담이 묻은 휴지의 소독 방법으로 가장 알맞은 것은?

① 고압 멸균법　　　✔ 소각 소독법
③ 자비 소독법　　　④ 저온 소독법

 초자기구나 의류 등은 고압 멸균법, 식기류나 주사기 등은 자비 소독법, 유제품과 알코올 등은 저온 소독법을 쓴다.

21 3% 소독액 1,000mL를 만드는 방법으로 옳은 것은? (단, 소독액 원액의 농도는 100%이다.)

① 원액 300mL에 물 700mL를 가한다.
✔ 원액 30mL에 물 970mL를 가한다.
③ 원액 3mL에 물 997mL를 가한다.
④ 원액 3mL에 물 1,000mL를 가한다.

 농도는 용질/용액 × 100이다. 용질/1,000 × 100 = 3이므로, 용질은 30mL이 된다. 원액이 30mL이므로 물 970mL이 된다.

22 소독약에 대한 설명 중 적합하지 않은 것은?

① 소독 시간이 적당할 것
② 소독 대상물을 손상시키지 않는 소독약을 선택할 것
③ 인체에 무해하며 취급이 간편할 것
✔ 소독약은 항상 청결하고 밝은 장소에 보관할 것

 소독약은 항상 청결한 냉암소에 보관한다.

23 물리적 살균법에 해당되지 않는 것은?

① 열을 가한다.
② 건조시킨다.
③ 물을 끓인다.
✔ 포름알데히드를 사용한다.

포름알데히드를 사용하는 것은 화학적 살균법에 해당된다.

24 비교적 가격이 저렴하고 살균력이 있으며 쉽게 증발되어 잔여량이 없는 살균제는?

① 알코올 ✔
② 요오드
③ 크레졸
④ 페놀

에틸알코올인 에탄올은 인체에 무해하고, 보통 70 ~ 75%로 사용하며, 가격이 저렴하고 잔여량이 남지 않는다.

25 다음 중 승홍수 사용 시 적당하지 않은 것은?

① 사기 그릇
② 금속류 ✔
③ 유리
④ 에나멜 그릇

승홍수는 금속류를 부식시키므로 금속류의 사용은 적당하지 않다.

26 다음 미생물 중 크기가 가장 작은 것은?

① 세균
② 곰팡이
③ 리케차
④ 바이러스 ✔

미생물의 크기는 바이러스가 가장 작으며, 리케차, 세균, 효모, 곰팡이 순이다.

27 방역용 석탄산의 희석 농도로 가장 적당한 것은?

① 0.1%
② 0.3%
③ 3.0% ✔
④ 75%

석탄산은 보통 3%로 활용하며, 손 소독 시에는 2%로 사용한다.

28 일광 소독법은 햇빛 중 어떤 영역에 의해 소독이 가능한가?

① 적외선
② 자외선 ✔
③ 가시광선
④ 방사선

파장이 가장 짧은 자외선은 살균력이 강하여 일광 소독법으로 사용한다.

29 소독약의 살균력 지표로 가장 많이 이용되는 것은?

① 알코올
② 크레졸
③ 석탄산 ✔
④ 포름알데히드

석탄산은 화학적 소독제로 석탄산 계수가 살균력의 지표로 사용되며, 석탄산 계수가 높을수록 소독 효과가 크다.

30 소독약의 사용과 보존 시의 주의 사항으로 틀린 것은?

① 모든 소독약은 미리 제조해 둔 뒤에 필요한 양만큼 두고두고 사용한다. ✔
② 약품은 냉암 장소에 보관하고, 라벨이 오염되지 않도록 한다.
③ 소독 물체에 따라 적당한 소독약이나 소독 방법을 선정한다.
④ 병원 미생물의 종류, 저항성 및 멸균·소독의 목적에 의해서 그 방법과 시간을 고려한다.

소독약은 변질의 위험이 있으므로 필요할 때 사용량만큼 제조하여 사용한다.

31 완전 멸균으로 가장 빠르고 효과적인 소독 방법은?

① 유통 증기법
② 간헐 살균법
③ 고압 증기법 ✔
④ 건열 소독법

고압 증기 멸균법은 고압 증기 멸균솥을 이용한 살균 방법으로 가장 빠르고 효과적이다.

32 고압 멸균기를 사용하여 소독하기에 가장 적합하지 않은 것은?

① 유리기구
② 금속기구
③ 약제
④ 가죽제품 ✔

고압 멸균기는 유리기구, 초자기구, 거즈, 자기류 소독에 적합하고, 가죽제품은 석탄산수나 크레졸수 등을 사용한다.

33 다음 중 소독의 정의를 가장 잘 표현한 것은?

① 미생물의 발육과 생활을 제지 또는 정지시켜 부패 또는 발효를 방지할 수 있는 것
☑ 병원성 미생물의 생활력을 파괴 또는 멸살시켜 감염 또는 증식력을 없애는 조작
③ 모든 미생물의 생활력을 파괴 또는 멸살시키는 조작
④ 오염된 미생물을 깨끗이 씻어 내는 작업

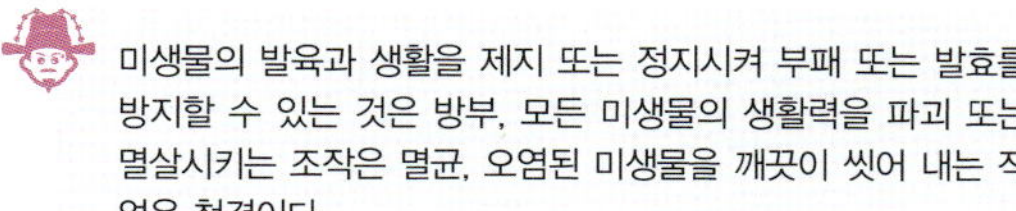 미생물의 발육과 생활을 제지 또는 정지시켜 부패 또는 발효를 방지할 수 있는 것은 방부, 모든 미생물의 생활력을 파괴 또는 멸살시키는 조작은 멸균, 오염된 미생물을 깨끗이 씻어 내는 작업은 청결이다.

34 일반적으로 병원성 미생물의 증식이 가장 잘되는 pH의 범위는?

① 3.5 ~ 4.5　　② 4.5 ~ 5.5
③ 5.5 ~ 6.5　　☑ 6.5 ~ 7.5

 병원성 미생물은 중성이나 약알칼리성인 pH 6.5 ~ 7.5에서 증식이 가장 잘 된다.

35 일회용 면도기의 사용으로 예방 가능한 질병은? (단, 정상적인 사용의 경우를 말한다.)

① 옴(개선)병　　② 일본 뇌염
☑ B형 간염　　④ 무좀

 B형 간염은 혈액을 통해 감염되는 질병으로 감염된 사람의 혈액이나 체액에 노출되지 않도록 한다.

36 산소가 있어야만 잘 성장할 수 있는 균은?

☑ 호기성균　　② 혐기성균
③ 통기혐기성균　　④ 호혐기성균

 호기성 세균이란 산소가 있어야만 성장할 수 있는 균을 말한다.

37 다음 중 화학적 살균법이라고 할 수 없는 것은?

☑ 자외선 살균법
② 알코올 살균법
③ 염소 살균법
④ 과산화수소 살균법

 화학적 살균법은 가스에 의한 멸균법, 알코올 살균법, 염소 살균법, 과산화수소 살균법 등이고, 자외선 살균법은 물리적 소독법에 속한다.

38 소독약의 구비 조건에 해당하지 않는 것은?

① 높은 살균력을 가질 것
② 인축에 해가 없어야 할 것
③ 저렴하고 구입과 사용이 간편할 것
☑ 기름, 알코올 등에 잘 용해되어야 할 것

 화학적 살균법은 가스에 의한 멸균법, 알코올 살균법, 염소 살균법, 과산화수소 살균법 등이고, 자외선 살균법은 물리적 소독법에 속한다.

39 콜레라 예방 접종은 어떤 면역 방법인가?

① 인공 수동 면역
☑ 인공 능동 면역
③ 자연 수동 면역
④ 자연 능동 면역

 인공 능동 면역이란 예방 접종으로 형성되는 면역을 말하며, 생균이나 사균, 순화 독소 등이 있고, 콜레라는 예방 접종으로 질병을 예방할 수 있다.

40 기생충의 인체 내 기생 부위 연결이 잘못된 것은?

☑ 구충증 - 폐
② 간흡충증 - 간의 담도
③ 요충증 - 직장
④ 폐흡충 - 폐

 구충은 경피나 경구 감염되어 소장으로 옮겨지는 질병이다.

41 보건 행정에 대한 설명으로 가장 올바른 것은?

☑ 공중 보건의 목적을 달성하기 위해 공공의 책임하에 수행하는 행정 활동
② 개인 보건의 목적을 달성하기 위해 공공의 책임하에 수행하는 행정 활동
③ 국가 간의 질병 교류를 막기 위해 공공의 책임하에 수행하는 행정 활동
④ 공중 보건의 목적을 달성하기 위해 개인의 책임하에 수행하는 행정 활동

보건 행정이란 공중 보건의 목적을 달성하기 위해 공공의 책임 하에 수행하는 행정 활동을 말한다.

42 다음 중 불량 조명에 의해 발생되는 직업병이 아닌 것은?

① 안정 피로　　　　② 근시
✔ 근육통　　　　　④ 안구 진탕증

 근육통은 불량 조명보다는 근육량 과도 사용 및 부상과 스트레스가 원인이다.

43 섭씨 100 ~ 135℃ 고온의 수증기를 미생물, 아포 등과 접촉시켜 가열 살균하는 방법은?

① 간헐 멸균법
② 건열 멸균법
✔ 고압 증기 멸균법
④ 자비 소독법

 간헐 멸균법은 100℃의 증기를 30분간 통과시켜 포자가 발아할 수 있도록 하며, 건열 멸균법은 170℃에서 한두 시간 처리하며, 자비 소독법은 100℃ 끓는 물에서 15 ~ 20분 처리하는 방법이다.

44 일반적으로 돼지고기 생식에 의해 감염될 수 없는 것은?

① 유구조충
✔ 무구조충
③ 선모충
④ 살모넬라

 무구조충은 소고기를 생식하거나 충분히 가열하지 않고 섭취하였을 때 감염된다.

45 실내에 다수인이 밀집한 상태에서 실내 공기의 변화는?

① 기온 상승 - 습도 증가 - 이산화탄소 감소
② 기온 하강 - 습도 증가 - 이산화탄소 감소
✔ 기온 상승 - 습도 증가 - 이산화탄소 증가
④ 기온 상승 - 습도 감소 - 이산화탄소 증가

 실내에 다수인이 밀집하면 기온이 상승하고 습도가 증가하며 이산화탄소가 증가하게 된다.

46 폐흡충증(폐디스토마)의 제1중간 숙주는?

✔ 다슬기　　　　　② 왜우렁
③ 게　　　　　　　④ 가재

 폐흡충의 제1중간 숙주는 다슬기, 제2중간 숙주는 게, 가재이다.

47 다음의 영아 사망률 계산식에서 (A)에 알맞은 것은?

$$영아\ 사망률 = \frac{(A)}{연간\ 출생아\ 수} \times 100$$

① 연간 생후 28일까지의 사망자 수
✔ 연간 생후 1년 미만 사망자 수
③ 연간 1 ~ 4세 사망자 수
④ 연간 임신 28주 이후 사산 + 출생 1주 이내 사망자 수

 영아 사망률은 연간 생후 1년 미만 사망자 수를 연간 출생아 수로 나눈 수에 100을 곱한 값이다.

48 다음 중 감각 온도의 3요소가 아닌 것은?

① 기온　　　　　　② 기습
✔ 기압　　　　　　④ 기류

 감각 온도의 3요소는 기온, 기습, 기류이다.

49 다음 중 감염병 관리가 가장 어려운 사람은?

① 회복기 보균자
② 잠복기 보균자
✔ 건강 보균자
④ 병후 보균자

 건강 보균자는 외관으로 임상적 증상이 나타나지 않고, 감염성이 있기 때문에 관리에 가장 어려움이 따른다.

50 다음 중 가족계획과 뜻이 가장 가까운 것은?

① 불임 시술
② 임신 중절
③ 수태 제한
✔ 계획 출산

 가족계획이란 출산의 시기와 간격을 조절하여 자녀의 수를 조절하는 것으로 계획적인 출산에 가깝다.

51 하수 오염이 심할수록 BOD는 어떻게 되는가?

① 수치가 낮아진다.
② 수치가 높아진다. ✓
③ 아무런 영향이 없다.
④ 높아졌다 낮아졌다를 반복한다.

 하천 오염이 심해질수록 BOD 수치는 높아지고, DO 수치는 낮아진다.

52 수질 오염을 측정하는 지표로 물에 녹아 있는 유리 산소를 의미하는 것은?

① 용존 산소(DO) ✓
② 생화학적 산소 요구량(BOD)
③ 화학적 산소 요구량(COD)
④ 수소 이온 농도(pH)

 DO는 용존 산소량으로 물속에 녹아 있는 유리 산소를 뜻하며, DO의 수치가 낮아질수록 하수의 오염도가 높아졌다는 뜻이다.

53 출생률보다 사망률이 낮으며 14세 이하 인구가 65세 이상 인구의 2배를 초과하는 인구 구성형은?

① 피라미드형 ✓　　② 종형
③ 항아리형　　　　④ 별형

 피라미드형은 인구 증가형으로 14세 이하 인구가 65세 이상 인구의 2배를 초과하는 인구 구성형이다. 종형은 인구 정지형, 항아리형은 인구 감소형, 별형은 도시 지역 인구 구성형이다.

54 진동이 심한 작업장 근무자에게 다발하는 질환으로 청색증과 동통, 저림 증세를 보이는 질병은?

① 레이노 증후군 ✓
② 진폐증
③ 열경련
④ 잠함병

 진폐증은 분진 흡입에 의한 것이며, 열경련은 고온 환경의 작업자, 잠함병은 잠수부나 공군 비행사 등의 감압에 의한 질병이다.

55 열에 대한 저항력이 커서 자비 소독법으로 사멸되지 않는 균은?

① 콜레라균
② 결핵균
③ 살모넬라균
④ B형 간염 바이러스 ✓

 자비 소독법은 100℃의 끓는 물에서 10 ～ 20분간 처리하는 방법으로 병원균은 파괴 가능하나 간염 바이러스나 아포 형성균은 사멸되지 않는다.

56 3%의 크레졸 비누액 900mL를 만드는 방법으로 옳은 것은?

① 크레졸 원액 270mL에 물 630mL를 가한다.
② 크레졸 원액 27mL에 물 873mL를 가한다. ✓
③ 크레졸 원액 300mL에 물 600mL를 가한다.
④ 크레졸 원액 200mL에 물 700mL를 가한다.

 농도는 용질/용액 × 100으로 알아볼 수 있다. 총용량 900mL × 농도 0.03%는 27mL이므로 3%의 크레졸 비누액 900mL에는 크레졸 원액 27mL에 물 873mL를 넣어 만들 수 있다.

57 소독약의 구비 조건으로 틀린 것은?

① 값이 비싸고 위험성이 없다. ✓
② 인체에 해가 없으며 취급이 간편하다.
③ 살균하고자 하는 대상물을 손상시키지 않는다.
④ 살균력이 강하다.

 소독약은 값이 저렴하고 위험성이 없어야 한다.

58 이·미용실에서 사용하는 쓰레기통의 소독으로 적절한 약제는?

① 포르말린수
② 에탄올
③ 생석회 ✓
④ 역성 비누액

 쓰레기통이나 화장실의 분변, 하수도 등의 소독에는 생석회가 가장 적절하다.

59 실험기기, 의료용기, 오물 등의 소독에 사용되는 석탄산수의 적정한 농도는?

① 석탄산 0.1% 수용액
② 석탄산 1% 수용액
☑ 석탄산 3% 수용액
④ 석탄산 50% 수용액

석탄산은 피부의 점막에 자극을 주고, 금속 부식성이 있으므로 3 ~ 5%의 수용액으로 실험기기, 의료용기, 오물 등의 소독에 사용한다.

60 다음 중 세균의 포자를 사멸시킬 수 있는 것은?

☑ 포르말린
② 알코올
③ 음이온 계면 활성제
④ 치아염소산소다

포름알데히드를 물에 녹여 만든 포르말린은 강한 살균력으로 아포에 대한 강한 살균 효과가 있어 포자를 사멸시킬 수 있다.

61 상처가 있는 피부에 적합하지 않은 것은?

☑ 승홍수
② 과산화수소수
③ 포비돈
④ 아크리놀

승홍수는 인체에 자극을 주고 금속을 부식시키는 물질이고, 인체에 축적되어 수은 중독을 일으킬 수 있으므로 피부 접촉에 적합하지 않다.

62 양이온 계면 활성제의 장점이 아닌 것은?

① 물에 잘 녹는다.
② 색과 냄새가 거의 없다.
☑ 결핵균에 효력이 있다.
④ 인체에 독성이 적다.

양이온 계면 활성제는 양성 비누나 역성 비누라고 하며, 무미·무해하여 식품 소독이나 피부 소독에 효과적이며, 결핵균과는 관계가 없다.

63 금속 기구를 자비 소독할 때 탄산나트륨($NaCO_3$)을 넣으면 살균력도 강해지고 녹이 슬지 않는다. 이때 가장 적정한 농도는?

① 0.1 ~ 0.5%   ☑ 1 ~ 2%
③ 5 ~ 10%   ④ 10 ~ 15%

자비 소독을 할 때 1 ~ 2%의 탄산나트륨을 넣어야 금속제품이 녹이 슬지 않는다.

64 다음 중 일광 소독은 주로 무엇을 이용한 것인가?

① 열선
② 적외선
③ 가시광선
☑ 자외선

200 ~ 400nm의 파장에 속하는 자외선은 260nm 부근에서 가장 강한 살균력으로 일광 소독에 주로 사용된다.

65 위생 관리 등급 공표 사항으로 틀린 것은?

① 시장, 군수, 구청장은 위생 서비스 평가 결과에 따른 위생 관리 등급을 공중위생 영업자에게 통보하고 공표한다.
② 공중위생 영업자는 통보받은 위생 관리 등급의 표지를 영업소 출입구에 부착할 수 있다.
☑ 시장, 군수, 구청장은 위생 서비스 평가 결과에 따른 위생 관리 등급 우수업소에는 위생 감시를 면제할 수 있다.
④ 시장, 군수, 구청장은 위생 서비스 평가 결과에 따른 위생 관리 등급별로 영업소에 대한 위생 감시를 실시하여야 한다.

시·도지사 또는 시장·군수·구청장은 위생 서비스 평가 결과 위생 서비스의 수준이 우수하다고 인정되는 영업소에 대하여 포상을 실시할 수 있다.

66 레이저(Razor) 사용 시 헤어 살롱에서 교차 감염을 예방하기 위해 주의할 점이 아닌 것은?

① 매 고객마다 새로 소독된 면도날을 사용해야 한다.

✔ 면도날을 매번 고객마다 갈아 끼우기 어렵지만, 하루에 한번은 반드시 새 것으로 교체해야만 한다.

③ 레이저 날이 한 몸체로 분리가 안 되는 경우 70% 알코올을 적신 솜으로 반드시 소독 후 사용한다.

④ 면도날을 재사용해서는 안 된다.

 면도날은 매번 고객마다 갈아 끼워 시술하여 교차 감염을 예방하여야 한다.

67 손 소독과 주사할 때 피부 소독 등에 사용되는 에틸알코올(Ethyl Alcohol)은 어느 정도의 농도에서 가장 많이 사용되는가?

① 20% 이하　　② 60% 이하

✔ 70 ~ 80%　　④ 90 ~ 100%

 손 소독과 주사할 때 피부 소독 등에 일반적으로 사용되는 소독용 에틸알코올은 70% 수용액일 때 가장 소독력이 강하다.

68 이·미용 업소에서 일반적 상황에서의 수건 소독법으로 가장 적합한 것은?

① 석탄산 소독

② 크레졸 소독

✔ 자비 소독

④ 적외선 소독

 수건은 여러 사람이 사용하고 자주 세탁이 용이해야 하므로, 소독 방법이 간단한 자비 소독이 가장 적합하다.

69 이·미용 업소에서 B형 간염의 감염을 방지하기 위해 가장 철저히 소독해야 하는 기구는?

① 수건

② 머리빗

✔ 면도칼

④ 클리퍼(전동형)

B형 간염은 혈액이나 정액에 의한 감염이 높기 때문에 면도기를 소독하지 않거나 재사용할 경우 감염의 위험성이 높아진다.

70 소독제의 살균력을 비교할 때 기준이 되는 소독약은?

① 요오드　　② 승홍

✔ 석탄산　　④ 알코올

 소독제의 살균력을 비교할 때는 석탄산 계수가 사용되는데, 석탄산 계수가 높을수록 소독 효과가 크다는 뜻이다.

71 일회용 면도날을 2인 이상의 손님에게 사용한 때에 대한 1차 위반 시 행정처분 기준은?

① 시정 명령

✔ 경고

③ 영업 정지 5일

④ 영업 정지 10일

 1차 위반 시 경고, 2차 위반 시 영업 정지 5일, 3차 위반 시 영업 정지 10일, 4차 위반 시 영업장 폐쇄 명령이 따른다.

72 공중위생 영업소의 위생 서비스 수준 평가는 몇 년마다 실시하는가?(단, 특별한 경우는 제외함.)

① 1년　　✔ 2년

③ 3년　　④ 5년

 규정에 의한 공중위생 영업소의 위생 서비스 수준 평가는 2년마다 실시하되, 공중위생 영업소의 보건·위생 관리를 위하여 특히 필요한 경우에는 보건복지부 장관이 정하여 고시하는 바에 따라 공중위생 영업의 종류 또는 위생 관리 등급별로 평가 주기를 달리할 수 있다.

73 공중위생 관리법상 위생 교육을 받지 아니한 때 부과되는 과태료의 기준은?

① 30만 원 이하

② 50만 원 이하

③ 100만 원 이하

✔ 200만 원 이하

 위생 교육을 받지 아니한 자는 200만 원 이하의 과태료에 처한다.

74 다음 중 이용사 또는 미용사의 면허를 취소할 수 있는 대상에 해당되지 않는 자는?

① 정신 질환자
② 감염병 환자
③ 금치산자
✔ 당뇨병 환자

이용사 또는 미용사의 면허를 받을 수 없는 자
• 금치산자
• 정신 질환자
• 공중의 위생에 영향을 미칠 수 있는 감염병 환자로서 보건복지 부령이 정하는 자
• 마약 기타 대통령령으로 정하는 약물 중독자
• 면허가 취소된 후 1년이 경과되지 아니한 자

75 이·미용사 면허증을 분실하였을 때 누구에게 재교부 신청을 하여야 하는가?

① 보건복지부 장관
② 시·도지사
✔ 시장·군수·구청장
④ 협회장

이용업 또는 미용업에 종사하고 있는 자가 면허증의 재교부 신청을 하고자 하는 자는 신청서에 서류를 첨부하여 시장·군수·구청장에게 제출하여야 한다.

76 과태료 처분에 불복이 있는 자는 그 처분의 고지를 받은 날부터 며칠 이내에 처분권자에게 이의를 제기할 수 있는가?

① 5일　　② 10일
③ 15일　　✔ 30일

과태료 처분에 불복이 있는 자는 그 처분의 고지를 받은 날부터 30일 이내에 처분권자에게 이의를 제기할 수 있다.

77 공중위생 업소가 의료법을 위반하여 폐쇄 명령을 받았다. 최소한 어느 정도의 기간이 경과되어야 동일 장소에서 동일 영업이 가능한가?

① 3개월
✔ 6개월
③ 9개월
④ 12개월

의료법을 위반하여 관계 행정 기관장의 요청이 있는 때에는 6개월 이내의 기간을 정하여 영업의 정지 또는 일부 시설의 사용 중지를 명하거나 영업장 폐쇄 등을 명할 수 있다.

78 영업 신고를 하지 아니하고 영업소의 소재지를 변경한 때 행정처분은?

① 경고
② 면허 정지
③ 면허 취소
✔ 영업장 폐쇄명령

영업 신고를 하지 아니하고 영업소의 소재지를 변경한 때에는 영업장 폐쇄 명령을 받게 된다.

79 이·미용업에 있어 청문을 실시하여야 하는 경우가 아닌 것은?

① 면허 취소 처분을 하고자 하는 경우
② 면허 정지 처분을 하고자 하는 경우
③ 일부 시설의 사용 중지 처분을 하고자 하는 경우
✔ 위생 교육을 받지 아니하여 1차 위반한 경우

시장·군수·구청장은 이용사 및 미용사의 면허 취소·면허정지, 공중위생 영업의 정지, 일부 시설의 사용 중지 및 영업장 폐쇄 명령 등의 처분을 하고자 하는 때에는 청문을 실시하여야 한다.

80 이·미용사의 면허증을 대여한 때의 1차 위반 행정 처분 기준은?

✔ 면허 정지 3월
② 면허 정지 6월
③ 영업 정지 3월
④ 영업 정지 6월

이·미용사의 면허증을 대여한 때 1차 위반 시 면허 정지 3월이다.

III

화장품학

1 화장품의 정의

1 화장품의 정의

인체를 청결하고 아름답게 하여 매력을 더하고, 용모를 밝게 변화시키거나 피부·모발의 건강을 유지 또는 증진하기 위하여 인체에 바르고 문지르거나 뿌리는 등 이와 유사한 방법으로 사용되는 물품으로서 인체에 대한 작용이 경미한 것을 말한다(화장품법 제2조).

2 화장품과 의약 부외품, 의약품의 비교

구 분	대 상	사용 목적	사용 기간	부작용
화장품	정상인	청결, 미화	장기간	없어야 함.
의약 부외품	정상인	위생, 미화	장기간	없어야 함.
의약품	환자	치료	단기간	어느 정도 가능

3 화장품의 요건

① **유효성**: 사용 목적에 따른 기능이 우수해야 한다.
② **사용성**: 손놀림이 쉽고 잘 펴 발라져야 한다.
③ **안전성**: 피부에 대한 자극, 알레르기, 독성이 없어야 한다.
④ **안정성**: 보관에 따른 변질, 변색, 변취, 미생물 오염이 없어야 한다.

4 화장품의 사용 목적

① 인체를 청결하게 하기 위함이다.
② 인체를 아름답게 하기 위함이다.
③ 용모를 밝게 변화시키기 위함이다.
④ 피부·모발을 건강하게 유지하기 위함이다.

1 사용 목적에 따른 분류

분 류	목 적	주요 제품
기초 화장품	세정(세안)	클렌징류(크림, 로션, 오일, 폼 등)
	피부 정돈	유연 화장수, 수렴 화장수
	피부 보호	에센스, 영양·마사지 크림, 팩, 마스크
메이크업 화장품	피부색 표현	메이크업 베이스, 파운데이션
	피부 결점 보완	컨실러, 페이스 파우더
모발 화장품	세정	샴푸
	컨디셔닝, 트리트먼트	헤어트리트먼트
	염색, 탈색	염모제, 블리치제
	육모, 양모	육모제, 양모제
보디 화장품	탈모, 제모	탈모제, 제모제
	피부 보호	선스크린, 선탠오일, 보디로션, 보디 오일
	땀 억제	데오도란트 로션·파우더
	피부 세정	보디 클렌저
방향 화장품	향취 부여	퍼퓸, 오데 토일렛, 오데 코롱

네일 화장품

① **보습:** 핸드크림·로션

② **보호 및 영양:** 큐티클 오일, 손톱 영양제

③ **색상 표현:** 폴리시, 젤폴리시

④ **제거제:** 폴리시 리무버

2 형태상의 분류

① **가용화제(Solution)**

- 물에 소량의 오일 성분이 계면 활성제에 의하여 투명·균일하게 용해되어 있는 제품이다.
- 미셀(Micelle)의 크기가 가시광선의 파장보다 작아 빛이 투과되므로 투명해 보인다.
- 화장수, 에센스, 헤어 토닉, 헤어 리퀴드, 향수 등이 있다.

오일 방울의 미셀 형성

② 유화제(Emulsion)

- 물에 오일 성분이 계면 활성제에 의해 우윳빛으로 백탁화된 상태의 제품이다.
- 미셀이 커서 가시광선이 통과하지 못하므로 불투명하게 보인다.
- 유화의 형태

O/W형(Oil in Water Type, 수중유적형)	W/O형(Water in Oil Type, 유중수적형)
• **형태**: 물에 오일이 분산되어 있다. • **특징**: 사용감이 가볍고 산뜻하다.	• **형태**: 오일 중에 물이 분산되어 있다. • **특징**: 사용감이 무겁고 O/W형보다 지속성이 높다.
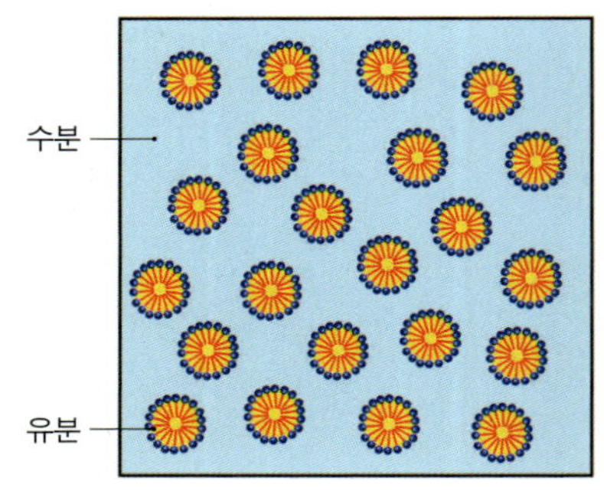	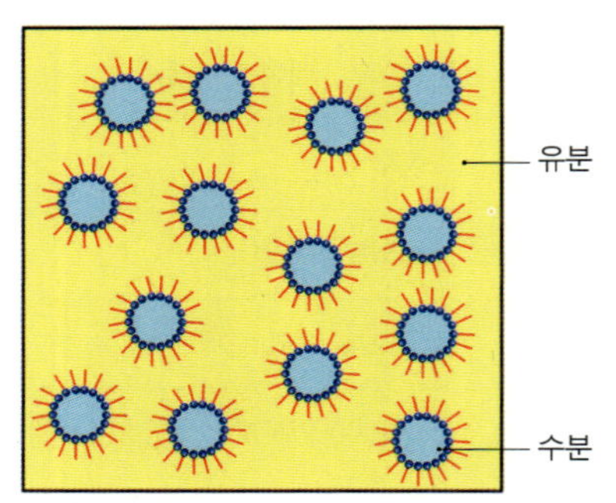

③ 분산제(Dispersant)

- 물 또는 오일 성분에 미세한 고체 입자가 계면 활성제에 의해 균일하게 혼합된 상태의 제품이다.
- 계면 활성제는 고체 입자의 표면에 흡착되어 고체 입자가 서로 뭉치거나 가라앉는 것을 방지해 준다.
- 파운데이션, 마스카라, 아이 섀도, 트윈케이크 등이 있다.

3 기타 분류

① 법적인 분류

- 기초 화장품, 메이크업 화장품, 눈 화장용품, 목욕용품, 방향용품
- 어린이용품, 염모용품, 매니큐어용품, 기능성 제품

② 사용 부위에 따른 분류

- 안면용
- 전신용
- 헤어용
- 네일용

③ 용도에 따른 분류

- 일반 화장품
- 기능성 화장품

1 화장품의 원료

1 수성 원료

물	• 화장품에서 물은 가장 널리 사용되는 것으로 피부를 촉촉하게 하는 작용 외에 화장수, 크림, 로션 등의 기초 물질로 사용 • 깨끗한 물로 화장품을 만들어야 화장품이 변질될 우려가 없기 때문에 활성탄 여과, 금속 이온 여과, 자외선 소독 등의 과정을 거친 정제수를 사용
에탄올	• 화학적으로 에틸 알코올(Ethyl Alcohol) • 휘발성이 있으며, 피부에 시원한 청량감과 탈지 효과 및 수렴 효과를 부여 • 지성 여드름 피부에 주로 사용하며 건성·예민·노화 피부에 자극이 될 수 있음.

2 유성 원료

① 지용성이고 화장품의 구성 성분으로 널리 이용된다.

② 피부의 수분 증발 억제, 사용 감촉을 향상시키는 등의 목적으로 사용된다.

③ 오일: 각질층의 수분 발산을 억제해 준다.

• 식물성 오일

종류	내용
올리브 오일	피부의 수분 증발을 억제
세인트존스워트 오일	살균, 항염 작용이 뛰어나 화상이나 상처에 효과적임.
동백 오일	동백나무 종자에서 채취
피마자 오일	색소와 잘 혼합됨.
아보카도 오일	비타민 A 함유(건성 피부에 특히 효과적임.)
호호바 오일	에멀션 제품 및 립스틱에 사용, 피부 밀착감과 안전성이 우수함.
포도 씨 오일	유분기가 적어 주로 지성 피부에 적합(사용감이 가볍고 수렴 효과가 있음.)
로즈힙 오일	상처 치유에 효과, 야생 장미의 씨방에서 추출
달맞이꽃 오일	염증·피부염·아토피성 피부 질환에 효과적임.

• 동물성 오일

종류	내용
라놀린	피부의 수분 증발을 억제하며 양털에서 추출함.
밍크 오일	• 피부 친화성이 좋고 유분감이 없어 건조 피부, 거친 피부에 사용함. • 밍크의 피하 지방에서 추출하며 특히 겨울철 피부 보호에 좋음.
난황 오일	레시틴, 비타민 A를 함유하고 있으며 달걀노른자에서 추출함.
스콸렌	피부에 잘 흡수되고 유화되며, 스콸렌에 수소를 첨가하여 산화를 방지한 것임.
밀랍	스틱상의 제품에 주로 사용되며 벌집에서 얻은 흰색과 노란색의 왁스임.

• 광물성 오일(탄화수소류)

종류	내용
고형 파라핀	• 크림류나 립스틱에 많이 사용, 석유 원유를 증발시키고 난 후 남는 흰색의 투명한 고체 • **종류**: 바세린
유동 파라핀	• 정제가 용이하고 변색이 잘되지 않으며 무색무취임. • 피부 흡수가 잘 안 되며, 피부 표면에 머물러 수분 증발을 억제 • 기미와 여드름의 원인 • **종류**: 실리콘

• 스콸렌

종류	내용
포화 지방산	캡슐로 보호하고, 건강 보조제로 이용되며 산패되기 쉬움.
불포화 지방산	화장품에 이용되며 산패되지 않음.

• 합성 오일

종류	내용
합성 에스테르류	피부에 유연성을 줌, 용해 보조제, 분산제 등으로 사용
이소프로필	모발의 영양 · 트리트먼트에 많이 사용

④ 왁스

• 식물성 왁스

종류	내용
카르나우바 왁스	• 광택이 우수하여 립스틱, 크림, 탈모 왁스 등에 사용 • 카르나우바 야자 잎에서 추출
칸데릴라 왁스	립스틱에 주로 사용, 칸데릴라 식물에서 추출

• 동물성 왁스

종류	내용
밀납	• 크림, 로션, 파운데이션, 립밤, 탈모 왁스 등에 사용 • 벌집에서 추출, 피부 알레르기 유발 가능성 있음. • 동물성 왁스 중 화장품에 가장 많이 쓰임.
라놀린	• 유연성과 피부 친화성이 높음. • 크림, 립스틱, 모발 화장품 등에 사용 • 양모에서 추출, 접촉성 피부염 및 알레르기 유발 가능성 있음.

⑤ 고급 지방산

종류	내용
로르산(라우르산), 미리스틴산	화장 비누, 세안류에 사용, 야자유 · 팜유 등을 비누화 분해해서 얻은 혼합 지방산을 분류하여 얻음.
팔미틴산, 스테아르산	크림, 로션의 유화제로 많이 쓰임.

고급 지방산

천연의 유지, 밀랍 등에 에스테르류로 함유

⑥ 고급 알코올

종류	내용
세틸 알코올	경납의 주성분, 용매에는 녹지만, 물에는 녹지 않음.
스테아릴 알코올	크림 유액 등 유화 제품의 유화 안정 보조제

고급 알코올

유화 제품의 유화 안정 보조제로 사용

3 보습 원료

① 수분 흡착 능력이 있어 스스로 수분을 끌어당겨 건조한 피부를 촉촉하게 만들어 준다.

② 천연 보습 인자

종류		
	유레아 (요소, urea)	포유류 단백질 대사의 최종 분해 산물
	폴리펩타이드 (polypeptide)	천연 아미노산이 사슬처럼 화학적으로 결합
	히알루론산 (hyaluronic酸)	아미노산과 우론산으로 이루어진 보습 인자
	콜라겐 (collagen)	피부, 혈관 등 모든 결합 조직의 주된 단백질
	엘라스틴 (elastin)	콜라겐과 함께 결합 조직에 존재
	아미노산 (amino酸)	대부분 무색의 결정체, 단백질의 원료

③ 폴리올(糖alcohol)

종류	소비톨(sorbitol)	• 앵두, 사과, 딸기, 해조류에서 추출 • 보습력과 피부 안정성이 우수
	글리세린(glycerin)	• 화학명 글리세롤, 수분을 흡수하는 능력이 강함. • 향이 없고, 사용 시 끈적이는 느낌
	폴리에틸렌글리콜 (polyethylene glycol)	분자량에 따라 액체 상태에서 점액 상태로 변화
	프로필렌글리콜 (propylene glycol)	• 무색, 무향의 점액 • 피부 흡수력이 강함.
	부틸렌글리콜 (butylene glycol)	• 끈적임이 적음. • 사용감이 우수하고 방부 효과도 있음.

2 화장품의 기술

1 가용화제

① **정의**: 수상층에 오일을 가열하지 않고도 용해되게 하는 역할을 한다.

② **원리**: 물과 소량의 오일 혼합액이 계면 활성제에 의해 투명하게 용해된다.

③ **색상**: 미셀(Micelle)이 작아 가시광선이 통과되므로 투명하게 보인다.

가용화 기술 이용 화장품
화장수, 향수, 에세스 등

2 유화제

① **정의**

- 수분과 유분 혼합액이 계면 활성제에 의해 뿌옇게 섞인 제품이다.

- 정상 상태로 혼합되지 않는 두 가지 물질이 균일하게 혼합되어 있는 것이다.

- 섞일 수 없는 두 가지의 물질이 혼합되어 그 상태를 변함없이 유지하는 혼합물이다.

- 피부의 흡수도를 높이고, 보습력을 유지시키는 데 중요한 기술이다.

② **색상**: 미셀이 커서 가시광선이 통과되지 못하므로 불투명한 색상으로 뿌옇게 보인다.

③ **형태**

- 친수성(수중 유적형): 물 안에 기름이 분산(O/W – 클렌징 밀크, 로션)

- 친유성(유중 수적형): 기름 안에 물이 분산(W/O – 클렌징크림)

- 다중성: W/O/W형, O/W/O형

제형에 따른 분류
가용화제, 유화제

3 계면 활성제

① **정의**: 액체와 액체 사이에 보이지 않는 표면 장력을 활성화시키는 물질이다.

② **구조**: 한 분자 내에 친수성기와 친유성기를 함께 가지고 있다.

③ **기본 작용**: 생성 · 기포 · 유화 · 살균 · 분산 · 침투 작용 등을 한다.

④ **종류**

양이온 계면 활성제	• 살균 소독 작용이 크며 정전기 발생을 억제 • 헤어 린스, 트리트먼트제 등으로 사용
음이온 계면 활성제	• 세정 작용과 기포 형성 작용이 우수 • 비누, 샴푸, 클렌징폼, 치약 등에 사용
비이온 계면 활성제	• 피부 안정성이 높아 화장품에 널리 쓰임. • 화장수의 가용화제, 크림의 유화제, 클렌징크림의 세정제 등에 사용
양쪽성 계면 활성제	• 세정 작용이 있으며 피부 자극이 적음. • 저자극 샴푸, 베이비 샴푸 등에 사용

4 화장품의 첨가제

① **연화제**

- 피부 표면을 매끄럽고 부드럽게 한다.
- 주요 성분으로는 아몬드유 · 알로에 · 컴프리 뿌리 · 무화과 · 올리브 잎 등이 있다.

② **방부제**: 미생물의 공격을 받는 화장품을 일정 기간 보존하기 위해 사용하고, 보존제를 많이 배합할 경우 피부 트러블을 유발할 수 있다.

에탄올 (ethanol)	• 인체 소독용으로 살균 작용이 뛰어나 주로 염증성 여드름용 제품에 사용 • 피부 자극이 있음.
벤조산 (benzoic acid)	• 피부 자극이 낮으며 곰팡이와 효모의 증식을 억제하는 작용 • 0.05 ~ 0.1% 농도로 사용. • 피부 자극은 낮으나 간혹 알레르기를 유발
파라옥시안식향산 (paraben)	• 화장품에 가장 흔하게 사용되는 방부제 • 농도는 0.03 ~ 0.3% 사이로 사용(알레르기 반응이 낮음.) • 파라옥시안식향산메틸(methyl paraben), 파라옥시안식향산 프로필(propyl paraben), 이미다졸리디닐유레아(imidazolidinyl urea) 등

③ **합성제**: 계면 활성제

④ **습윤제**: 피부의 수분 보유량을 증가시키는 물질로, 프로필렌글리콜, 글리세린 등이 있다.

⑤ 약품

- 알코올: 소독 작용과 피부 자극 작용을 하는 휘발성 액체로 향유 희석 제용으로 많이 사용된다.
- 붕산: 방부 목적으로 사용하며 살균, 소독력이 좋다.
- 과산화수소: 살균, 표백, 지혈 작용을 하고 화장수나 크림에 사용된다.

⑥ pH 조절제: 화장품 법규상 화장품에서 사용 가능한 pH는 3 ~ 9이다.

⑦ 색소

- 염료: 물 또는 오일에 녹는 색소로, 화장품 자체에 시각적이 효과를 부여한다.
- 안료: 물, 오일, 알코올에 녹지 않는 색소

무기 안료	• 색상이 화려하지 않고 빛, 산, 알칼리에 강함. • 파운데이션, 페이스 파우더, 마스카라에 사용.
유기 안료	• 색상이 화려하고 빛, 산, 알칼리에 약함. • 립스틱, 색조 화장품에 사용
레이크	• 색상의 화려함이 무기 안료와 유기 안료의 중간임. • 립스틱, 네일 에나멜에 사용

⑧ 향료

- 화장품 원료 특유의 냄새를 가리기 위해 사용한다.
- 천연 향료, 합성 향료, 조합 향료로 구분한다.

3 화장품의 특성

1 건성 피부의 활성 성분

① **콜라겐(collagen)**: 동물 피부에서 추출, 피부에 수분을 보유시키며 화장품에 사용한다.

② **엘라스틴(elastin)**: 동물의 진피로부터 추출하며 보습 효과, 진피의 조직 인자를 활성화한다.

③ **히알루론산(hyaluronic acid)**: 수탉의 벼슬에서 추출하며 보습 효과, 노화 방지, 피부의 면역성을 증대시킨다.

④ **레시틴(lecithin)**: 리포솜의 원료 및 천연 유화제로 사용하며, 콩, 달걀노른자에서 추출한다.

⑤ **알로에(aloe)**: 세포 재생 작용, 보습, 상처 치유, 염증 억제에 이용된다.

알로에 화장품

2 **지성 및 여드름 피부의 활성 성분**

① **캠퍼(camphor)**: 사철나무의 뿌리, 가지, 잎에서 추출하며 피지 조절, 항염증, 살균, 수렴 효능으로 여드름 피부에 많이 사용한다.

② **황(sulfur)**: 조직을 건조화시켜 각질 탈락, 피지 억제, 살균 작용을 하여 염증성 여드름에 효과적이다.

③ **카올린(kaolin)**: 피지 흡착력이 뛰어나고 커버력이 우수하여 지성 피부용 팩 등에 많이 사용한다.

④ **살리실산(salicylic acid)**: BHA(β-Hydroxy acid)로 불리며, 살균 및 피지 억제 작용이 강하여 염증성 여드름에 효과적이다.

카올린 분말

3 **노화된 피부의 활성 성분**

① **알란토인(allantoin)**: 컴프리 뿌리에서 추출하며, 보습력과 치유 작용이 강하다.

② **프라센타(placenta)**: 동물의 태반에서 추출하며 피부 신진대사, 재생, 혈액 순환 촉진에 효과적이다.

③ **알부민(albumin)**: 세포 재생, 노화 방지에 이용한다.

④ **엠브리오(embrio)**: 산모의 탯줄을 효소로 분해하여 얻으며, 노화 시 재생 작용이 탁월하다.

⑤ **비타민 E(tocopherol)**: 지용성 비타민, 항산화, 항노화, 재생, 산화 방지에 효과적이다.

⑥ **AHA(α-Hydroxy acid)**: 각질 제거 및 재생 효과가 있다.

컴프리 뿌리

4 **예민한 피부의 활성 성분**

① **아줄렌(azulene)**

- 캐머마일의 스팀, 증류 작용에 의해 제조되는 암청색 색소이다.
- 휘발성 오일로 항염증, 진정 작용이 탁월하다.

② **위치 하젤(witch hazel)**

- 하마멜리스(개암나무)의 껍질과 잎에서 추출하며 천연 수렴제로 사용(아스트린젠트의 성분)된다.
- 살균 효과, 상처 치유 효과, 염증 방지에 효과적이다.

③ **칼렌둘라(calendula)**: 금잔화(금송화)에서 추출하며, 예민하고, 거칠며, 붉은 피부, 염증에 효과적이다.

④ **은행잎 추출물(ginko)**: 은행잎에서 추출하며 항산화, 혈액 순환 촉진의 효과가 있으며 모세 혈관벽을 강화한다.

⑤ **비타민 P, K**: 모세 혈관벽을 강화한다.

위치 하젤

5 미백 기능성 활성 성분

① 비타민 C: 수용성 비타민으로 항산화, 미백, 모세 혈관 강화 효과가 있다.

② 코직산(kojic acid): 누룩에서 추출하며, 티로시나아제 활성 억제를 한다.

③ 하이드로퀴논(hydroquinone)

- 미백 효과가 가장 뛰어나다.
- 의약품에서만 사용하며, 활성 산소를 억제한다.

④ 알부틴(albutin)

- 월귤나무과에서 추출된다.
- 하이드로퀴논과 유사한 구조로 활성 산소를 억제한다.

⑤ 감초(licorice)

- 감초 뿌리에서 추출하며 항알레르기, 자극 완화, 독성 제거, 소염, 상처 치유 효과가 우수하다.
- 활성 산소를 억제한다.

6 기타 화장품의 특성

① 품질상의 특성

- 안전성: 피부 자극, 독성, 이물질 혼입으로부터 안전해야 한다.
- 안정성: 변색, 변취, 변질, 미생물의 오염이 없어야 한다.
- 사용성
- 피부 친화성, 촉촉함, 부드러운 느낌 등이 있어야 한다.
  - 중량, 도구, 형태 등의 기능이 편리해야 한다.
  - 향, 색깔, 디자인 등이 자신의 기호에 맞아야 한다.
- 유용성: 자외선 방어 · 미백 · 세정 효과 등이 있어야 하고, 색상 표현 등이 효과적이어야 한다.

② 기술상의 특성

- 유화의 생성
  - 분산상: 용해되지 않은 미세한 입자로, 유지류나 왁스류가 해당된다.
  - 분산매: 용해되지 않은 미세한 입자를 감싼 액체로, 수용성 물질이다.
  - 유화제: 기름과 물의 안정된 유화 상태를 유지하기 위해 필요하다.
- 유화의 형태
  - 수중유형
  - 유중수형

③ 기능상의 특성

- 미백 개선
- 자외선 차단
- 주름 개선

화장품의 종류와 기능

1 기초 화장품

1 세안 화장품

① **작용**: 피부 표면층에 부착되어 있는 피지, 피부 생리의 대사 산물이나 공기 중의 먼지, 미생물, 메이크업 화장품 등을 제거한다.

② **종류**

클렌징 오일 (cleansing oil)	• 유성 성분을 많이 포함한 메이크업에 가장 강한 세정 • 피부 침투성이 좋아서 땀이나 피지에 강한 화장도 깨끗이 닦아 줌. • 건성 피부에 적합
클렌징크림 (cleansing cream)	• 짙은 유성 메이크업을 했을 때 적당 • 유화 타입으로 O/W형이 주류
클렌징 로션 (cleansing lotion)	• 클렌징크림보다 유분 함량이 낮아 피부에 부담이 적고 산뜻 • 옅은 화장을 지울 때 적합
클렌징 젤 (cleansing gel)	• 청량감과 유분감이 덜하므로 여름철 여드름 피부, 남성 피부에 적합
클렌징 워터 (cleansing water)	• 주로 가벼운 화장을 지우는 데 사용 • 가용화제로 만들어짐.

2 화장수

① **화장수의 기능**: 피부의 정돈 효과와 수분 밸런스를 유지한다.

② **화장수의 종류**

- 유연 화장수(tonic): 보습제와 유연제가 함유되어 있어 피부의 각질층을 촉촉하고 부드럽게 한다.
- 수렴 화장수(astringent): 수분을 공급하고 모공을 수축시켜 피부 결을 정리하며 세균으로부터 피부를 보호하고 소독한다.

3 보호용 화장품

① **로션(lotion)**

- 유분보다 수분 함량(60 ~ 80%)이 높은 친수성이다.
- 유화 상태의 에멀션(emulsion)으로, 피부에 수분과 유분을 공급한다.
- 사용감이 가볍고, 피부 흡습력이 좋다.

기초 화장품

- **기능**: 피부 본래가 갖고 있는 항상성 유지를 도와서 피부를 늘 아름답고 건강하게 유지
- **목적**: 피부 청결, 피부의 수분 밸런스 유지, 피부의 신진대사 촉진, 유해한 자외선으로부터의 보호
- **종류**: 세안 화장품, 화장수, 보호용 화장품, 팩과 마스크 등

화장수의 주요 성분

정제수, 알코올, 보습제, 유연제, 기타(완충제, 점증제, 향료, 방부제 등)

크림의 배합 성분에 따른 분류

O/W형, W/O형

크림의 종류

- 데이(Day) 크림, 나이트(Night) 크림, 영양(Nourising) 크림
- **바니싱 크림**: 스테아르산이 주성분으로 피부에 수분을 공급하는 크림

② 크림(cream)

- 피부를 외부의 자극으로부터 보호 · 보습하고, 활성 성분을 통해 피부의 신진대사를 활성화한다.
- 데이크림, 나이트크림, 영양크림으로 나뉜다.

③ 에센스(essence)

- 컨센트레이트(concentrate) 또는 세럼(serum)이라는 명칭으로 널리 알려져 있다.
- 피부 보습 및 노화 억제 효과를 갖는 주요 미용 성분을 고농축으로 함유하고 있다.

4 팩, 마스크

① 의미: 팩은 '포장하다' 또는 '둘러싸다'라는 뜻의 Package에서 유래한다.

② 구분

- 팩: 얼굴에 바른 후 공기가 통할 수 있도록 하며 굳지 않는다.
- 마스크: 얼굴에 바른 후 공기가 통하지 않으며 굳는다.

▲ 팩

▲ 마스크

③ 팩의 종류

- 필 오프 타입(peel off type): 팩이 건조된 후 떼어 내는 타입으로, 건조되면서 피부에 긴장감, 청량감을 부여한다.
- 워시 오프 타입(wash off type): 크림, 젤, 머드 등의 클레이 타입이 주류를 이루며, 물로 제거한다.
- 티슈 오프 타입(tissue off type): 안면에 보습 및 영양 그리고 진정 효과를 부여하며 티슈로 닦아 내는 타입이다.

④ 마스크의 종류

- 콜라겐 벨벳 마스크: 건성 피부나 노화 피부에 콜라겐을 공급하는 것으로 피부의 탄력을 증대시킨다.
- 모델링 마스크: 시술 과정 중 모공을 열어서 영양분이 피부 깊이 침투되도록 돕고, 탄력이 없는 피부, 주름이 많고 건조한 피부, 늘어진 피부에 효과적이다.

크림의 주요 성분
유성 원료(왁스 및 고체 유형 성분, 오일 등), 수성 원료(글리세린, 소비톨 등), 계면 활성제, 점증제, 방부제 등

에센스의 주요 성분
보습제, 알코올, 점증제, 유연제, 향료 등

팩과 마스크의 효과
- 팩이 건조되는 과정으로 인하여 피부에 긴장감을 부여
- 혈액 순환 촉진과 활성 성분 침투력 증가로 인해 온도가 상승
- 종류에 따라서는 피부의 노폐물이 제거되고 청결해짐.

제형에 따른 분류
- **크림 타입**: 영양 · 보습 · 진정 작용
- **젤 타입**: 보습 · 진정 작용
- **머드 타입**: 피지와 노폐물 제거

1 피부 메이크업 화장품

① 기미, 주근깨 등의 피부 결점 커버 및 얼굴 전체 피부색을 균일하게 정돈하여 아름답게 보이도록 한다.

② 메이크업 베이스

파란색	• 피부 톤을 하얗게 표현할 때 효과적임.
보라색	• 피부 톤을 밝고 화사하게 표현, 동양인의 노란 피부에 적합.
분홍색	• 화사하고 생기 있는 피부를 표현 • 신부 화장 및 창백한 사람에게 적합
녹색	• 잡티 및 여드름 자국, 모세 혈관 확장 피부에 적합 • 색상 조절 효과가 가장 크며, 일반적으로 많이 사용함.
흰색	• 투명한 피부를 원할 때 효과적, T존 부위에 하이라이트를 줄 때 사용

③ 프라이머

• 모공, 기미, 주근깨, 잡티 등을 커버해 피부색을 고르게 표현한다.

• 피부를 매끄럽게 정돈해 주고, 보호해 준다.

④ 파운데이션

리퀴드 파운데이션	• 로션 타입, 수분이 많아 퍼짐성이 좋고, 투명감 있게 마무리됨. • 사용감이 가볍고 산뜻함.
크림 파운데이션	• 유분이 많아 무거운 느낌을 주지만 피부 결점 커버력이 우수함. • 퍼짐성과 부착성이 좋아 땀이나 물에 잘 지워지지 않음.
고형 크림 파운데이션	• 스킨 커버라 함. • 부드럽게 발라지며 커버력이 우수
케이크 타입 파운데이션	• 사용감이 산뜻하고 밀착력, 커버력이 좋고 땀에 쉽게 지워지지 않음. • 트윈 케이크, 투웨이 케이크라고 함.
스틱 파운데이션	• 크림 파운데이션보다 피부 결점 커버력이 우수함.

형태별 파운데이션

⑤ 파우더

• 피부 결점을 커버해 준다.

• 파운데이션을 자연스럽게 표현해 화장을 차분하게 마무리해 준다.

• 땀, 피지 등의 분비물을 흡수하여 얼굴의 번들거림을 방지한다.

• 자외선이나 외부 환경으로부터 피부를 보호한다.

① **눈썹용(eyebrow) 화장품**

- 특징: 얼굴의 인상을 결정짓는 중요한 부분으로, 눈의 표정과 매력을 더욱 돋보이게 한다.

- 종류

펜슬 타입	• 3mm 굵기 정도의 나무 펜슬이나 샤프 펜슬 타입이 있음. • 유제에 착색 안료를 분산시킨 유성형 제품
고형 타입	• 케이크 타입으로 자연스러운 눈썹 그리기에 적합 • 분말 원료에 착색 안료를 압축 성형한 것임.

② **아이 섀도(eye shadow)**

- 특징
  - 눈에 색감과 음영을 주어 깊이 있고, 입체감 있게 나타낸다.
  - 눈의 단점을 커버하고, 눈매에 개성을 표현한다.

- 종류

고형 타입	• 케이크 타입의 가장 일반적인 형태 • 선명한 색감과 색상 표현이 가능함.
크림 타입	• 부드럽고 매끄럽게 펴 발라짐. • 밀착감이 좋고, 내수성이 우수 • 시간이 지나면 번들거리며 쌍꺼풀 라인에 뭉치는 현상이 생김.
스틱 타입	• 펜슬 타입의 아이 섀도로, 선적인 표현이 우수 • 화장 시간이 빨라지지만, 시간이 지나면 뭉치는 현상이 생김.

③ **아이 라이너(eye liner)**

- 특징: 눈매를 또렷하게 하고 단점을 수정·보완한다.

- 종류
  - 펜슬 타입: 유제에 착색 안료를 분산시켜 연필 심 형태로 만든다.
  - 리퀴드 타입: 먹물, 필름 형태가 있다.
  - 케이크 타입: 고형분과 같은 분말 원료에 착색 안료를 분산시켜 압축 성형한 것으로, 붓에 물을 묻혀 사용한다.
  - 젤 타입: 유성의 액상 형태로, 전용 제거액으로 지워야 하며 눈 주위에 번지기 쉽다.

④ 마스카라(mascara)

- 특징: 속눈썹이 짙고 길어 보이므로, 눈이 커 보이고, 매력적으로 표현된다.
- 종류

리퀴드 마스카라	젤 타입	• 지울 때 번지기 쉬우므로 유성 전용 제거액을 사용
	크림 타입	• 수용성 현탁액으로 땀이나 물에 쉽게 번짐.
	수성현탁형	• 에멀션 수지 배합으로 얇은 피막 형성, 번지지 않음.
고형 마스카라		• 케이크 마스카라, 전용 브러시에 물로 개어 사용

⑤ 블러셔(치크)

- 특징: 얼굴에 혈색을 주어 화사한 분위기를 연출, 얼굴형의 단점을 수정 · 보완하는 효과가 있다.
- 종류

| 고형 타입 | • 케이크 블러셔(볼연지), 일반적으로 가장 많이 사용
• 색감이 자연스럽고 사용하기 편리함.
• 탈크, 카올린 등의 분말 원료에 착색 안료를 반산시켜 압축 성형 |
| 크림 타입 | • 유성용 제형, 유화형, 크림이나 스틱 형태로 제조
• 파운데이션 단계에서 사용 |

고형, 크림 형태의 블러셔

⑥ 립스틱(lipstick)

- 특징
  - 입술에 색상과 광택을 주고, 색조 화장의 효과가 매우 크다.
  - 입술 피부를 추위나 건조한 환경으로부터 보호해 준다.
- 종류

| 립스틱 | • 유제에 착색료를 분산, 용해시켜 만듦.
• 퍼짐성이 좋아 매끄럽게 발림. |
| 립글로스 | • 립스틱보다 색감은 떨어짐.
• 윤기와 광택이 우수하여 립스틱 후에 덧바름.
• 건조한 입술을 촉촉하게 가꾸어 줌.
• 립글로스에 발색력을 높인 립틴트도 있음. |

입술 화장품
- 립스틱
- 립크레용
- 립글로스
- 립밤

1 모발 화장품의 구분

① 세정용

- 샴푸: 두피 모발에 존재하는 피지, 땀, 비듬, 각질, 먼지 등을 세정하는 기능을 한다.
- 린스: 샴푸로 인해 감소된 모발의 유분을 공급하여 모발에 윤기를 제공한다.

② **정발용**: 모발을 원하는 형태로 만드는 스타일링의 기능과 모발의 형태를 고정시켜 주는 세팅의 기능을 목적으로 사용한다.

헤어 스타일링	헤어 무스, 헤어 스프레이, 헤어 젤, 세팅 로션, 헤어 리퀴드 등
헤어트리트먼트	헤어크림, 헤어 블로우, 헤어 코트, 헤어 오일 등
기타	탈모제, 염모제, 퍼머넌트 웨이브 로션 등

2 부위별 보디 관리 화장품

① **액와 부위에 사용하는 화장품**

- 땀 분비로 인하여 다른 신체 부위보다 많은 냄새를 발생하는 특징을 갖고 있다.
- 데오도란트 로션, 데오도란트 스프레이, 데오도란트 파우더, 데오도란트 스틱 등이 있다.

② **손에 사용하는 화장품**: 손을 건강하게 유지하기 위하여 사용하는 화장품이다(핸드 로션, 핸드크림).

③ **발에 사용하는 화장품**: 각질화가 잘되어 유연성이 적은 팔꿈치나 무릎 등에 유·수분을 공급하여 각질을 부드럽고, 유연하게 할 목적으로 사용한다(각질 연화 로션).

④ **손발톱(네일) 화장품**

폴리시	• 에나멜과 같은 뜻이며 손톱에 바르는 컬러 화장품 • 안료가 배합되어 손톱에 아름다운 색채를 부여하기 때문에 네일 컬러라함. • 손톱에 광택을 부여하고 아름답게 할 목적으로 사용 • 피막 형성 성분은 니트로셀룰로오스
베이스 코트	폴리시 또는 화학 성분으로 인한 네일 보호 및 착색 방지, 폴리시의 색상 지속
탑 코트	폴리시를 바르고 난 후 사용하며 색상과 광택을 부여

큐티클 오일	큐티클을 제거하기 위해 큐티클 주위에 바르는 것(큐티클 유연제)
리무버	폴리시 제거 시 사용
안티셉틱	손 소독 화장품
젤 글루	팁을 붙일 때 사용
필러 파우더	손톱 연장 시술, 익스텐션, 파우더 팁 시술 시 글루와 함께 네일 두께를 만드는 데 사용
글루 드라이어	액티베이터, 글루를 빨리 건조시키고자 할 때 사용하는 냉각용 제품
오렌지 우드스틱	오렌지 나무로 만든 가늘고 긴 막대기로, 큐티클 리무버 등을 바를 때 사용

네일 관리

4 방향 화장품

1 향수의 역사

① 종교 의식과 결부되어 고대 인도에서 처음으로 사용하였다.

② 질병을 없애기 위해 향나무 등을 태워서 나는 연기의 냄새가 향수의 시초이다.

③ 향수를 뜻하는 퍼퓸(Perfume)은 Per와 Fume의 합성어로, '연기를 통하여'라는 어원을 가지고 있다.

④ 현대 향수의 시초는 헝가리 워터이다.

2 농도에 따른 향수의 구분

구분	부향률(농도)	지속 시간	특징 및 용도
퍼퓸	10 ~ 30%	6 ~ 7시간	고가, 향기가 풍부하고 완벽함.
오데 퍼퓸	9 ~ 10%	5 ~ 6시간	향의 강도가 약해서 부담이 적고 경제적임.
오데 토일렛	6 ~ 9%	3 ~ 5시간	고급스러우면서도 상쾌한 향
오데 코롱	3 ~ 5%	1 ~ 2시간	향수를 처음 접하는 사람에게 적당
샤워 코롱	1 ~ 3%	1시간	은은하고 상쾌한 전신 방향 제품

향수의 구비 요건
• 향에 특징이 있어야 한다.
• 향의 확산성이 좋아야 한다.
• 향이 적당히 강하고 지속성이 좋아야 한다.
• 시대성에 부합되는 향이어야 한다(패션성).
• 향의 조화가 잘 이루어져야 한다.

③ 향수의 제조 방법

① **제조법**: 향료와 배합 비율을 뜻하는 부향률에 따라 다양한 종류의 향수를 얻을 수 있다.

② **제조 과정**: 천연 향료 + 합성 향료 → 알코올 첨가된 조합 향료 → 희석 및 용해 → 냉각 숙성 → 여과 및 침전물 제거 → 향수 완성

③ **향의 발산 속도에 따른 단계 구분**
- 탑 노트(top note): 향수의 첫 느낌, 휘발성이 강한 향료
- 미들 노트(middle note): 알코올이 날아간 다음 나타나는 향, 변화된 중간 향
- 베이스 노트(base note): 마지막까지 은은하게 유지되는 향, 휘발성이 낮은 향료

5 에센셜(아로마) 오일 및 캐리어 오일

1 추출 방법

① **수증기 증류법**
- 식물의 향기 부분을 물에 담가 가온하면 향기 물질이 수증기와 함께 기체로 증발된다.
- 증발된 기체를 냉각하면 물 위에 향기 물질이 뜨는데, 이것을 분리하면 순수한 천연 향을 얻을 수 있다.
- 대량으로 천연 향을 얻을 수 있는 장점이 있지만, 고온에서 일부 미세한 향기 성분이 파괴될 수 있으므로, 열에 의해 성분이 파괴될 수 있는 향료 식물의 추출에는 적합하지 않다.

▲ 향유 생산을 위한 고대 구리 주전자, 프랑스 그라스

② 압착법

- 식물의 과실, 특히 감귤류의 껍질 등을 직접 압착하여 천연 향을 얻는 방법이다.
- 일반적으로 레몬, 오렌지, 베르가모트, 라임과 같은 감귤류의 향기 성분을 얻는 데 이용된다.

휘발성 용매 추출법	• 휘발성 용매에 식물의 꽃을 일정 기간 냉암소에서 침적시킨 후, 향기 성분을 녹여 내는 방법 • 향기를 얻는 일반적인 방법
비휘발성 용매 추출법	• 유리판에서 식물유를 얇게 바르고 식물의 꽃을 따 올려 두면 꽃잎은 호흡을 계속하면서 향기 성분을 발산함. • 유리판 위 식물유에 흡수되므로 미세한 꽃의 향기까지 포집할 수 있어 고급 향수 제조에 이용

③ **용매 추출법**: 휘발성 혹은 비휘발성 용매를 사용하여 비교적 낮은 온도에서 천연 향을 얻는 데 이용된다.

2 종류에 따른 에센셜 오일의 효능

원재료	효능	모양
라벤더	진정, 항생, 살균·방부, 해독, 세포 재생	
티트리	살균·방부, 항균	
페퍼민트	살균·방부, 항염증, 소화 불량, 헛배 부름, 호흡 곤란, 감기, 천식, 피부 염증, 두통 완화	
캐머마일	살균·방부, 소독, 항염증	

원재료	효능	모양
유칼립투스	살균·방부, 항염증, 이뇨, 진통 완화	
제라늄	살균·방부, 수렴, 진정, 통증 완화	
로즈메리	육체·정신적 근육통 완화	
타임	살균·방부, 항균, 이뇨 작용	
레몬	소화 기계에 슬리밍 효과와 셀룰라이트 분해로 시너지 효과	

6 기능성 화장품

1 기능성 화장품의 정의

기능성 화장품은 피부 보호와 피부 기능을 유지하고, 더 나아서 미용적인 결함을 교정해 주는 작용을 해야 한다.

2 미백 화장품

① 티로신의 산화를 촉진하는 티로시나아제의 작용을 억제하는 물질(알부틴, 코직산, 상백피 추출물, 감초 추출물, 닥나무 추출물)이다.

② 도파의 산화를 억제하는 물질(비타민 C)이다.

③ 각질 세포를 벗겨 내 멜라닌 색소를 제거하는 물질(AHA)이다.

④ 멜라닌 세포 자체를 사멸시키는 물질(하이드로퀴논)이다.

⑤ 자외선을 차단하는 물질(옥틸디메틸 파바, 이산화티탄)이다.

3 자외선 차단 화장품

① 자외선 차단

- 사이토카인(Cytokine): 멜라닌 세포에 멜라닌의 합성을 명령하는 신호 전달 물질인 사이토카인의 작용을 조절한다.

- 멜라닌 합성 저하제: 티로신의 산화 반응을 억제함으로써 멜라닌 색소의 생성을 억제한다.

- 박리 촉진: 각질을 박리하고 턴오버를 촉진함으로써 생성된 멜라닌 색소의 배출을 용이하게 한다.

② 자외선 차단제(산란제)

- 피부에서 자외선의 반사로 피부를 보호한다.

- 성분: 이산화티탄(TiO_2), 산화아연(ZnO)이 있다.

- 피부에 안전하여 예민한 피부에도 사용 가능하며, 자극이 낮다.

- 입자가 클 경우는 피부에 뿌옇게 밀릴 수 있다.

③ 자외선 흡수제

- 화학 성질로 자외선의 화학 에너지를 미세 열에너지로 바꾸어 피부 밖으로 방출한다.

- 구체적인 성분: 파라아미노안식향산, 옥틸디메칠 파바, 옥틸 메톡시신나메이트, 벤조페논-3 등이 있다.

- 색상이 없고 사용감이 산뜻하다.

- 화학적인 반응이 피부에 자극을 줄 수 있다.

4 주름 개선 화장품

① 레티놀(retinol)

- 피부 컨디셔닝제로, 피부 자극을 줄 수 있다.

- 민감성 피부, 임산부는 사용에 주의해야 한다.

② 아데노신(adenosine)

- 0.04% 이상 함유될 경우 기능성을 인정받는다.

- 알레르기나 피부 자극을 유발하지 않는다.

자외선 차단의 원리
UV-A, UV-B를 흡수하거나 산란시킴으로써 멜라닌 생성을 억제

자외선 차단 화장품의 조건
- 땀과 물에 쉽게 지워지지 않아야 한다.
- 태양 광선에 분해되지 않아야 한다.

01 화장품에 대한 설명 중 틀린 것은?

① 인체에 대한 작용이 경미한 것이다.
② 장기간 또는 단기간 사용한다.
✔ 특정 질환을 가진 환자가 대상이다.
④ 유효성과 부작용의 비율에 따라 가치가 결정된다.

 특정 질환을 가진 환자가 대상인 것은 의약품이다.

02 다음 중 기초 화장품이 아닌 것은?

① 로션과 스킨 　　　✔ 콤팩트
③ 팩 　　　④ 클렌징폼

 콤팩트는 메이크업 화장품에 속한다.

03 화장의 의의로 맞지 않는 것은?

① 노화 방지를 한다.
② 개성미를 연출시킨다.
③ 결점을 커버한다.
✔ 피부의 질환적 요소를 커버한다.

 화장은 피부의 질환적 요소를 커버하기 위해 사용되지는 않는다.

04 다음 중 메이크업 화장품에 포함되지 않는 것은?

① 네일 에나멜
✔ 에센스
③ 마스카라
④ 리퀴드 파운데이션

 **메이크업 화장품**
메이크업 베이스, 파운데이션, 파우더, 아이브로 펜슬, 아이 섀도, 아이 라이너, 마스카라, 립스틱, 네일 에나멜

05 화장품의 품질 특성 중 안정성 항목에 포함되지 않는 것은?

① 변색
② 변취
③ 미생물 오염
✔ 독성이 없을 것

 안정성: 변질, 변색, 변취, 미생물 오염 등이 없을 것

06 화장품의 품질 특성 중 잘못 짝지어진 것은?

① 안전성 – 파손, 경구 독성이 없을 것
✔ 안정성 – 피부 자극성, 이물 혼합, 변취가 없을 것
③ 사용성 – 사용감, 편리성, 기호성
④ 유용성 – 보습 효과, 자외선 방어 효과, 세정 효과, 색채 효과 등의 기능이 우수

• 안전성: 피부 자극성, 경구 독성, 이물 혼입, 파손 등이 없을 것
• 안정성: 변질, 변색, 변취, 미생물 오염 등이 없을 것
• 사용성: 사용감, 사용 편리성, 기호성
• 유용성: 보습 효과, 자외선 방어 효과, 세정 효과, 색채 효과 등

07 화장품 원료를 사용 시 고려해야 할 조건이 아닌 것은?

① 품질이 일정해야 한다.
② 사용 목적에 따른 기능이 우수해야 한다.
✔ 원료에서 향기로운 냄새가 나야 한다.
④ 안전성이 우수해야 한다.

• 품질이 일정해야 한다.
• 사용 목적에 따른 기능이 우수해야 한다.
• 안전성이 우수해야 한다.
• 발림성, 사용성이 좋아야 한다.

08 화장품의 수성 원료 중 정제수에 대한 설명으로 틀린 것은?

① 화장품에서 가장 많이 사용된다.
✓ 이온 교환 수지를 이용할 필요가 없다.
③ 세균이나 중금속이 포함되면 안 된다.
④ 일정한 pH를 유지하여야 한다.

 정제수는 이온 교환 수지를 이용하여 정제한 이온 교환수를 사용한다.

09 방취제의 주작용은?

① 세척제
② 모공 수렴제
✓ 냄새 억제제
④ 방부제

 방취제란 고약한 냄새가 풍기지 못하게 막는 약제이다.

10 식물성 원료가 아닌 것은?

① 호호바 오일
② 피마자 오일
✓ 밍크 오일
④ 동백기름

 밍크 오일은 동물성 원료이다.

11 화장수에 널리 배합되는 원료 중 알코올 성분은?

① 부탄올   ② 메탄올
✓ 에탄올   ④ 프로판올

12 화장품 원료의 구비 조건이 아닌 것은?

① 사용 목적에 그 기능이 우수하여야 한다.
② 안전성이 양호하여야 한다.
③ 산화 안정성 등의 안정성이 우수하여야 한다.
✓ 향이 다양하며 품질이 일정하여야 한다.

향이 다양할 필요는 없다.

13 바니싱 크림의 주성분은?

① 스쿠알렌
② 오일
③ DNA
✓ 스테아린산

스테아린산은 바니싱 크림의 주성분이다.

14 향장품에서 방부제로 사용하는 것은?

① 알코올
✓ 붕사
③ 과산화수소
④ 글리세린

향장품에서 붕사는 방부 목적으로 사용한다.

15 글리세린 원료에 관한 설명 중 틀린 것은?

① 무색, 무취이다.
② 물이나 알코올에 녹는다.
✓ 보습제로 사용되고 있으며 농도가 높을수록 효과적이다.
④ 비누나 지방산을 제조할 때 부산물로 얻어진다.

농도가 높으면 피부 트러블을 유발시킬 수 있다.

16 콜라겐 제품은 화장품에 사용할 경우 피부에 어떤 작용을 하는가?

① 주름을 없앤다.
② 영양을 공급한다.
③ 방부제 역할을 한다.
✔ 수분을 유지시킨다.

 콜라겐은 피부에 수분을 유지시키는 기능을 한다.

17 프라센타 추출물을 화장품에 사용하는 이유는?

① 피부 세정을 위하여
② 피부 노폐물 제거를 위하여
✔ 피부의 활성화를 위하여
④ 유연 작용 때문에

 피부의 활성화를 위하여 프라센타(태반) 추출물을 화장품에 사용한다.

18 히알루론산에 관한 설명 중 틀린 것은?

① 1980년부터는 생물공학기법으로 대량생산하기 시작하였다.
② 닭 벼슬에서 추출한 물질이다.
✔ 오일감이 없고 가벼운 사용감을 주는 데 사용하는 원료이다.
④ 수분 흡인력이 매우 강하다.

 히알루론산은 수탉의 벼슬 정액으로부터 추출하며, 보습 효과, 노화 방지, 피부의 면역성을 증대시킨다.

19 건성 피부에 적합하지 않는 화장품의 성분은?

✔ 살리실산
② 콜라겐
③ 히알루론산
④ 글리세린

 실리실산은 살균 및 피지 억제에 도움이 되는 작용이 크므로 건성 피부에는 적합하지 않다.

20 화장품 원료 중 수성 원료가 아닌 것은?

① 정제수
② 에탄올
③ 글리세린
✔ 호호바 오일

• 수성 원료: 정제수, 에탄올, 글리세린
• 호호바 오일은 유성 원료 중 식물유

21 에센스에 대한 설명 중 틀린 것은?

✔ 에센스는 노화 방지에만 도움을 준다.
② 유럽에서는 세럼이라고도 한다.
③ 에센스에는 고농축된 미용 성분이 많이 함유되어 있다.
④ 에센스는 피부에 보습과 영양 공급을 하는 역할을 한다.

 에센스는 고농축된 미용 성분이 많이 함유되어 있기 때문에 노화 방지 외에 보습과 영양 공급에도 도움을 준다.

22 향수의 구비 조건으로 바르게 설명된 것은?

① 지속력은 크게 상관없다.
✔ 시대성이 중요한 구비 조건 중 하나이다.
③ 향이 강해야 한다.
④ 향의 조화가 잘 이루어질 필요는 없다.

 향수는 향이 적당히 강하고 지속성이 좋아야 하며, 향의 조화가 잘 이루어져야 한다.

23 데이 크림에 대한 설명 중 옳은 것은?

① 샤워 후 바른다.
② 피부의 신진대사가 활발한 밤에만 사용한다.
✔ 기초적인 보습과 보호를 위해 낮에 많이 사용한다.
④ 피부 노폐물 및 각질 제거를 하는 효과가 있다.

 데이 크림은 외부로부터 피부를 보호하기 위해 낮에 많이 사용한다.

24 화장수에 관한 설명 중 잘못된 것은?

① 화장수를 보통 스킨로션이라 부른다.
② 수렴 화장수는 피부에 수분 공급과 모공 수축 기능을 한다.
③ 화장수의 역할은 각질층에 수분과 보습 성분을 공급하는 것이 목적이다.
✔ 유연 화장수의 기능은 피부에 보호막을 형성하는 것이다.

유연 화장수에는 보습제와 유연제가 함유되어 있다.

25 유연 화장수의 작용으로 틀린 것은?

① 피부에 영양을 주고 윤택하게 한다.
② 피부의 거침을 방지하고 부드럽게 한다.
✔ 피부에 수축 작용을 한다.
④ 피부에 남아 있는 비누의 알칼리를 중화시킨다.

 수축 작용을 하는 것은 수렴 화장수이다.

26 팩에 관한 설명이 잘못된 것은?

① 팩은 '포장하다, 둘러싸다'라는 뜻을 가지고 있다.
② 팩은 피부의 노폐물을 제거하고 청결하게 하는 효과가 있다.
③ 건성, 노화 피부에는 워시-오프 타입이 가장 적당하다.
✔ 민감성 피부에는 필-오프 타입이 적당하다.

민감성 피부에 필-오프 타입을 하면 오히려 피부가 당기는 현상이 있어 적합하지 않다.

27 아이 섀도 중 돌출되거나 넓어 보이려 바르는 컬러는?

✔ 하이라이트 컬러
② 포인트 컬러
③ 베이스 컬러
④ 언더 컬러

28 아이브로 펜슬의 구비 조건이 아닌 것은?

① 피부에 부드러운 감촉을 줄 것
✔ 진하고 강하게 그려질 것
③ 지속성이 높고 번짐이 없을 것
④ 발한, 발분이 없을 것

 선명하고 미세한 선이 그려져야 한다.

29 파운데이션의 설명으로 옳지 못한 것은?

① 피부의 결점 커버와 피부 색상을 조절해 준다.
② 이미지를 연출하고 개성을 강조해 준다.
③ 리퀴드 파운데이션은 결점이 별로 없는 피부에 적당하다.
✔ 겨울철에는 트윈케이크를 사용하는 것이 가장 좋다.

 트윈케이크는 커버력이 좋고 뭉침이 없으며, 땀에 쉽게 지워지지 않으므로 여름철에 사용하는 것이 좋다.

30 샴푸에 관한 설명 중 틀린 것은?

① 샴푸(Shampoo)란 '머리를 씻다'라는 의미이다.
✔ 샴푸에 이용되는 계면 활성제는 주로 비이온 계면 활성제이다.
③ 샴푸는 모발과 두피를 세정하고 비듬과 가려움을 덜어 줄 목적으로 사용된다.
④ 샴푸로 세발한 후 물로 충분히 씻어 내어야 한다.

 샴푸에는 음이온과 양쪽성 계면 활성제를 주로 사용한다.

31 라놀린에 관한 설명 중 틀린 것은?

① 민감성 피부나 여드름 피부에 우수하다.
② 사람의 피지와 유사하다.
③ 양모에서 추출한 원료이다.
④ 왁스류에 포함이 되는 원료이다.

라놀린은 미세한 양털이 포함될 수가 있으므로 민감성 피부나 여드름 피부에는 적합하지 않은 원료이다.

32 음이온 계면 활성제의 성질 중 옳지 않은 것은?

① 세정력이 뛰어나다.
② 탈지력이 강하다.
③ 기포 형성 능력이 약하다.
④ 피부가 거칠어진다.

33 다음 설명 중 올바르지 못한 것은?

① 안료를 피부 표면에 도포하면 피부 표면의 수분과 유분을 흡수하는 기능이 있다.
② 파운데이션에 사용되는 안료는 주로 무기 안료이다.
③ 메이크업 화장품에 사용되는 무기 안료의 입자 크기는 보통 100nm 정도이다.
④ 안료에는 비소나 납과 같이 인체에 유해한 중금속이 극미량(법정 허용치) 함유되어 있다.

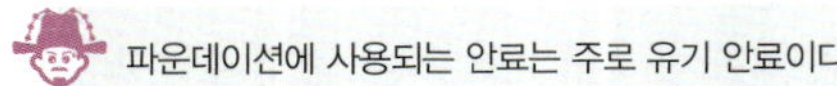
파운데이션에 사용되는 안료는 주로 유기 안료이다.

34 다음 중 여드름의 발생 가능성이 가장 적은 화장품 성분은?

① 호호바 오일
② 라놀린
③ 미네랄 오일
④ 이소프로필 팔미테이트

호호바 오일
인체 구성 성분인 피지와 유사한 성분으로 피부 밀착감과 안전성이 우수하다.

35 AHA(Alpha Hydroxy Acid)에 대한 설명으로 틀린 것은?

① 화학적 필링
② 글리콜산, 젖산, 주석산, 능금산, 구연산
③ 각질 세포의 응집력 강화
④ 미백 작용

AHA는 죽은 각질을 제거하는 효과가 있다.

36 모발 화장품의 기능과 제품을 바르게 연결한 것은?

① 영양 기능 – 헤어 무스, 헤어 린스
② 세정 기능 – 헤어 샴푸, 헤어 스프레이
③ 정발 기능 – 헤어 스프레이, 헤어 무스
④ 양모 기능 – 헤어 토닉, 헤어크림

정발 기능 제품에는 헤어 스프레이, 헤어 무스가 있다.

37 화장품 제조에서 사용되는 기술의 종류가 아닌 것은?

① 가용화 기술
② 유화 기술
③ 분산 기술
④ 산화 기술

화장품 제조의 3가지 기법: 가용화, 유화, 분산

38 계면 활성제 설명 중 틀린 것은?

① 계면 활성제의 구조를 보면 친수기만 가지고 있다.
② 계면 활성제 중 자극이 가장 적은 것은 비이온 계면 활성제이다.
③ 비이온 계면 활성제는 화장품에 주로 이용되는 계면 활성제이다.
④ 계면 활성제가 물에 용해될 경우 이온에 따라 음이온, 양이온, 양성 이온으로 해리한다.

계면 활성제의 구조는 친수기와 친유기를 동시에 가지고 있는 양친매성이다.

39 보습제로 바람직한 조건이 아닌 것은?

① 흡습력이 지속되어야 한다.
✔ 가능한 한 고휘발성이어야 한다.
③ 흡습력이 다른 환경 조건의 영향을 쉽게 받지 않아야 한다.
④ 다른 성분과 공존성이 좋아야 한다.

 고휘발성이면 보습력의 지속성이 떨어지기 때문에 보습제는 가능한 한 저휘발성이어야 한다.

40 제형별 로션에 대한 설명 중 틀린 것은?

① O/W형 제품은 가볍고 산뜻한 사용감을 준다.
② W/O형 제품은 보습 효과가 우수하다.
③ W/O형 제품은 산뜻한 사용감과 보습 효과가 우수하다.
✔ W/S형 제품은 유분감이 많고 무거운 사용감을 준다.

 W/S형은 실리콘 오일이 함유되어 있어 유분감이 없고 가벼운 사용감을 느낀다.

41 피부의 결점을 커버하기 위해 백색 안료로 많이 쓰이는 것은 무엇인가?

✔ 이산화티탄, 산화아연
② 이산화티탄, 탈크
③ 탄산칼슘, 카올린
④ 카올린, 산화아연

 백색 안료: 산화아연, 이산화티탄, 산화타이타늄, 타이타늄백

42 향료의 기원에 대한 설명으로 틀린 것은?

① 고대 인도에서는 향을 종교 의식과 결부하여 사용하였다.
✔ 퍼퓸(Perfume)은 Per와 Fume의 합성어로 '신체를 건강하게'라는 어원을 가지고 있다.
③ 고대 그리스에서는 질병을 없애기 위해 향기 나는 나무를 태워 사용하였다.
④ 알코올에 용해시켜 만든 현대 향수의 시초는 헝가리 워터이다.

 퍼퓸은 '연기를 통하여'라는 어원을 가지고 있다.

43 헤어 린스의 기능이 아닌 것은?

① 정전기를 방지한다.
✔ 적절한 세정력이 있어야 한다.
③ 모발을 유연하게 하고 자연스러운 광택을 준다.
④ 샴푸 후 제거되지 않은 음이온 계면 활성제를 중화시켜 준다.

 헤어 린스의 기능
• 모발의 표면을 매끄럽게 하여 빗질이 잘되게 한다.
• 정전기를 방지한다.
• 모발의 표면을 보호한다.
• 모발을 유연하게 하고, 자연스러운 광택을 준다.

44 로열제리를 사용했을 때 효과를 볼 수 있는 피부는?

① 지루성 피부
✔ 피부가 거칠고 지친 건성 피부
③ 지방성 피부
④ 민감성 피부

 로열제리를 사용하면 거칠고 지친 건성 피부가 촉촉해진다.

45 화장품 원료 중 왁스류에 대한 설명으로 틀린 것은?

✔ 왁스류는 식물성 왁스류 뿐이다.
② 왁스류는 유액 제품의 점성을 높이거나 스틱 제품에 많이 사용된다.
③ 라놀린도 왁스류에 포함된다.
④ 융점이 가장 높은 왁스는 카르나우바 왁스이다.

 왁스류에는 동물성, 식물성, 광물성 왁스가 있다.

46 크림의 역할이 아닌 것은?

✔ 피부의 세정 작용을 한다.
② 피부의 생리 기능을 도와준다.
③ 피부를 외부 환경으로부터 보호하여 준다.
④ 유효 성분들이 있어 피부의 문제점을 개선하여 준다.

세정 작용은 클렌징 제품이 한다.

47 캐리어 오일에 대한 설명 중 틀린 것은?

① 베이스 오일이라고도 한다.
② 에센셜 오일을 희석하는 데 사용한다.
③ 에센셜 오일을 피부에 효과적으로 침투시키기 위해 사용한다.
✔ 안전성이 우수하며 공기 중에 오래 노출시켜도 산패가 되지 않는다.

 캐리어 오일을 공기 중에 오래 노출하면 산패가 일어날 수 있기 때문에 반드시 밀봉하여 냉장고에 보관해야 한다.

48 100% 에센셜 오일 중 직접 피부에 도포할 수 있는 오일은?

① 로즈메리
② 제라늄
③ 페퍼민트
✔ 티트리

 티트리, 라벤더 외에는 캐리어 오일과 블랜딩으로만 사용할 수 있다.

49 화장품의 피부 흡수에 관한 설명 중 올바른 것은?

① 지용성 성분보다 수용성 성분이 흡수가 빠르다.
✔ 분자량이 높은 것이 낮은 것보다 빠르게 흡수한다.
③ 흡수 경로는 모공이나 피지선과 모낭을 통해 진피로 흡수된다.
④ 피부로부터 약물을 전달하는 시스템을 MED (Minimum Erythema Dose)라 한다.

 • 수용성 성분보다 지용성 성분이 흡수가 빠르다.
• 흡수 경로는 모공이나 피지선과 모낭을 통해 표피로 흡수된다.
• MED(Minimum Erythema Dose)는 최소 홍반량을 나타낸다.

50 레티놀에 관한 설명 중 옳지 않은 것은?

① 레티놀은 비타민 E 계통의 물질이다.
② 콜라겐 합성이나 피부 각질화 조절 기능이 있다.
✔ 공기나 빛에 의하여 쉽게 분해될 수 있다.
④ 기능성 화장품 중 주름 개선 원료이다.

 레티놀은 공기나 빛에 의해 쉽게 분해되지 않는다.

51 살균, 소독 작용이 가장 강한 정유(Essential Oil)는?

✔ 타임 오일(Thyme Oil)
② 주니퍼 오일(Juniper Oil)
③ 로즈메리 오일(Rosemary Oil)
④ 클라리세이지 오일(Clarysage Oil)

 타임 오일은 피부의 염증 제거에 도움이 되며 살균, 소독 작용이 강하고, 방부 작용을 한다.

52 시트러스(감귤류) 에센셜 오일이 아닌 것은?

① 오렌지
✔ 재스민
③ 베르가모트
④ 레몬

 재스민은 꽃에서 추출한 에센셜 오일이다.

53 아로마 테라피가 아닌 것은?

① 방향 요법이다.
✔ 육체의 질병만 다스린다.
③ 향기로 치료한다.
④ 100% 정제된 오일을 사용한 테라피이다.

 아로마 테라피는 아로마를 이용하여 스트레스 해소, 기분 전환 등 현대인의 생활에 활력소가 되도록 도움을 주는 방법이다.

54 에센셜 추출 방법 중 옳지 않은 것은?

✔ 증류법 – 수증기를 통과시켜 향을 추출하며 오랜 시간이 걸림.
② 냉각 압착법 – 과일 껍질을 압착하여 추출
③ 휘발성 용매 추출법 – 왁스 형태의 물질을 얻음.
④ 초임계 유체법 – 원하는 물질만 고순도를 얻음.

증류법은 짧은 시간에 다량 추출이 가능하다.

55 기능성 화장품과 일반 화장품의 차이에 대해 잘못 설명한 것은?

① 기능성 화장품은 기능성 화장품으로 표시하여 구분하여야 한다.
② 일반 화장품도 식품의약품안전처에서 허가를 받아야 한다.
✔ 일반 화장품은 미백, 주름, 자외선 차단 효능에 대한 광고를 할 수 있다.
④ 기능성 화장품은 기능성을 부여하는 주성분을 표기하여야 한다.

미백, 주름, 자외선 차단 효능에 대한 광고를 할 수 있는 것은 기능성 화장품이다.

56 기능성 화장품에 대한 내용으로 틀리는 것은?

① 피부의 미백에 도움을 주는 제품
✔ 피부를 검게 태우는 데 도움을 주는 제품
③ 자외선으로부터 피부를 보호하는 데 도움을 주는 제품
④ 피부의 주름 개선에 도움을 주는 제품

기능성 화장품은 미백 제품, 자외선 차단 제품, 주름 제품 3가지이다.

57 자외선 차단제에서 화학적 차단제가 아닌 것은?

✔ 이산화티탄
② 옥시벤존
③ 신나메이트
④ 옥틸다이메틸

화학적 차단제는 옥틸다이메틸, 신나메이트, 옥토크릴렌, 옥시벤존, 옥틸 살리실에이트 등이 있다.

58 미백 화장품의 작용 원리가 아닌 것은?

① 티로시나아제 합성 억제
② 티로시나아제 활성 억제
✔ 멜라닌 산화
④ 각질 탈락 촉진

59 자외선에 관한 설명 중 틀린 것은?

① 자외선 A가 자외선 중 가장 깊이 침투한다.
② 자외선 B는 선번을 일으킨다.
③ 자외선 C는 오존층에서 차단되기 때문에 지표에 거의 도달되지 않는다.
✔ 자외선은 안개가 낀 날은 거의 영향이 없다.

자외선은 안개가 낀 날이나 구름이 있는 날에도 영향을 미친다.

60 자외선 차단제 성분이 바르게 연결된 것은?

✔ 산란제 – 산화아연
② 산란제 – 글리세릴파바
③ 흡수제 – 이산화티탄
④ 흡수제 – 메틸파라벤

산란제: 산화아연, 이산화티탄

61 화장품의 정의를 잘못 설명한 것은?

① 인체에 매력을 더한다.
② 용모를 밝게 변화시킨다.
③ 인체를 청결, 미화한다.
☑ 피부, 모발의 건강을 증진하고 치유한다.

화장품은 청결과 미화를 목적으로 사용하며, 피부나 모발의 '치유'를 하는 것은 의약품이다.

62 화장품을 사용 부위에 따라 분류했을 때 잘못된 것은?

① 헤어용   ② 안면용
☑ 어린이용   ④ 전신용

어린이용은 사용 대상에 따라 분류한 것이다.

63 유성 원료인 왁스는 어떤 화장품에 사용되는가?

① 수렴 화장수
☑ 립스틱, 크림
③ 로션, 에센스
④ 샴푸, 보디로션

변질이 적고, 안정성이 높은 왁스는 립스틱, 크림, 파운데이션에 사용된다.

64 포유동물의 단백질 대사 최종 분해 물질로, 천연 보습 인자인 것은?

☑ 유레아(요소)
② 폴리펩타이드
③ 엘라스틴
④ 히알루론산

천연 보습 인자에는 유레아, 폴리펩타이드, 히알루론산, 콜라겐, 엘라스틴, 아미노산이 있고, 포유동물의 단백질 대사 분해 물질은 유레아(요소)이다.

65 기능성 화장품의 특성이 아닌 것은?

① 미백 개선 기능
② 주름 개선 기능
☑ 피부 유연 기능
④ 자외선 차단 기능

기능성 화장품은 피부 미백, 주름 개선, 자외선 차단 및 피부를 곱게 태워 주는 데 도움이 되는 제품을 뜻한다.

66 실내나 차량 안, 파우더 룸 등에 많이 사용하는 방향 제품은?

① 향수
② 오데 퍼퓸
☑ 오데 토일렛
④ 샤워 코롱

오데 토일렛은 고급스러우면서 상쾌한 향이 특징이고, 향기는 3 ~ 5시간 정도 지속된다.

실전 모의고사

자격 종목		코드	출제 문항 수	시험 시간	수험번호	성명
메이크업 미용사		7967	60문항	60분		

01 메이크업 업무로 볼 수 없는 것은?

① 촬영 진행
② 이미지 분석
③ 메이크업 시술
④ 메이크업 디자인 개발

02 다음 중 색의 3속성이 아닌 것은?

① 톤
② 명도
③ 채도
④ 색상

03 고려 시대의 화장 문화로 볼 수 없는 것은?

① 목욕 문화가 발달하였다.
② 신라의 영육 일치 사상이 전승되었다.
③ 불교의 영향으로 향 문화가 발달하였다.
④ 오직 기생들만이 화장을 할 수 있었다.

04 무대 화장과 같은 전문적인 메이크업에 적합한 파운데이션은?

① 리퀴드 파운데이션
② 스킨커버 파운데이션
③ B.B 크림
④ 크림 파운데이션

05 그린 계열 메이크업 베이스의 효과가 아닌 것은?

① 얼굴색을 활기 있게 한다.
② 모든 피부에 사용할 수 있다.
③ 동양인의 피부에 적합하다.
④ 자연스럽게 깨끗한 피부를 표현한다.

06 파운데이션 중 가을철이나 건성 피부에 적합한 형태는?

① 스킨커버 파운데이션
② 크림 파운데이션
③ 트윈 케이크 파운데이션
④ 리퀴드 파운데이션

07 아이 섀도의 언더 컬러는 눈꼬리 부분에서 어느 정도까지 바르는 것이 일반적인가?

① 1/2
② 1/3
③ 1/4
④ 3/5

08 긴 얼굴형에 어울리는 눈썹 모양은?

① 화살 눈썹
② 아치형 눈썹
③ 일자 눈썹
④ 각진 눈썹

09 하얀 드레스를 입은 신부의 화장으로 가장 적합한 볼 화장색은?

① 브라운   ② 그린
③ 핑크   ④ 레드

10 T.P.O 메이크업에서 O가 의미하는 것은?

① 시간   ② 상황
③ 장소   ④ 피부 상태

11 색 온도에서 빛의 온도가 높으면 어떤 색으로 보이는가?

① 노란빛   ② 푸른빛
③ 붉은빛   ④ 보랏빛

12 액체 라텍스에 대한 설명으로 바른 것은?

① 볼드 캡 제작, 화상, 상처 제작에 사용되는 액체이다.
② 수염용 제작에 사용되는 라텍스이다.
③ 수염을 붙이는 데 사용하는 접착제이다.
④ 눈썹을 감추기 위해 사용하는 재료이다.

13 유연 화장수(스킨로션)의 효과가 아닌 것은?

① 피부의 더러움을 제거한다.
② 피부의 pH 균형을 맞춰 준다.
③ 피부 표면을 부드럽고 매끈하게 해 준다.
④ 피부 보습제 배합으로 피부 건조를 막아 준다.

14 메이크업 베이스의 사용 방법으로 틀린 것은?

① 소량씩 얇게 바른다.
② 피부 보호를 위해 충분한 양을 사용한다.
③ 기초 피부 손질 후 얼굴 전체에 펴 바른다.
④ 바른 후 손으로 만져 보아 미끈거리며 밀리는 느낌이 들면 살짝 티슈로 눌러 흡수시킨다.

15 신랑 메이크업에 대한 설명 중 잘못된 것은?

① 신랑 메이크업에서 피부 톤은 신랑 본래의 피부색과 최대한 유사하게 맞춘다.
② 땀을 많이 흘리는 신랑인 경우 메이크업 전에 차게 한 수렴 화장수를 충분히 발라 모공을 수축시켜 준다.
③ 신랑 얼굴이 검은 경우는 밝은 파운데이션을 발라 피부를 희게 표현해 준다.
④ 눈썹은 직선적으로 그려서 남성적인 느낌을 준다.

16 여성 호르몬과 관련이 있고, 여성의 신체 곡선을 부드럽게 하는 피부 조직은?

① 진피   ② 표피
③ 피하 조직   ④ 유두층

17 지성 피부의 손질에서 가장 중요한 것은?

① 영양 공급   ② 청결 유지
③ 피부 활성화   ④ 유분과 수분의 공급

18 단백질 결핍의 증상이 아닌 것은?

① 피부가 거칠어진다.
② 동맥 경화증이 생긴다.
③ 피부 노화가 촉진된다.
④ 손, 발톱의 성장에 장애가 온다.

19 면역 체계에서 1차적인 방어 기관은?

① 코털
② 대식세포
③ 림프구
④ 랑게르한스 세포

20 메이크업의 기원 중 이집트 여인의 짙은 눈 화장이나 향료의 사용설로 옳은 것은?

① 부적설
② 종교설
③ 보호설
④ 신분 표시설

21 색에 대한 설명으로 바르지 않은 것은?

① 흰색, 회색, 검정과 같은 색을 무채색이라고 한다.
② 빨강, 노랑, 초록, 파랑을 유채색이라고 한다.
③ 색의 순도를 명도라고 한다.
④ 색의 밝기를 명도라고 한다.

22 메이크업 아티스트의 직무로 가장 적절한 것은?

① 고객의 단점을 완벽하게 커버한다.
② 다른 사람이 못 알아보도록 분장한다.
③ 장점을 부각시켜 보다 나은 이미지를 연출한다.
④ 메이크업 시술 전후가 확실히 다르게 한다.

23 얼굴형에 따른 메이크업 포인트가 잘못된 것은?

① 둥근 얼굴 – 미간에서 코끝까지 하이라이트를 준다.
② 각진 얼굴 – 포인트 메이크업에 부드러움을 살려 준다.
③ 긴 얼굴 – 눈썹과 블러셔로 세로선을 강조한다.
④ 역삼각형 얼굴 – 이마와 턱 끝에 섀도를 넣는다.

24 마스카라가 뭉치거나 번졌을 때 사용할 수 있는 도구가 아닌 것은?

① 스크루 브러시
② 팬 브러시
③ 아이브로 콤브
④ 면봉

25 화장품 광고 사진 촬영 시 사전에 준비해야 할 사항이 아닌 것은?

① 모델, 촬영 장소, 광고의 목적
② 제품에 대한 사전 조사
③ 모델의 성격 파악
④ 전체 이미지 파악

26 공중 보건의 범위가 아닌 것은?

① 질병 관리 분야
② 보건 관리 분야
③ 환경 관리 분야
④ 치료 개발 분야

27 조사망률에 대한 설명으로 옳은 것은?

① 평균 수명
② 영아 사망 지수
③ 1,000명당 1년간의 사망자 수에 대한 비율
④ 사인별 사망자 수

28 14세 이하가 65세 이상 인구의 2배를 초과하는 후진국형으로 출생률은 높고 사망률은 낮은 인구 구성형은?

① 피라미드형
② 종형
③ 별형
④ 항아리형

29 역학의 목적이 아닌 것은?

① 집단 건강의 문제점을 예측한다.
② 집단 건강의 문제가 되는 원인을 밝힌다.
③ 감염병에서 회복된 환자를 관리, 조사한다.
④ 감염병 발생 시 예방 접종을 관리한다.

30 질병 이후에 형성되는 면역은 무엇인가?

① 자연 능동 면역
② 인공 능동 면역
③ 자연 수동 면역
④ 인공 수동 면역

31 미용 업소의 안전 관리를 위해 습득해야 할 기술로 보기 어려운 것은?

① 응급조치 능력
② 도구 및 기구의 소독 기술
③ 안전한 소화기 사용 기술
④ 인체 유해 물질을 관리할 수 있는 능력

32 실내 공기 오염의 지표로 사용되는 것은?

① 산소량
② 질소량
③ 일산화탄소량
④ 이산화탄소량

33 음용수 소독법으로 적합하지 않은 것은?

① 오존 소독법
② 염소 소독법
③ 탄소 소독법
④ 자외선 소독법

34 미생물을 소독법에 의해 급속하게 죽이는 것을 무엇이라 하는가?

① 멸균
② 살균
③ 소독
④ 방부

35 다음 중 자연 소독법이 아닌 것은?

① 한랭
② 희석
③ 소각
④ 태양광선

36 균체의 가수 분해 작용에 의한 소독 기전이 아닌 것은?

① 강한 산성
② 강한 알칼리
③ 크레졸
④ 중금속염

37 유리 기구, 금속 기구의 멸균에 적합하며, 170℃ 멸균기에서 1 ∼ 2시간 처리하는 것은?

① 화염 멸균법
② 소각 소독법
③ 건열 멸균법
④ 한랭 소독법

38 병원성 미생물인 원충에 의해 발병되는 질병이 아닌 것은?

① 말라리아
② 아메바성 이질
③ 발진티푸스
④ 아프리카 수면병

39 메이크업 기기 관리 방법이 올바른 것은?

① 스패튤러는 비누 세척을 한다.
② 아이래시컬러는 알코올로 소독한다.
③ 메이크업 브러시는 반드시 알코올로 소독
   한다.
④ 면 퍼프는 자외선 소독기에 넣어 소독한다.

40 공중위생 관리법에서 규정하는 공중위생 영업의 종류가 아닌 것은?

① 학원업   ② 이용업
③ 세탁업   ④ 위생 관리 용역업

41 공중위생 영업자가 변경 신고를 해야 할 경우가 아닌 것은?

① 영업소의 상호 변경
② 영업소의 명칭 변경
③ 영업자의 지위 승계
④ 영업소의 소재지 변경

42 면허 정지 명령을 받은 자는 그 면허증을 어떻게 해야 하는가?

① 보건복지부에 제출한다.
② 정지 기간이 풀릴 때까지 본인이 보관한다.
③ 시장·군수·구청장에게 제출한다.
④ 시·도지사에게서 면허를 재발급 받는다.

43 2016년 1월 1일부터 시행되는 미용 면허자의 업무 범위가 아닌 것은?

① 미용사(일반)
② 미용사(피부)
③ 미용사(네일)
④ 미용사(미용)

44 공중위생 명예 감시원을 관리하는 사람은?

① 시·도지사
② 행정 자치부
③ 보건복지부 장관
④ 시장, 군수, 구청장

45 관계 공무원이 영업소를 폐쇄하기 위한 조치가 아닌 것은?

① 영업소 폐쇄 명령에 따랐을 때
② 당해 영업소의 간판, 기타 영업 표지물의 제거
③ 당해 영업소가 위법함을 알리는 게시물 등의
   부착
④ 영업에 필수 불가결한 기구 또는 시설물을
   사용할 수 없게 봉인

46 위생 교육을 실시하는 단체는?

① 보건복지부령에 의해 허가된 단체
② 보건복지부 장관에 의해 허가된 단체
③ 시·도지사에 의해 허가된 단체
④ 시장, 군수, 구청장에 의해 허가된 단체

47 3% 소독액 1,000mL를 만드는 방법으로 옳은 것은?
(단, 소독액 원액의 농도는 100%이다.)

① 원액 300mL에 물 700mL를 가한다.
② 원액 30mL에 물 970mL를 가한다.
③ 원액 3mL에 물 997mL를 가한다.
④ 원액 3mL에 물 1,000mL를 가한다.

48 적외선의 효과로 알맞지 않은 것은?

① 통증 완화 및 진정 효과
② 근육 조직의 이완과 수축을 원활하게 함.
③ 혈액 순환 및 신진대사 촉진
④ 색소 침착

49 산업 피로의 대책으로 가장 거리가 먼 것은?

① 작업 과정 중 적절한 휴식 시간을 배분한다.
② 에너지 소모를 효율적으로 한다.
③ 개인차를 고려하여 작업량을 할당한다.
④ 휴직과 부서 이동을 권고한다.

50 합병증으로 고환염, 뇌수막염 등이 초래되어 불임
이 될 수도 있는 질환은?

① 풍진
② 뇌염
③ 홍역
④ 유행성 이하선염

51 기초 화장품이 아닌 것은?

① 로션과 스킨　　　② 콤팩트
③ 팩　　　　　　　④ 클렌징 폼

52 변질이 적으며 사용감이 우수한 오일은?

① 합성 오일
② 식물성 오일
③ 동물성 오일
④ 광물성 오일

53 유성 원료에 대해 잘못 설명한 것은?

① 유성 원료는 피부에 인공 피지막을 형성하는
데 중요한 역할을 한다.
② 유성 원료 중 고체 상태인 것을 왁스라고 한다.
③ 유성 원료 중 액체 상태인 것을 오일이라고
한다.
④ 유성 원료 중 석유에서 추출되는 광물성 오
일 중의 하나가 실리콘 오일이다.

54 화장품 제조 기술에서 분산에 대한 설명으로 틀린
것은?

① 분산에 의해 제조된 화장품은 마스카라, 아
이 라이너이다.
② 분산에 의해 제조된 화장품은 립스틱, 아이
섀도이다.
③ 오일 성분이 계면 활성제에 의해서 물에 용
해되어 투명하게 되는 것을 뜻한다.
④ 미세한 고체 입자가 계면 활성제에 의해서
물이나 오일 성분이 균일한 상태로 혼합되는
기술을 뜻한다.

55 보디 제품 중 데오도란트에 대한 설명으로 바른 것은?

① 피부의 각질을 제거하기 위해
② 보디의 셀룰라이트를 관리하기 위해
③ 전신 피부의 건조함을 예방하기 위해
④ 신체의 불쾌한 냄새를 예방하거나 방지하기 위하여

56 아로마테라피에 대한 설명으로 바르지 않은 것은?

① 방향 요법이다.
② 육체의 질병만 다스린다.
③ 향기로 치료한다.
④ 100% 정제된 오일을 사용한 테라피이다.

57 자외선 차단제에서 화학적 차단제가 아닌 것은?

① 이산화티탄　　② 옥시벤존
③ 신나메이트　　④ 옥틸디메틸

58 크림에 대한 설명 중 옳은 것은?

① 크림은 유동성을 갖는 에멀션 형태의 제품이다.
② 크림은 천연 보호막을 만들어 주는 역할을 한다.
③ 마사지 크림의 기능은 피부 정화이다.
④ W/O형 크림은 O/W형 크림에 비해 시원함과 촉촉함을 더 느낀다.

59 향수의 구비 조건을 바르게 설명한 것은?

① 지속력은 크게 상관없다.
② 시대성이 중요한 구비 조건 중 하나이다.
③ 향이 강해야 한다.
④ 향의 조화가 잘 이루어질 필요는 없다.

60 에센셜 오일에 대한 설명으로 잘못된 것은?

① 건강 증진의 효과가 있다.
② 정신 건강 회복에 효과가 있다.
③ 피부를 깨끗하게 하는 효과가 있다.
④ 식물의 꽃과 잎, 줄기, 뿌리에서 추출한다.

정답

01	02	03	04	05	06	07	08	09	10	11	12	13	14	15	16	17	18	19	20
④	①	④	②	①	②	②	③	③	②	②	①	①	②	③	③	②	②	①	③

21	22	23	24	25	26	27	28	29	30	31	32	33	34	35	36	37	38	39	40
③	③	③	②	③	④	③	①	③	①	④	④	③	②	③	③	③	③	②	①

41	42	43	44	45	46	47	48	49	50	51	52	53	54	55	56	57	58	59	60
③	③	④	①	①	②	②	④	④	④	②	①	④	③	④	②	①	②	②	③

자격 종목		코드	출제 문항 수	시험 시간	수험번호	성명
메이크업 미용사		7967	60문항	60분		

01 메이크업의 기원 중 이집트 여인의 짙은 눈 화장이나 향료의 사용설로 옳은 것은?

① 부적설
② 종교설
③ 보호설
④ 신분 표시설

02 메이크업의 기본적인 욕구 요인이 아닌 것은?

① 종족 보존의 욕구
② 보다 나은 방향으로 변신하고자 하는 욕망
③ 불안으로부터 탈피하고자 하는 욕구
④ 에로스적인 것에 대한 욕구

03 '단군 신화'에 나오는 쑥과 마늘의 특징으로 옳지 않은 것은?

① 잡티 제거에 효과가 있다.
② 미백에 효과가 있다.
③ 기미, 주근깨 등에 효과가 있다.
④ 여드름 치료에 효과가 있다.

04 파운데이션, 크림류 등의 메이크업 제품을 용기로부터 덜어 낼 때 사용하는 도구는?

① 팬 브러시
② 스패튤러
③ 팁 브러시
④ 컨실러

05 위생적인 면을 고려하여 한 번 사용 후 바로 세척해야 하는 도구로 볼 수 없는 것은?

① 파운데이션 브러시
② 라텍스 스펀지
③ 스패튤러
④ 치크 브러시

06 오리엔탈 메이크업을 하고자 할 때 가장 잘 어울리는 아이 섀도와 립스틱 컬러로 짝지어진 것은?

① 오렌지 브라운 – 다크 브라운
② 옐로우 골드 – 레드
③ 파스텔 핑크 – 레드
④ 실버 그레이 – 화이트 핑크

07 패션쇼 메이크업 아티스트로서 바람직한 자세라고 보기 어려운 것은?

① 모델의 얼굴이 예뻐 보일 수 있도록 모델이 원하는 대로 메이크업을 한다.
② 전체 팀원의 조화로운 팀워크를 위해 협조하고 양보한다.
③ 유행하는 패션 메이크업을 파악하려고 노력한다.
④ 패션에 대한 폭넓은 지식을 습득한다.

08 사이버 메이크업이 잘 어울리는 모델은?

① 크림 아이 섀도 광고 모델
② 땀에 젖은 태닝한 피부의 모델
③ 모터쇼의 미래 자동차를 소개하는 모델
④ 한복 화보 촬영

09 다음의 수정 메이크업에 가장 적합한 얼굴형은?

> - 하이라이트: 코가 길어 보이도록 이마에서 코끝까지 길게 그려 준다.
> - 섀도: 갸름해 보이도록 얼굴의 외곽 부분에 전체적으로 넣어 준다.

① 긴 형
② 역삼각형
③ 둥근형
④ 다이아몬드형

10 색에 대한 설명으로 바르지 않은 것은?

① 흰색, 회색, 검정을 무채색이라고 한다.
② 빨강, 노랑, 초록, 파랑을 유채색이라고 한다.
③ 색의 순도를 명도라고 한다.
④ 색의 밝기를 명도라고 한다.

11 콜라겐과 엘라스틴이 주성분으로 이루어진 피부 조직은?

① 진피 조직
② 표피 하층
③ 표피 상층
④ 피하 조직

12 땀샘의 역할이 아닌 것은?

① 땀 분비
② 피지 분비
③ 체온 조절
④ 분비물 배출

13 피부 유형을 결정하는 요인이 아닌 것은?

① 얼굴형
② 모공
③ 피부 조직
④ 피지 분비

14 얼굴 면적이 가장 넓어 보이는 색은?

① 빨강
② 파랑
③ 초록
④ 노랑

15 입술 색을 선택할 때 참고할 내용이 잘못된 것은?

① 비비드 톤은 화려하고 활동적으로 보인다.
② 스트롱 톤은 강하고 스포티해 보인다.
③ 라이트 톤은 차분하고 조용하며 수수해 보인다.
④ 화이트 페일 톤은 흐릿하고 은은하며 편안해 보인다.

16 생명 유지에 필요한 3대 영양소가 아닌 것은?

① 비타민
② 단백질
③ 탄수화물
④ 지방

17 중성 피부에 대한 피부 유형 분석으로 바르지 않은 것은?

① 피지 분비량이 적당하여 번들거리지 않고 윤기가 있다.
② 모공이 너무 작아 눈에 띠지 않으며 피부결이 섬세하고 항상 긴장되어 있다.
③ 수분량이 적당하여 당김 현상이 없다.
④ 세균에 대한 저항력이 있다.

18 여드름 피부의 관리 방법으로 바른 것은?

① 화장품 사용 시 유분이 적은 제품은 피한다.
② 곪은 여드름이 생겼을 때는 짜도 무방하다.
③ 모공 속 각질과 노폐물 제거를 위해 각질 제거를 주 4회 이상 한다.
④ 요오드가 들어간 음식의 경우 모공을 자극하여 여드름을 악화시키므로 피한다.

19 원발진에 속하는 질환이 아닌 것은?

① 반점　　　　　② 찰상
③ 농포　　　　　④ 낭종

20 적외선의 효과로 알맞지 않은 것은?

① 통증 완화 및 진정 효과
② 근육 조직의 이완과 수축을 원활하게 함.
③ 혈액 순환 및 신진대사 촉진
④ 색소 침착

21 태어날 때부터 가지고 있는 저항력으로, 병을 치유
해 나가는 면역으로 알맞은 것은?

① 획득 면역　　　　② 자연 면역
③ 능동 면역　　　　④ 수동 면역

22 광 노화가 진행될 때 감소하는 것은?

① 랑게르한스 세포
② 표피
③ 주름
④ 각질 세포

23 파리가 옮기지 않는 병은?

① 장티푸스　　　　② 이질
③ 콜레라　　　　　④ 유행성 출혈열

24 산업 피로의 대책으로 가장 거리가 먼 것은?

① 작업 과정 중 적절한 휴식 시간을 배분한다.
② 에너지 소모를 효율적으로 한다.
③ 개인차를 고려하여 작업량을 할당한다.
④ 휴직과 부서 이동을 권고한다.

25 자비 소독 시 살균력을 강하게 하고 금속 기자재가
녹스는 것을 방지하기 위하여 첨가하는 물질이 아
닌 것은?

① 2% 중조
② 2% 크레졸 비누액
③ 5% 석탄산
④ 5% 승홍수

26 합병증으로 고환염, 뇌수막염 등이 초래되어 불임
이 될 수도 있는 질환은?

① 풍진　　　　　　② 뇌염
③ 홍역　　　　　　④ 유행성 이하선염

27 다음 중 공중보건사업의 대상으로 가장 적절한 것은?

① 성인병 환자
② 입원 환자
③ 암 투병 환자
④ 지역 사회 주민

28 미생물의 성장과 사멸에 주로 영향을 미치는 요소
로 가장 거리가 먼 것은?

① 영양　　　　　　② 빛
③ 온도　　　　　　④ 호르몬

29 음용수의 일반적인 오염 지표로 사용되는 것은?

① 탁도
② 일반 세균 수
③ 대장균 수
④ 경도

30 3% 소독액 1,000mL를 만드는 방법으로 옳은 것은? (단, 소독액 원액의 농도는 100%이다.)

① 원액 300mL에 물 700mL를 가한다.
② 원액 30mL에 물 970mL를 가한다.
③ 원액 3mL에 물 997mL를 가한다.
④ 원액 3mL에 물 1,000mL를 가한다.

31 병원성 미생물이 일반적으로 증식이 가장 잘되는 pH의 범위는?

① 3.5 ~ 4.5
② 4.5 ~ 5.5
③ 5.5 ~ 6.5
④ 6.5 ~ 7.5

32 산소가 있어야만 잘 성장할 수 있는 균은?

① 호기성균
② 혐기성균
③ 통기혐기성균
④ 호혐기성균

33 소독제의 살균력을 비교할 때 기준이 되는 소독약은?

① 요오드
② 승홍
③ 석탄산
④ 알코올

34 실험기기, 의료용기, 오물 등의 소독에 사용되는 석탄산수의 적절한 농도는?

① 석탄산 0.1% 수용액
② 석탄산 1% 수용액
③ 석탄산 3% 수용액
④ 석탄산 50% 수용액

35 일광 소독은 주로 무엇을 이용한 것인가?

① 열선
② 적외선
③ 가시광선
④ 자외선

36 실내에 다수인이 밀집한 상태에서 실내 공기의 변화는?

① 기온 상승 - 습도 증가 - 이산화탄소 감소
② 기온 하강 - 습도 증가 - 이산화탄소 감소
③ 기온 상승 - 습도 증가 - 이산화탄소 증가
④ 기온 상승 - 습도 감소 - 이산화탄소 증가

37 위생 관리 등급 공표 사항으로 틀린 것은?

① 시장, 군수, 구청장은 위생 서비스 평가 결과에 따른 위생 관리 등급을 공중 위생 영업자에게 통보하고 공표한다.
② 공중 위생 영업자는 통보받은 위생 관리 등급의 표지를 영업소 출입구에 부착할 수 있다.
③ 시장, 군수, 구청장은 위생 서비스 결과에 따른 위생 관리 등급 우수업소에는 위생 감시를 면제할 수 있다.
④ 시장, 군수, 구청장은 위생 서비스 평가의 결과에 따른 위생 관리 등급별로 영업소에 대한 위생 감시를 실시하여야 한다.

38 공중위생 관리법상 위생 교육을 받지 아니한 때 부과되는 과태료의 기준은?

① 30만 원 이하
② 50만 원 이하
③ 100만 원 이하
④ 200만 원 이하

39 과태료 처분에 불복이 있는 자는 그 처분의 고지를 받은 날부터 며칠 이내에 처분권자에게 이의를 제기할 수 있는가?

① 5일　　　　　② 10일
③ 15일　　　　　④ 30일

40 공중 위생 영업소의 위생 서비스 수준 평가는 몇 년마다 실시하는가? (단, 특별한 경우는 제외함.)

① 1년　　　　　② 2년
③ 3년　　　　　④ 5년

41 영업 신고를 하지 아니하고 영업소의 소재지를 변경한 때의 행정처분은?

① 경고
② 면허 정지
③ 면허 취소
④ 영업장 폐쇄 명령

42 이·미용업에 있어 청문을 실시하여야 하는 경우가 아닌 것은?

① 면허 취소 처분을 하고자 하는 경우
② 면허 정지 처분을 하고자 하는 경우
③ 일부 시설의 사용 중지 처분을 하고자 하는 경우
④ 위생 교육을 받지 아니하여 1차 위반한 경우

43 위생 교육에 대한 내용 중 틀린 것은?

① 위생 교육을 받은 자가 위생 교육을 받은 날부터 1년 이내에 위생 교육을 받은 업종과 같은 업종의 변경을 하려는 경우에는 해당 영업에 대한 위생 교육을 받은 것으로 본다.
② 위생 교육의 내용은 공중위생 관리법 및 관련 법규, 소양 교육, 기술 교육, 그 밖에 공중위생에 관하여 필요한 내용으로 한다.
③ 위생 교육을 실시하는 단체는 보건복지부 장관이 고시한다.
④ 위생 교육 실시 단체는 교육 교재를 편찬하여 교육 대상자에게 제공하여야 한다.

44 현재 화장품의 목적과 거리가 먼 것은?

① 신체를 청결, 미화하기 위해
② 자외선이나 건조 등으로 피부를 보호하기 위해
③ 종교적인 면을 위해서
④ 노화의 방지와 격식을 갖추기 위해서

45 다음 중 기초 화장품이 아닌 것은?

① 로션과 스킨　　　② 콤팩트
③ 팩　　　　　　　④ 클렌징 폼

46 화장품의 품질 특성 중 잘못 짝지어진 것은?

① 안전성: 파손, 경구 독성이 없을 것
② 안정성: 피부 자극성, 이물 혼입, 변취가 없을 것
③ 사용성: 사용감, 편리성, 기호성
④ 유용성: 보습·자외선 방어·세정·색채 효과 등의 기능이 우수

47 화장품 원료 사용 시 고려해야 할 조건이 아닌 것은?

① 품질이 일정해야 한다.
② 사용 목적에 따른 기능이 우수해야 한다.
③ 원료에서 향기로운 냄새가 나야 한다.
④ 안전성이 우수해야 한다.

48 아로마테라피에 대한 설명으로 바르지 않은 것은?

① 방향 요법이다.
② 육체의 질병만 다스린다.
③ 향기로 치료한다.
④ 100% 정제된 오일을 사용한 테라피이다.

49 에센스에 대한 설명 중 바르지 않은 것은?

① 에센스가 노화 방지에만 도움을 준다.
② 유럽에서는 세럼이라고도 한다.
③ 에센스는 고농축된 미용 성분이 많이 함유되어 있다.
④ 에센스는 피부에 보습과 영양 공급을 하여 주는 역할을 한다.

50 자외선 차단제에서 화학적 차단제가 아닌 것은?

① 이산화티탄
② 옥시벤존
③ 신나메이트
④ 옥틸디메틸

51 혈색 없는 창백한 피부를 생기 있게 보완해 주는 메이크업 베이스의 색상은?

① 그린색　　　　② 연핑크색
③ 보라색　　　　④ 흰색

52 파운데이션의 커버력이 뛰어난 순서대로 나열한 것은?

| 가. 스틱 타입 | 나. 리퀴드 타입 |
| 다. 크림 타입 | 라. 케이크 타입 |

① 라 → 가 → 다 → 나
② 라 → 가 → 나 → 다
③ 가 → 라 → 다 → 나
④ 가 → 라 → 나 → 다

53 웨딩 메이크업에 대한 설명으로 바르지 않은 것은?

① 예식 장소, 시간 등을 고려하여 메이크업한다.
② 화사하게 표현하여 혈색이 느껴지는 피부 톤으로 우아함을 연출한다.
③ 신랑과 신부의 조화된 분위기를 연출한다.
④ 신부 메이크업은 화려할수록 좋다.

54 신부 메이크업에 적당하지 않은 컬러는?

① 핑크　　　　② 오렌지
③ 그레이　　　　④ 와인

55 미디어 메이크업 시 피부 표현을 하기 적합하지 않은 것은?

① 자연스러운 표현을 위하여 인조 속눈썹은 붙이지 않는다.

② 약간 어두운 베이지 계열의 파운데이션으로 음영 표현을 하고 컨실러를 사용하여 확실한 잡티를 커버한다.

③ 장시간 동안 촬영하기 때문에 스틱 파운데이션이나 케이크 타입의 파운데이션을 사용한다.

④ 유분기가 없도록 투명 파우더로 매트하게 표현한다.

56 화장품 광고 사진 촬영 시 사전에 준비해야 할 사항이 아닌 것은?

① 모델, 촬영 장소, 광고의 목적

② 제품에 대한 사전 조사

③ 모델의 성격 파악

④ 전체 이미지 파악

57 흑백 사진을 찍을 때 사용할 필요가 없는 색상은?

① 검정　　　　② 갈색
③ 노랑　　　　④ 파랑

58 무대극의 유형에 대한 설명으로 맞지 않는 것은?

① 무용극: 춤을 표현 수단으로 이용하는 일종의 연극이다(한국의 탈춤, 중국의 경극, 일본의 가부키, 인도의 발리무용극, 유럽의 발레 등).

② 오페라: 각본이 있으며 음악, 연기, 무용 등이 있는 종합 무대 예술로 주로 고전적 시대 작품을 다루기 때문에 메이크업, 의상 등의 고증이 필요한 극이다(나비부인, 피가로의 결혼, 토스카 등).

③ 마당놀이: 우리의 순수 창작품이다(산씻김굿, 오장군의 발톱, 산 너머 개똥아 등).

④ 뮤지컬: 음악, 연기, 무용 등이 있는 종합 무대 예술로 동화적 소재나 현대 작품이 대부분이다(캣츠, 시카고, 드림걸즈, 오페라 유령 등).

59 생긴 지 얼마 되지 않은 멍을 표현하는 데 적당한 컬러는?

① 진한 밤색　　　② 보랏빛
③ 붉은색　　　　④ 검붉은색

60 보디 페인팅 모델에 대한 설명 중 바른 것은?

① 모델의 작품에 대한 이해도와 프로 의식은 작품의 실현에 용이하다.

② 모델은 우월한 신체 조건이 우선이다.

③ 모델료를 지불하므로 모델을 배려하거나 격려할 필요가 없다.

④ 장시간의 작업이지만 그리 친하게 지낼 필요는 없다.

《《《 실전 모의고사 2회

01	02	03	04	05	06	07	08	09	10	11	12	13	14	15	16	17	18	19	20
③	①	④	②	③	③	①	③	③	③	①	②	①	④	④	①	②	④	②	④

21	22	23	24	25	26	27	28	29	30	31	32	33	34	35	36	37	38	39	40
②	①	④	④	④	④	④	④	③	②	④	①	③	③	④	③	③	④	④	②

41	42	43	44	45	46	47	48	49	50	51	52	53	54	55	56	57	58	59	60
④	④	①	③	②	②	③	②	①	①	②	①	④	③	①	③	③	③	③	①

자격 종목		코드	출제 문항 수	시험 시간	수험번호	성명
메이크업 미용사		7967	60문항	60분		

01 메이크업의 기본 개념으로 아름다운 부분을 돋보이고자 하는 욕망으로부터 유래한 설로 옳은 것은?

① 보호설 ② 종교설
③ 신분 표시설 ④ 장식설

02 화장(化粧)의 뜻을 바르게 설명한 것은?

① 개화 이전에 사용하던 야용(冶容)과 함께 얼굴 화장을 일컫는 말이다.
② 몸단장까지 이르는 말이다.
③ 옷차림까지 화사하게 하는 것이다.
④ 아름다운 육체에 아름다운 정신이 깃든다.

03 고대 이집트 시대의 메이크업 특징이 아닌 것은?

① 볼이나 입술을 빨갛게 하였다.
② 건강한 운동과 신체를 중요시하였다.
③ 정맥에 푸른 기를 띄게 하였다.
④ 아이 메이크업을 중요시하였다.

04 메이크업 샵의 안전한 관리를 위해 필요한 수칙으로 바른 것은?

① 편안하고 아늑한 분위기를 위해 간접 조명만 설치한다.
② 정기적인 점검과 일지 작성을 통해 안전과 위생을 최우선으로 관리한다.
③ 화재 배상 책임 보험의 가입은 업주의 선택 사항이다.
④ 화려한 시설이 중요하다.

05 패션쇼 현장에서 많이 사용하는 메이크업으로, 파우더 사용을 절제해 촉촉하고 윤기 있는 피부 표현을 강조하는 메이크업은?

① 사이버 메이크업
② 돌리 메이크업
③ 글로시 메이크업
④ 에스닉 메이크업

06 겨울 상품을 선보이는 패션쇼 모델의 메이크업으로 어울리지 않는 것은?

① 어둡게 표현하여 젊고 건강한 구릿빛 피부를 나타낸다.
② 보라색과 은색을 가미한 아이 섀도를 사용한다.
③ 회색과 검은색으로 포인트를 준 아이 홀 메이크업을 사용한다.
④ 선보이는 상품과 같은 소재의 털과 진주를 장식한다.

07 메이크업 시 올바른 자세가 아닌 것은?

① 분첩으로 모델의 코와 입을 막지 않도록 주의한다.
② 파우더를 바를 때 모델의 머리가 움직이지 않도록 살짝 고정시켜 준다.
③ 모델의 무릎 사이에 메이크업 아티스트의 다리를 넣고 앉아 시술한다.
④ 새끼손가락에 분첩을 끼워 피부와 접촉을 피하고 가급적 브러시를 사용한다.

08 이상적인 얼굴의 균형비에 대한 설명으로 바르지 않은 것은?

① 귀: 코의 위치와 수평 연장선상에 있다.
② 턱: 이마의 수직 연장선상에 있으며, 턱의 크기는 눈 사이의 간격과 동일하다.
③ 눈: 이마 시작 부분부터 입꼬리까지의 길이를 2등분한 위치에 있으며, 눈의 세로 길이는 가로 길이의 1/3이다.
④ 얼굴의 너비: 얼굴 전체를 3등분하면 이마 시작 부분부터 눈썹까지, 눈썹에서 코끝까지, 코끝에서 턱까지의 간격이 동일하다.

09 녹색(초록)이 주는 이미지가 아닌 것은?

① 희망, 자유 ② 상상, 흥분
③ 자유, 휴식 ④ 평화, 안정

10 가산 혼합에 대한 설명으로 바르지 않은 것은?

① 빛의 삼원색은 빨강, 녹색, 파랑이다.
② 혼합할수록 색이 점점 탁해진다.
③ 빛의 혼합이라고도 한다.
④ 혼합할수록 밝아지고, 모두 합치면 백색이 된다.

11 혈관과 림프관이 분포되어 있어 털에 영양을 공급하여 주로 발육에 관여하는 것은?

① 모유두 ② 모표피
③ 모피질 ④ 모수질

12 인간 전체 사망자 수에 대한 50세 이상의 사망자 수를 나타낸 구성 비율은?

① 평균 수명
② 조사망률
③ 영아 사망률
④ 비례 사망 지수

13 일반적인 미생물의 번식에 가장 중요한 요소로만 나열된 것은?

① 온도 - 적외선 - pH
② 온도 - 습도 - 자외선
③ 온도 - 습도 - 영양분
④ 온도 - 습도 - 시간

14 대기 오염의 주원인 물질 중 하나로 석탄이나 석유 속에 포함되어 있어 연소할 때 산화되어 발생되며 만성 기관지염과 산성비 등을 유발시키는 것은?

① 일산화 탄소 ② 질소 산화물
③ 황산화물 ④ 부유 분진

15 둥근(원형) 얼굴형에 대한 화장술로써 가장 적합한 것은?

① 뺨은 풍요하게 턱은 팽팽하게 보이도록 한다.
② 모난 부분을 밝게 표현한다.
③ 양 옆폭을 좁게 보이도록 한다.
④ 위와 아래를 짧게 보이도록 한다.

16 다음 중 직업병으로만 구성된 것은?

① 열중증 - 잠수병 - 식중독
② 열중증 - 소음성 난청 - 잠수병
③ 열중증 - 소음성 난청 - 폐결핵
④ 열중증 - 소음성 난청 -대퇴부 골절

17 다음에서 설명하는 피부 유형은?

> • 일반 피부에 비해 면역 기능이 약하고 외부의 자극에 영향을 많이 받는다.
> • 조기 노화, 피부염, 기후 조건에 의해 가렵고 붉은 반점이 나타난다.

① 복합성 피부 ② 민감성 피부
③ 건성 피부 ④ 정상 피부

18 표피의 구조에 속하지 않는 것은?

① 기저층　　　　② 유극층
③ 유두층　　　　④ 투명층

19 탄수화물, 단백질, 지방을 총괄적으로 지칭하는 것은?

① 조절 영양소　　② 열량 영양소
③ 생리 영양소　　④ 구성 영양소

20 예방 접종(Vaccine)으로 획득되는 면역의 종류는?

① 인공 능동 면역
② 인공 수동 면역
③ 자연 능동 면역
④ 자연 수동 면역

21 건조가 심해져 피부가 거칠어지고 자외선에 노출 시 나타나는 피부의 조직학적 변화로 알맞은 것은?

① 일광 화상　　　② 광과민 반응
③ 광 노화　　　　④ 색소 침착

22 피부 발진 중 일시적인 증상으로 가려움증을 동반하여 불규칙적인 모양을 한 피부 현상은?

① 농포　　　　　② 팽진
③ 구진　　　　　④ 결절

23 한 국가나 지역 사회 간의 보건 수준을 비교하는 데 사용되는 대표적인 3대 지표는?

① 영아 사망률, 비례 사망 지수, 평균 수명
② 영아 사망률, 사인별 사망률, 평균 수명
③ 유아 사망률, 모성 사망률, 비례 사망 지수
④ 유아 사망률, 사인별 사망률, 영아 사망률

24 파리에 의해 주로 전파될 수 있는 감염병은?

① 페스트　　　　② 장티푸스
③ 사상충증　　　④ 황열

25 질병 발생의 역학적 삼각형 모형에 속하는 요인이 아닌 것은?

① 병인적 요인　　② 숙주적 요인
③ 감염적 요인　　④ 환경적 요인

26 승홍수 사용에 적당하지 않은 것은?

① 사기 그릇　　　② 금속류
③ 유리　　　　　④ 에나멜 그릇

27 특별한 장치를 설치하지 아니한 일반적인 경우에 실내의 자연적인 환기에 가장 큰 비중을 차지하는 요소는?

① 실내외 공기 중 CO_2의 함량의 차이
② 실내외 공기의 습도 차이
③ 실내외 공기의 기온 차이 및 기류
④ 실내외 공기의 불쾌지수 차이

28 법정 감염병 중 제3군 감염병에 속하는 것은?

① 후천 면역 결핍증
② 장티푸스
③ 일본 뇌염
④ B형 간염

29 일반적으로 이·미용 업소의 쾌적한 실내 습도 범위로 가장 알맞은 것은?

① 10 ~ 20% ② 20 ~ 40%
③ 40 ~ 70% ④ 70 ~ 90%

30 소독약에 대한 설명 중 적합하지 않은 것은?

① 소독 시간이 적당한 것
② 소독 대상물을 손상시키지 않는 소독약을 선택할 것
③ 인체에 무해하며 취급이 간편할 것
④ 소독약은 항상 청결하고 밝은 장소에 보관할 것

31 다음 미생물 중 크기가 가장 작은 것은?

① 세균 ② 곰팡이
③ 리케차 ④ 바이러스

32 일광 소독법은 햇빛 중의 어떤 영역에 의해 소독이 가능한가?

① 적외선 ② 자외선
③ 가시광선 ④ 우주선

33 고압 멸균기를 사용하여 소독하기에 적합하지 않은 것은?

① 유리 기구 ② 금속 기구
③ 약제 ④ 가죽 제품

34 소독약의 살균력 지표로 가장 많이 이용되는 것은?

① 알코올
② 크레졸
③ 석탄산
④ 포름알데히드

35 하천 오염이 심할수록 BOD는 어떻게 되는가?

① 수치가 낮아진다.
② 수치가 높아진다.
③ 아무런 영향이 없다.
④ 높아졌다 낮아졌다 반복한다.

36 열에 대한 저항력이 커서 자비 소독법으로 사멸되지 않는 균은?

① 콜레라균
② 결핵균
③ 살모넬라균
④ B형 간염 바이러스

37 이·미용사 면허증을 분실하였을 때 누구에게 재교부 신청을 하여야 하는가?

① 보건복지부 장관
② 시·도지사
③ 시장·군수·구청장
④ 협회장

38 공중위생 관리법에서 규정하고 있는 공중위생 영업의 종류에 해당되지 않는 것은?

① 이·미용업 ② 위생 관리 용역업
③ 학원 영업 ④ 세탁업

39 신고를 하지 않고 영업소 명칭(상호)을 바꾼 경우에 대한 1차 위반 시의 행정처분은?

① 주의
② 경고 또는 개선 명령
③ 영업 정지 15일
④ 영업 정지 1월

40 이·미용 업소 내 반드시 게시하여야 할 사항으로 옳은 것은?

① 요금표 및 준수 사항만 게시하면 된다.
② 이·미용업 신고증만 게시하면 된다.
③ 이·미용업 신고증 및 면허증 사본, 요금표를 게시하면 된다.
④ 이·미용업 신고증, 면허증 원본, 요금표를 게시하여야 한다.

41 영업소 외에서의 이용 및 미용 업무를 할 수 없는 경우는?

① 관할 소재 동 지역 내에서 주민에게 이·미용을 하는 경우
② 질병, 기타의 사유로 인하여 영업소에 나올 수 없는 자에 대하여 미용을 하는 경우
③ 혼례나 기타 의식에 참여하는 자에 대하여 그 의식의 직전에 미용을 하는 경우
④ 특별한 사정이 있다고 인정하여 시장·군수·구청장이 인정하는 경우

42 과태료 처분 대상에 해당되지 않는 자는?

① 관계 공무원의 출입·검사 등 업무를 기피한 자
② 영업소 폐쇄 명령을 받고도 영업을 계속한 자
③ 이·미용 업소 위생 관리 의무를 지키지 아니한 자
④ 위생 교육 대상자 중 위생 교육을 받지 아니한 자

43 (　　) 안에 알맞은 것은?

> 시장·군수·구청장은 공중 위생 영업의 정지 또는 일부 시설의 사용 중지 등의 처분을 하고자 하는 때에는 (　　)을/를 실시하여야 한다.

① 위생 서비스 수준의 평가
② 공중위생 감사
③ 청문
④ 열람

44 현대의 화장품 사용 목적은?

① 종교적인 목적
② 신분이나 계급의 표시
③ 몸을 보호하기 위해
④ 타인에게 좋은 인상을 주기 위해

45 화장의 의의로 맞지 않는 것은?

① 노화 방지를 한다.
② 개성미를 연출시킨다.
③ 결점을 커버한다.
④ 피부의 질환적 요소를 커버한다.

46 화장품 원료 중 수성 원료가 아닌 것은?

① 호호바 오일
② 에탄올
③ 글리세린
④ 정제수

47 건성 피부에 적합하지 않은 화장품의 성분은?

① 살리실산
② 콜라겐
③ 히알루론산
④ 글리세린

48 아이브로 펜슬의 구비 조건이 아닌 것은?

① 피부에 부드러운 감촉을 줄 것
② 진하고 강하게 그려질 것
③ 지속성이 높고 번짐이 없을 것
④ 발한, 발분이 없을 것

49 우리나라 화장품법상 기능성 화장품에 해당하지 않는 것은?

① 미백 화장품
② 주름 개선 화장품
③ 여드름 화장품
④ 자외선 차단 화장품

50 AHA의 설명으로 틀린 것은?

① 피부 관리사는 AHA 농도를 15%만 사용해야 한다.
② 햇빛이 강한 계절은 안 하는 것이 좋다.
③ 잔주름에 효과를 볼 수 있다.
④ 재생 관리가 함께 들어가야 한다.

51 피지 분비량이 많은 피부에 적당한 피부 표현 방법은?

① 스틱형 파운데이션을 사용한다.
② 메이크업 베이스와 선크림을 듬뿍 바른 후 케익 파운데이션으로 마무리한다.
③ 수분은 많고 유분기는 적게 함유된 리퀴드 파운데이션으로 표현한다.
④ 투웨이 케익으로 완벽히 커버한다.

52 치크 메이크업을 하는 방법이 바르지 않은 것은?

① 넓게 바를 때는 중심에서 바깥쪽을 향해 바른다.
② 손 등에서 미리 색상을 조절하여 가볍게 바른다.
③ 좁게 바를 때는 브러시를 상하로 움직이며 바른다.
④ 한 번에 많은 양을 묻혀서 바른다.

53 신부 메이크업에 대한 설명 중 바르지 않은 것은?

① 신부의 피부 톤에 맞는 파운데이션으로 화사한 피부로 표현한다.
② 얼굴 라인과 목의 경계 부분을 자연스럽게 연결시킨다.
③ 신부의 눈의 형태와 분위기에 맞추어 섀도 컬러를 정한다.
④ 입술은 아웃 커브로 성숙함을 강조한다.

54 우아한 이미지의 신부에게 어울리는 아이 섀도 색상이 아닌 것은?

① 핑크　　　　② 은펄
③ 오렌지　　　④ 퍼플

55 미디어 메이크업으로 짝지어져 있는 것은?

① CF 메이크업, 3D 메이크업
② 뮤지컬 메이크업, 스포츠 메이크업
③ 스트레이트 메이크업, 스테이지 메이크업
④ CF 메이크업, 스포츠 메이크업

56 무대 메이크업 시 고려해야 할 조건이 아닌 것은?

① TV 조명과 영상의 기술적 특성을 고려해야 한다.
② 컬러의 채색과 수상기의 재생 특성을 파악하고 있어야 한다.
③ 공연을 관람하러 온 관객의 수를 정확히 파악하고 있어야 한다.
④ 장치나 대소도구, 의상, 조명 등의 영향으로 생기는 재현색을 고려하여 색채 선택을 한다.

57 오래된 칼자국 흉터를 표현하는 설명으로 바른 것은?

① 콜로디온으로 베인 자국을 표현한다.
② 실러로 베인 자국을 표현한다.
③ 젤스킨을 덧발라서 표현한다.
④ 왁스나 플라스트로 베인 자국을 표현한다.

58 아트 메이크업에 대한 설명으로 바르지 않은 것은?

① 아티스트의 개성과 표현 방법에 있어 자유롭다.
② 아티스트는 작품성과 예술성을 중요시한다.
③ 독창적인 예술의 형태와 다양한 소재 표현으로 신체를 장식하는 것이다.
④ 기원은 20세기부터이다.

59 에어 브러시에 관한 내용이 바르지 않은 것은?

① 스프레이 브러시, 호스, 컴프레서, 노즐로 구성되어 있다.
② 붓으로 직접 그리는 것보다 그러데이션이 용이하지 않다.
③ 부드럽고 섬세하고 투명한 색조 표현이 용이하다.
④ 분사 점묘 방식의 원리이다.

60 조명의 파장으로 인하여 얼굴이 퍼져 보일 수 있어 얼굴의 윤곽을 최대한 돋보이게 해야 하는 메이크업은?

① 트렌드 메이크업
② 영화 메이크업
③ 사진 메이크업
④ 에스닉 메이크업

01	02	03	04	05	06	07	08	09	10	11	12	13	14	15	16	17	18	19	20
④	①	②	②	③	①	③	④	②	②	①	④	③	③	③	②	②	③	②	①
21	22	23	24	25	26	27	28	29	30	31	32	33	34	35	36	37	38	39	40
③	②	①	②	③	②	③	①	③	④	④	②	④	③	②	④	③	③	②	④
41	42	43	44	45	46	47	48	49	50	51	52	53	54	55	56	57	58	59	60
①	②	③	④	④	①	①	②	③	①	③	④	④	②	①	③	①	④	②	②

메이크업 미용사 실전 모의고사 (4회)

자격 종목		코드	출제 문항 수	시험 시간	수험번호	성명
메이크업 미용사		7967	60문항	60분		

01 메이크업의 표현 효과에 따른 분류가 아닌 것은?

① 아트 메이크업
② 뷰티 메이크업
③ 캐릭터 메이크업
④ 스테이지 메이크업

02 메이크업 샵의 위생 관리에 대한 설명이 잘못된 것은?

① 메이크업 도구의 배열을 잘 해야 한다.
② 위생적인 손 소독을 할 수 있어야 한다.
③ 메이크업 도구, 기기의 소독 방법을 알아야 한다.
④ 공중위생 관리에 대한 지식이 있어야 한다.

03 윤곽 수정의 목적이 아닌 것은?

① 얼굴의 단점을 커버한다.
② 개성적인 모습으로 변화한다.
③ 입체감 있는 얼굴로 표현한다.
④ 얼굴의 주름을 극복한다.

04 야간이나 인공조명 아래에서 효과적인 컬러 파우더 색상은?

① 퍼플   ② 레드
③ 브라운   ④ 옐로우

05 1920년대 서양 화장의 특징이 아닌 것은?

① 영화 시대가 시작되어 유명 영화배우들의 메이크업이 유행하였다.
② 메이크업은 인위적인 아름다움을 표현하여 눈썹을 가늘고 길게 그렸다.
③ 1차 세계 대전 후 여성들의 경제적 자립으로 미에 대한 관심과 투자가 높아졌다.
④ 입술 화장은 흐린 브라운 계열을 이용하여 글로시하게 표현하였다.

06 마스카라의 기능이 아닌 것은?

① 눈매가 선명해 보인다.
② 눈매에 음영을 준다.
③ 속눈썹에 볼륨감을 준다.
④ 속눈썹이 길고 짙어 보인다.

07 다음 중 가장 강하고 생동감이 느껴지는 배색 조화는?

① 유사색 배색   ② 보색 배색
③ 그러데이션 배색   ④ 동일색 배색

08 그린, 블루, 레드의 세 가지 빛이 같은 정도로 섞일 경우 만들어지는 색은?

① 검은색   ② 무색
③ 회색   ④ 보라색

09 피부의 색을 아름답게 보이게 하는 조명은?

① 직접 조명　　② 간접 조명
③ 반간접 조명　④ 전반 확산 조명

10 메이크업 제품과 그 기능이 잘못 연결된 것은?

① 파우더 - 피부 화장의 지속력 상승
② 컨실러 - 피부의 색상 조절
③ 파운데이션 - 피부의 색상 표현
④ 메이크업 베이스 - 피부 색상의 컨트롤 효과

11 립 메이크업 제품 중에서 색상 표현이 가장 우수한 것은?

① 립스틱
② 립크림
③ 립글로스
④ 립라이너 펜슬

12 기초화장에서 수분·유분 공급으로 피부의 균형을 유지하는 화장품이 아닌 것은?

① 영양크림　　② 마사지 크림
③ 영양 화장수　④ 수렴 화장수

13 수렴 화장수의 역할이 아닌 것은?

① 모공을 수축시켜 준다.
② 피지 분비를 조절한다.
③ 피부 각질을 부드럽게 한다.
④ 세균으로부터 피부를 보호해 준다.

14 가을철 메이크업에 대한 설명 중 옳지 않은 것은?

① 입술에는 립글로스를 바르는 것이 좋다.
② 아이 홀 메이크업이 가을 분위기에 어울린다.
③ 사계절의 이미지 컬러를 참고하여 회색 계열의 아이 섀도를 사용한다.
④ 사계절 이미지 컬러에서 가을 색인 오렌지 계열이나 레드 브라운 계열을 활용한다.

15 본식 메이크업의 피부 화장으로 옳지 않은 것은?

① 보라색 메이크업 베이스, 핑크 계열 파운데이션을 발라 피부를 표현하였다.
② 파우더는 투명 파우더에 핑크 파우더를 살짝 혼합하여 발랐다.
③ 투명 파우더에 고운 입자의 화이트 펄을 조금 섞어 하이라이트를 주었다.
④ 그린 색 메이크업 베이스를 바른 후 핑크 계열 파운데이션을 사용하였다.

16 삼각형 얼굴의 수정 메이크업으로 틀린 것은?

① 이마와 코에 하이라이트를 준다.
② 눈썹은 아치형으로 그린다.
③ 턱뼈에 섀도를 넣는다.
④ 볼연지를 너무 강조하지 않는다.

17 전신의 피부 중 두께가 가장 얇은 곳은?

① 이마 부분　　② 얼굴의 볼 부분
③ 뱃살 부분　　④ 눈꺼풀

18 피부에 물리적 자극을 주어 피부 활성화를 도와주는 화장품은?

① 마사지크림　② 폼 클렌징
③ 에센스　　　④ 영양크림

19 우리 몸에서 생리 기능과 대사 조절을 하는 영양소가 아닌 것은?

① 물 ② 무기질
③ 비타민 ④ 단백질

20 체질량지수(BMI)로 알 수 없는 것은?

① 비만도 ② 근육량
③ 저체중 ④ 과체중

21 피부의 혈행을 좋게 하는 작용이 있어 미용 기구나 의료용으로 이용되는 광선은?

① UV-A ② 가시광선
③ UV-B ④ 적외선

22 우리 몸의 면역 체계에서 3차 방지 기관은?

① 코털
② 대식세포
③ 림프계
④ 랑게르한스 세포

23 다음 중 피부 노화의 원인이라고 보기 어려운 것은?

① 음주 ② 흡연
③ 자외선 ④ 메이크업

24 피부의 내인성 노화에 대한 설명 중 틀린 것은?

① 피부색이 검어진다.
② 진피층의 콜라겐이 감소한다.
③ 랑게르한스 세포의 수가 감소한다.
④ 멜라닌 세포의 수가 감소한다.

25 메이크업 시 고려해야 할 사항이 아닌 것은?

① T.P.O에 맞추어 메이크업을 한다.
② 색조 화장은 의상의 색을 고려해 선택한다.
③ 기본인 베이스 메이크업에 중점을 둔다.
④ 최신 트렌드만을 반영해 메이크업을 한다.

26 공중 보건의 3대 사업에 속하지 않는 것은?

① 의료 분쟁 관리
② 보건 교육
③ 보건 행정
④ 보건 관계법

27 질병의 의미를 바르게 설명한 것은?

① 질병이 생겨 허약한 상태이다.
② 질병에 대한 예방 관리를 해야 하는 건강 상태이다.
③ 병인에 의해 신체적, 기능적 장애가 일어나 정상적인 생활의 향상성이 무너진 상태이다.
④ 병인적 인자가 신체에 침투하였으나 면역이 있는 상태이다.

28 토양이 병원소가 되는 감염병은?

① 발진티푸스 ② 파상풍
③ 페스트 ④ 콜레라

29 모자 보건의 수행 평가에 대한 설명으로 틀린 것은?

① 모성 사망률을 수행 평가 지표로 삼고 있다.
② 영아 출생률을 모자 보건의 수행 평가로 보고 있다.
③ 영아, 유아 사망률을 보자 모건의 수행 평가로 삼고 있다.
④ 모자 보건의 수행 평가는 그 국가의 개발 수준을 가리키는 대표적인 기준이 된다.

30 공기 중의 이산화탄소 허용 한도는?

① 0.1%　　② 0.2%
③ 0.01%　　④ 0.02%

31 제1군 감염병 환자의 배설물을 처리하는 데 적합한 소독법은?

① 자비 소독법
② 화염 멸균법
③ 고압 증기 멸균법
④ 소독법

32 과산화수소, 과망간산칼륨의 소독 기전은 무엇인가?

① 산화 작용
② 탈수 작용
③ 불활화 작용
④ 단백질 응고 작용

33 수정 가위나 아이래시컬러의 소독에 적합한 약품은?

① 알코올　　② 일광 소독
③ 치아염소산　　④ 크레졸수

34 공중위생 영업자가 영업 신고 사항을 변경하고자 할 때 제출할 서류는?

① 영업 신고증
② 계약서
③ 공중위생 관련 시설 및 설비
④ 미리 교육을 받은 교육 필증

35 미용사 면허는 누구의 령인가?

① 시·도지사
② 보건복지부령
③ 보건복지부 장관
④ 시장, 군수, 구청장

36 2년 이내 위생 교육을 받은 업종과 같은 업종의 영업을 하려는 경우 위생 교육의 시간은?

① 위생 교육을 받은 것으로 한다.
② 위생 교육을 다시 받아야 한다.
③ 위생 교육 시간을 1/2로 단축한다.
④ 위생 교육 시간은 3시간이다.

37 과태료에 대한 설명 중 틀린 것은?

① 과태료는 관할 시장·군수·구청장이 부과·징수한다.
② 과태료 처분에 불복이 있는 자는 그 처분을 고지 받은 날부터 30일 이내에 처분권자에게 이의를 제기할 수 있다.
③ 기간 내에 이의를 제기하지 아니하고 과태료를 납부하지 아니한 때에는 지방세 체납 처분에 의하여 과태료를 징수한다.
④ 이의를 제기한 때에 처분권자는 30일 이후에 관할 법원에 통보한다.

38 한 국가나 지역사회 간의 보건 수준을 비교하는 데 사용되는 대표적인 3대 지표는?

① 영아 사망률, 비례 사망 지수, 평균 수명
② 영아 사망률, 사인별 사망률, 평균 수명
③ 유아 사망률, 모성 사망률, 비례 사망 지수
④ 유아 사망률, 사인별 사망률, 영아 사망률

39 다음 중 특별한 장치를 설치하지 아니한 일반적인 경우에 실내의 자연적인 환기에 가장 큰 비중을 차지하는 요소는?

① 실내외 공기 중 CO_2의 함량의 차이
② 실내외 공기의 습도 차이
③ 실내외 공기의 기온 차이 및 기류
④ 실내외 공기의 불쾌지수 차이

40 소독약에 대한 설명 중 적합하지 않은 것은?

① 소독 시간이 적당한 것
② 소독 대상물을 손상시키지 않는 소독약을 선택할 것
③ 인체에 무해하며 취급이 간편할 것
④ 소독약은 항상 청결하고 밝은 장소에 보관할 것

41 고압 멸균기를 사용하여 소독하기에 적합하지 않은 것은?

① 유리 기구
② 금속 기구
③ 약제
④ 가죽 제품

42 영유아 예방 접종 중 6개월 이전에 받아야 하는 예방 접종의 종류가 아닌 것은?

① B형 간염   ② 일본 뇌염
③ 폴리오   ④ BCG

43 영업자의 위생 관리 의무 및 준수 사항의 이행 여부 확인을 하는 사람은?

① 공중위생 감시원
② 명예 감시원
③ 보건복지부 장관
④ 시 · 도지사

44 하천 오염이 심할수록 BOD는 어떻게 되는가?

① 수치가 낮아진다.
② 수치가 높아진다.
③ 아무런 영향이 없다.
④ 높아졌다 낮아졌다 반복한다.

45 하천 오염이 심할수록 BOD는 어떻게 되는가?

① 세균   ② 곰팡이
③ 리케차   ④ 바이러스

46 일광 소독법은 햇빛 중의 어떤 영역에 의해 소독이 가능한가?

① 적외선   ② 자외선
③ 가시광선   ④ 우주선

47 이 · 미용 업소의 조명 시설은 얼마 이상이어야 하는가?

① 50룩스   ② 75룩스
③ 100룩스   ④ 125룩스

48 다음 위법 사항 중 가장 무거운 벌칙 기준에 해당하는 사람은?

① 신고를 하지 아니하고 영업한 자
② 변경 신고를 하지 아니하고 영업한 자
③ 면허 정지 처분을 받고 그 정지 기간 중 업무를 행한 자
④ 관계 공무원 출입, 검사를 거부한 자

49 기생충의 인체 내 기생 부위 연결이 잘못된 것은?

① 구충증 – 폐
② 간흡충증 – 간의 담도
③ 요충증 – 직장
④ 폐흡충증 – 폐

50 손 소독과 주사할 때 피부 소독 등에 사용되는 에틸알코올(ethyl alcohol)은 어느 정도의 농도에서 가장 많이 사용되는가?

① 20% 이하   ② 60% 이하
③ 70 ~ 80%   ④ 90 ~ 100%

51 화장품을 사용하였을 때 보습, 노화 억제, 자외선 차단, 세정, 색상 표현 등의 효과가 있어야 한다는 화장품의 조건은?

① 안정성   ② 사용성
③ 안전성   ④ 유효성

52 바셀린, 파라핀, 미네랄 오일은 어떤 종류의 오일인가?

① 합성 오일   ② 식물성 오일
③ 동물성 오일   ④ 광물성 오일

53 양이온성 계면 활성제의 특징이 아닌 것은?

① 정전기 발생을 방지한다.
② 살균 작용이 있다.
③ 소독 작용이 있다.
④ 기포 형성이 우수하다.

54 물이나 오일, 알코올 등의 용제에 녹는 색소를 무엇이라 하는가?

① 수용성 염료
② 유용성 염료
③ 안료
④ 레이크

55 보호용 화장품의 내용으로 틀린 것은?

① 로션은 수분과 유분을 공급한다.
② 로션은 친수성 유화 상태의 에멀션이다.
③ 크림은 피부 표면이 보호막을 형성하여 준다.
④ 크림은 혈액 순환을 촉진한다.

56 에센셜 오일을 뜻하는 것이 아닌 것은?

① 향유
② 정유
③ 아로마 오일
④ 캐리어 오일

57 정유와 석유 화학에서 얻은 향료의 유기 합성 반응으로 제조되는 향료는?

① 식물성 향료
② 동물성 향료
③ 합성 향료
④ 조합 향료

58 팩에 관한 설명이 잘못된 것은?

① 팩은 '포장하다, 둘러싸다'라는 뜻을 가지고 있다.
② 팩은 피부의 노폐물을 제거하고 청결하게 하는 효과가 있다.
③ 건성, 노화 피부에는 워시-오프 타입이 가장 적당하다.
④ 민감성 피부에는 필-오프 타입이 적당하다.

59 화장품 점도 증가제 원료에 관한 설명으로 옳지 않은 것은?

① 제품의 점도를 조절하는 목적으로 사용한다.
② 점도 증가제는 제품의 안전성과 밀접한 관계가 있다.
③ 과거에는 천연 점도 증가제를 많이 사용하였으나 제품의 안정성 때문에 현재는 별로 사용하지 않는다.
④ 최근에는 합성 고분자 점증제를 많이 사용한다.

60 네일 화장품에 대한 설명으로 틀린 것은?

① 폴리시는 손톱에 바르는 컬러 화장품이다.
② 네일 로션은 손과 발의 마사지 화장품이다.
③ 안티셉틱은 발 소독 화장품이다.
④ 탑 코트는 폴리시를 바르고 난 후 사용하며 색상과 광택을 유지해 준다.

정답 〈〈〈 실전 모의고사 4회

01	02	03	04	05	06	07	08	09	10	11	12	13	14	15	16	17	18	19	20
④	①	④	①	④	②	②	②	②	②	①	②	③	③	④	②	④	①	④	②
21	22	23	24	25	26	27	28	29	30	31	32	33	34	35	36	37	38	39	40
④	③	④	①	④	①	③	②	②	①	④	①	①	④	②	①	④	①	③	④
41	42	43	44	45	46	47	48	49	50	51	52	53	54	55	56	57	58	59	60
④	②	①	②	④	②	②	①	①	③	④	④	④	①	④	④	③	④	②	③

자격 종목		코드	출제 문항 수	시험 시간	수험번호	성명
메이크업 미용사		7967	60문항	60분		

01 화장(化粧)의 뜻을 바르게 설명한 것은?

① 개화 이전에 사용하던 야용(冶容)과 함께 얼굴 화장을 일컫는 말
② 몸단장까지 이르는 말
③ 옷차림까지 화사하게 하였을 때
④ 아름다운 육체에 아름다운 정신이 깃든다.

02 군사용 위장 크림과 기능성 화장품이 개발된 시기는?

① 1920년대
② 1930년대
③ 1940년대
④ 1950년대

03 고대 이집트 시대의 메이크업 특징이 아닌 것은?

① 볼이나 입술을 빨갛게 하였다.
② 건강한 운동과 신체를 중요시하였다.
③ 정맥에 푸른 기를 띠게 하였다.
④ 아이 메이크업을 중요시하였다.

04 메이크업 샵의 안전한 관리를 위해 필요한 수칙으로 바른 것은?

① 편안하고 아늑한 분위기를 위해 간접 조명만 설치한다.
② 정기적인 점검과 일지 작성을 통해 안전과 위생을 최우선으로 관리한다.
③ 화재 배상 책임 보험의 가입은 업주의 선택 사항이다.
④ 럭셔리한 시설이 중요하다.

05 패션쇼 현장에서 많이 사용하는 메이크업으로, 파우더 사용을 절제해 촉촉하고 윤기 있는 피부 표현을 강조하는 메이크업은?

① 사이버 메이크업
② 돌리 메이크업
③ 글로시 메이크업
④ 에스닉 메이크업

06 선탠한 피부를 표현할 때 적합한 메이크업 베이스의 색깔은?

① 그린색
② 핑크색
③ 노란색
④ 오렌지색

07 파운데이션의 기능이 아닌 것은?

① 얼굴의 윤곽을 수정한다.
② 피부에 영양을 공급한다.
③ 피부의 결점을 커버한다.
④ 부분 화장을 돋보이게 한다.

08 눈꼬리가 처친 눈의 아이 섀도 방법으로 틀린 것은?

① 핑크나 오렌지 색상을 주조색으로 한다.
② 청색이나 녹색 아이 섀도 색상을 사용한다.
③ 언더라인도 위로 올리듯 펴 발라 준다.
④ 눈꼬리 쪽으로 갈수록 넓어져 위로 올리듯이 샤프하게 그려 준다.

09 얇은 입술에 어울리는 화장이 아닌 것은?

① 입술 라인은 둥근 느낌을 살려야 한다.
② 엷은 색이나 펄이 있는 립스틱을 사용한다.
③ 아웃 커브형으로 그려 준다.
④ 입술산의 각을 살려 뾰족하게 그려야 한다.

10 아쿠아 컬러에 대한 설명으로 잘못된 것은?

① 워터 컬러라고 한다.
② 멍, 화상 등에 사용하는 재료이다.
③ 물의 양에 따라 농담을 조절할 수 있다.
④ 피부에 사용하는 물감으로 물에 개어서 쓴다.

11 영양 화장수(밀크 로션)의 효과가 아닌 것은?

① 유분과 수분을 공급한다.
② 피부 모공을 수축시켜 준다.
③ 피부 퍼짐성이 좋고 흡수가 잘된다.
④ 촉촉하고 부드러운 피부로 가꾸어 준다.

12 표피의 가장 아래층에 있으며, 각질 형성 세포와 멜라닌 세포가 있는 층은?

① 각질층　　　　　② 과립층
③ 유극층　　　　　④ 기저층

13 여성 호르몬과 관련이 있고, 여성의 신체 곡선을 부드럽게 하는 피부 조직은?

① 진피　　　　　② 표피
③ 피하 조직　　　　④ 유두층

14 천연 보습 인자에 대한 설명으로 틀린 것은?

① 자연환경에서 얻을 수 있는 천연의 피부 보습 재료를 뜻한다.
② N.M.F라고도 한다.
③ 우리 몸의 내부에서 생산되는 천연적인 보습 성분이다.
④ 땀과 피지가 분비되어 천연적인 유화 상태를 만들어 주는 요소를 말한다.

15 피부의 혈행을 좋게 하는 작용이 있어 미용 기구나 의료용으로 이용되는 광선은?

① UV-A　　　　　② 가시광선
③ UV-B　　　　　④ 적외선

16 우리 몸의 면역 체계에서 3차 방어 기관은?

① 코털　　　　　② 대식세포
③ 림프계　　　　　④ 랑게르한스 세포

17 매니큐어(Manicure) 바르는 순서가 옳은 것은?

① 네일 에나멜 → 베이스 코트 → 탑 코트
② 베이스 코트 → 네일 에나멜 → 탑 코트
③ 탑 코트 → 네일 에나멜 → 베이스 코트
④ 네일 표백제 → 네일 에나멜 → 베이스 코트

18 단백질과 피부 미용에 대한 설명 중 잘못된 것은?

① 아미노산은 피부의 재생에 깊이 관여한다.
② 단백질 섭취의 부족은 여드름 피부를 유발할 수 있다.
③ 지나친 단백질 섭취는 색소 침착의 원인이 되기도 한다.
④ 아미노산의 부족은 표피 세포의 노화를 촉진시켜 잔주름이 형성된다.

19 기능성 화장품에 대한 내용으로 틀린 것은?

① 피부의 미백에 도움을 주는 제품
② 피부를 검게 태우는 데 도움을 주는 제품
③ 자외선으로부터 피부를 보호하는 데 도움을 주는 제품
④ 피부의 주름 개선에 도움을 주는 제품

20 눈썹을 없애는 분장을 할 때 가장 먼저 해야 하는 작업은?

① 실러로 코팅하는 작업
② 왁스나 플라스트로 메우는 작업
③ 스프리트 검을 붙이는 작업
④ 라텍스를 붙이는 작업

21 보습제로 바람직한 조건이 아닌 것은?

① 흡습력이 지속되어야 한다.
② 고휘발성이어야 한다.
③ 흡습력이 다른 환경 조건의 영향을 쉽게 받지 않아야 한다.
④ 다른 성분과 공존성이 좋아야 한다.

22 트렌드 메이크업의 종류와 아이 메이크업 방법이 잘못된 것은?

① 글로시 메이크업: 실버 펄 베이스와 회청색, 청보라 펄로 포인트를 준다.
② 스모키 메이크업: 화이트 베이스와 붉은색으로 포인트를 준다.
③ 사이버 메이크업: 화이트 펄 베이스와 퍼플, 청보라 등으로 포인트를 준다.
④ 투명 메이크업: 화이트 펄 베이스와 투명 립 글로스로 마무리한다.

23 얼굴형에 따른 수정 메이크업으로 바르지 않은 것은?

① 둥근형: 볼 옆선을 따라 얼굴 외곽 부분에 섀도를 넣어 준다.
② 각진 형: 턱의 양 끝부분과 헤어 라인의 양 끝부분에 섀도를 넣어 준다.
③ 역삼각형: 볼 뼈 부분에 섀도를 넣어 준다.
④ 긴 형: 이마 라인과 코 밑, 턱선 부분에 섀도를 넣어 준다.

24 색의 혼합에 대한 설명으로 바르지 않은 것은?

① 감산 혼합은 색료 혼합이다.
② 가산 혼합의 삼원색은 빨강, 노랑, 파랑이다.
③ 흰색, 원색은 어떠한 혼합으로도 만들 수 없는 색이다.
④ 빛과 안료를 혼합한 색은 다르다.

25 피부의 색을 아름답게 보이게 하는 조명은?

① 직접 조명　　　② 간접 조명
③ 반간접 조명　　④ 전반 확산 조명

26 공중 보건 사업의 구성 단위는?

① 노약자　　　　② 장애인
③ 직장 구성원　　④ 지역 사회 구성원

27 선진국형으로 출생률과 사망률이 낮아 평균 수명은 높고 인구가 감소하는 인구 구성형은?

① 종형　　　　　② 항아리형
③ 별형　　　　　④ 피라미드형

28 개가 병원소로 발병하는 감염병은?

① 뇌염　　　　　② 광견병
③ 페스트　　　　④ 콜레라

29 수질 오염으로 인한 현상이 아닌 것은?

① 적조 현상　　　② 연무 현상
③ 녹조 현상　　　④ 부영양화

30 주거 환경의 구조로서 옳지 않은 것은?

① 반드시 남향집이어야 한다.
② 마루는 통기성이 좋아야 한다.
③ 천장은 2.1m 정도가 적당하다.
④ 낮에는 자연광으로 채광이 되어야 한다.

31 제1군 감염병 환자의 배설물을 처리하는 데 적합한 소독법은?

① 자비 소독법 　② 화염 멸균법
③ 고압 증기 멸균법 　④ 소독법

32 소독 인자에 대한 설명 중 틀린 것은?

① 일반적으로 시간이 길수록 소독 효과가 높다.
② 일반적으로 온도가 높으면 소독 효과가 크다.
③ 소독제의 농도가 높을수록 소독 효과가 크다.
④ 미생물의 온도가 높으면 단시간 내에 소독이 가능하다.

33 자연 독에 의한 식중독 원인물질과 서로 관계없는 것으로 연결된 것은?

① 테트로도톡신(Tetrodotoxin) – 복어
② 솔라닌(Solanine) – 감자
③ 무스카린(Muscarine) – 버섯
④ 에르고톡신(Ergotoxin) – 조개

34 수질 오염을 측정하는 지표로서 물에 녹아 있는 유리 산소를 의미하는 것은?

① 용존 산소량(DO)
② 생화학적 산소 요구량(BOD)
③ 화학적 산소 요구량(COD)
④ 수소 이온 농도(pH)

35 섭씨 100 ~ 135℃ 고온의 수증기를 미생물, 아포 등과 접촉시켜 가열 살균하는 방법은?

① 간헐 멸균법
② 건열 멸균법
③ 고압 증기 멸균법
④ 자비 소독법

36 대통령령이 정하는 바에 의하여 관계 전문 기관 등에 공중위생 관리 업무의 일부를 위탁할 수 있는 자는?

① 시·도지사
② 시장, 군수, 구청장
③ 보건복지부 장관
④ 보건소장

37 이용업 및 미용업은 다음 중 어디에 속하는가?

① 공중위생 영업
② 위생 관련 영업
③ 위생 처리업
④ 위생 관리 용역업

38 2년 이내 위생 교육을 받은 업종과 같은 업종의 영업을 하려는 경우 위생 교육의 시간은?

① 위생 교육을 받은 것으로 한다.
② 위생 교육을 다시 받아야 한다.
③ 위생 교육 시간을 1/2로 단축한다.
④ 위생 교육 시간은 3시간이다.

39 과징금 부과 및 납부에 대한 설명으로 맞지 않는 것은?

① 과징금 납부를 받은 수납 기관은 영수증을 교부한다.
② 과징금은 분할 납부할 수 없다.
③ 과징금의 징수 철자는 보건복지부령으로 한다.
④ 시·도지사가 정하는 수납 기관에 납부한다.

40 화장실, 하수구, 쓰레기통 소독으로 적합하지 않은 소독약은?

① 머큐로크롬 　② 크레졸수
③ 포르말린수 　④ 페놀수

41 살균 작용 기전으로 산화 작용을 주로 이용하는 소독제는?

① 오존 　② 석탄산
③ 알코올 　④ 머큐로크롬

42 공중 이용 시설의 위생 관리 항목에 속하는 것은?

① 영업소 실내 공기
② 영업소 실내 청소 상태
③ 영업소 외부 환경 상태
④ 영업소에서 사용하는 수돗물

43 직업병과 직업 종사자의 연결이 바르게 된 것은?

① 잠수병 – 수영 선수
② 열사병 – 비만자
③ 고산병 – 항공기 조종사
④ 백내장 – 인쇄공

44 평상시 상수와 수도전에서의 적정한 유리 잔류 염소량은?

① 0.002ppm 이상
② 0.2ppm 이상
③ 0.5ppm 이상
④ 0.55ppm 이상

45 영업소 외에서의 이용 및 미용 업무를 할 수 없는 경우는?

① 관할 소재 동 지역 내에서 주민에게 이·미용을 하는 경우
② 질병, 기타의 사유로 인하여 영업소에 나올 수 없는 자에 대하여 미용을 하는 경우
③ 혼례나 기타 의식에 참여하는 자에 대하여 그 의식의 직전에 미용을 하는 경우
④ 특별한 사정이 있다고 인정하여 시장·군수·구청장이 인정하는 경우

46 시장·군수·구청장이 영업 정지가 이용자에게 심한 불편을 주거나 그 밖에 공익을 해할 우려가 있는 경우에 영업 정지 처분에 갈음한 과징금을 부과할 수 있는 금액 기준은?

① 1천만 원 이하
② 2천만 원 이하
③ 3천만 원 이하
④ 4천만 원 이하

47 콜레라 예방 접종은 어떤 면역 방법인가?

① 인공 수동 면역
② 인공 능동 면역
③ 자연 수동 면역
④ 자연 능동 면역

48 세계보건기구(WHO)에서 규정된 건강의 정의를 가장 적절하게 표현한 것은?

① 육체적으로 완전히 양호한 상태
② 정신적으로 완전히 양호한 상태
③ 질병이 없고 허약하지 않은 상태
④ 육체적, 정신적, 사회적 안녕이 완전한 상태

49 피부 표피층 중에서 가장 두꺼운 층으로 세포 표면에는 가시 모양의 돌기를 가지고 있는 것은?

① 유극층   ② 과립층
③ 각질층   ④ 기저층

50 다음 중 이·미용실에서 사용하는 수건을 철저하게 소독하지 않았을 때 주로 발생할 수 있는 감염병은?

① 장티푸스
② 트라코마
③ 페스트
④ 일본 뇌염

51 바셀린, 파라핀, 미네랄 오일은 어떤 종류의 오일인가?

① 합성 오일
② 식물성 오일
③ 동물성 오일
④ 광물성 오일

52 화장수나 크림 등의 화장품 제조에 있어서 중요한 용매제 역할을 하며 제조 공장에서 세정액이나 희석액으로도 사용되는 것은?

① 오일
② 에탄올
③ 물
④ 유성 원료

53 화장품의 제조에서 유성 원료로서 상온에서 액체 상태인 것은?

① 오일
② 왁스
③ 보습제
④ 에탄올

54 화장품의 기술상의 특성인 유화의 생성에서 사용되는 재료가 아닌 것은?

① 분산상
② 안료
③ 분산매
④ 유화제

55 에센셜 오일을 뜻하는 것이 아닌 것은?

① 향유
② 정유
③ 아로마 오일
④ 캐리어 오일

56 바니싱 크림의 주성분은?

① 스콸렌
② 오일
③ DNA
④ 스테아린산

57 콜라겐 제품은 화장품에 사용할 경우 피부에 어떤 작용을 하는가?

① 주름을 없앤다.
② 영양을 공급한다.
③ 방부제 역할을 한다.
④ 수분을 유지시킨다.

58 제형별 로션에 대한 설명 중 틀린 것은?

① O/W형 제품은 가볍고 산뜻한 사용감을 준다.
② W/O형 제품은 보습 효과가 우수하다.
③ W/O형 제품은 산뜻한 사용감과 보습 효과가 우수하다.
④ W/S형 제품은 유분감이 많고 무거운 사용감을 준다.

59 향수의 구비 조건을 바르게 설명한 것은?

① 지속력은 크게 상관없다.
② 시대성에 부합되는 향이어야 한다.
③ 향에 특징이 없어도 된다.
④ 향의 조화가 잘 이루어질 필요는 없다.

60 화장품의 정의를 잘못 설명한 것은?

① 우리나라 화장품의 정의는 인체를 청결 또는 미화하기 위한 것이다.
② 인체에 대한 작용이 경미한 것을 말한다.
③ 화장품의 정의는 나라별로 다르다.
④ 우리나라는 기능성 화장품을 법으로 정하지 않았다.

 《《《 실전 모의고사 5회

01	02	03	04	05	06	07	08	09	10	11	12	13	14	15	16	17	18	19	20
①	③	②	②	③	④	②	①	④	②	②	④	③	①	④	③	②	④	②	③
21	22	23	24	25	26	27	28	29	30	31	32	33	34	35	36	37	38	39	40
②	②	③	②	②	④	②	②	②	①	④	①	④	①	③	③	①	①	④	①
41	42	43	44	45	46	47	48	49	50	51	52	53	54	55	56	57	58	59	60
①	①	③	②	①	③	②	④	①	②	④	③	①	②	④	④	④	④	②	④

자격 종목		코드	출제 문항 수	시험 시간	수험번호	성명
메이크업 미용사		7967	60문항	60분		

01 메이크업의 실용적 목적으로 옳은 것은?

① 기능적인 목적
② 신앙적인 목적
③ 종족 보존의 본능적인 목적
④ 종족을 보호하고 방어하기 위한 목적

02 일본에 화장 문화를 전파한 나라는?

① 신라
② 백제
③ 고려
④ 조선

03 다음의 메이크업이 유행한 시기는?

> • 영국 젊은이들의 사회 반항적인 스타일이 대표적임.
> • 상대방으로 하여금 불쾌한 기분을 느끼도록 의도적으로 함.
> • 괴기스러운 검은 아이 메이크업이나 회색 치크, 검은색 립스틱 등을 사용함.

① 1950년대
② 1960년대
③ 1970년대
④ 1980년대

04 눈 화장을 할 때 속눈썹을 올리는 데 사용하는 도구는?

① 아이래시컬러
② 팁 브러시
③ 우드 스틱
④ 스크루 브러시

05 메이크업의 트렌드를 예측하여 개발에 반영할 수 있는 행동이 아닌 것은?

① 유명 패션쇼의 패션과 메이크업을 분석한다.
② 브랜드 고유의 특성을 파악해 최신 트렌드를 접목시킨다.
③ 탈 장르화라는 사회 전반의 새로운 트렌드를 시도한다.
④ 아티스트가 선호하는 색과 성향을 적극 반영한다.

06 동양(중국, 일본)의 민속적 이미지 연출을 위한 메이크업을 할 때 알맞은 것은?

① 치크 메이크업 시 약간 붉은 계열로 둥근 형태가 되도록 한다.
② 입술은 립스틱을 바른 후 입자가 큰 펄로 마무리한다.
③ 피부 표현은 창백한 분위기 연출을 위해 투명하게 한다.
④ 아이 라이너로 눈매를 다소 길게 표현한다.

07 메이크업을 할 때 주의해야 할 사항이 아닌 것은?

① 전체적인 메이크업 밸런스를 맞춘다.
② 의상과의 조화도 중요하다.
③ T.P.O를 고려하여 메이크업을 한다.
④ 아이 메이크업만을 강조한다.

08 다음의 수정 메이크업에 가장 적합한 얼굴형은?

> • 하이라이트: 이마와 콧등에 짧게 그려 넓은 이
> 마를 보완해 준다.
> • 섀도: 이마 위 양옆과 뾰족한 턱 선에 유의하여
> 섀도 처리해 준다.

① 긴 형 ② 역삼각형
③ 둥근형 ④ 각진형

09 더 이상 나눌 수 없거나 다른 색을 섞어서 나올 수 없는 색을 일컫는 말은?

① 무채색 ② 순색
③ 유채색 ④ 원색

10 순색에 무채색을 혼합하였을 때 나타나는 색의 3 속성의 변화는?

① 명도만 변한다.
② 명도와 채도만 변하고 색상은 변하지 않는다.
③ 색상만 변한다.
④ 채도만 변한다.

11 얼굴형에 따른 눈썹 화장법 중 옳지 않은 것은?

① 사각형 – 강하지 않은 둥근 느낌을 낸다.
② 삼각형 – 눈의 크기와 관계없이 크게 한다.
③ 역삼각형 – 자연스럽게 그리되 뺨이 말랐을 경우 눈꼬리를 내려 그린다.
④ 마름모꼴형 – 약간 내려간 듯 그린다.

12 피부가 두터워 보이고 모공이 크며 화장이 쉽게 지워지는 피부 타입은?

① 건성 ② 중성
③ 지성 ④ 민감성

13 메이크업의 T.P.O에 속하지 않는 것은?

① 시간 ② 장소
③ 체형 ④ 목적

14 다음 소독약 중 가장 독성이 낮은 것은?

① 석탄산
② 승홍수
③ 에틸알코올
④ 포르말린

15 병원성 미생물을 크기에 따라 나열한 것은?

① 세균 〈 바이러스 〈 리케차
② 바이러스 〈 리케차 〈 세균
③ 리케차 〈 세균 〈 바이러스
④ 바이러스 〈 세균 〈 리케차

16 피부의 기능 중 알맞지 않은 것은?

① 보호 기능
② 체온 조절 기능
③ 호흡 기능
④ 지지 기능

17 다음의 화장품 사용에 적절한 피부 타입은?

> • 부위별로 다른 피부 유형에 따라 화장품을 사용
> 한다.
> • 유분과 수분의 균형적인 관리에 중점을 둔다.

① 복합성 피부 ② 정상 피부
③ 건성 피부 ④ 여드름 피부

18 콜라겐에 대한 설명 중 틀린 것은?

① 피부의 결합 조직을 구성하는 주요 성분으로, 진피 성분의 60%를 차지한다.
② 주성분인 아미노산이 많은 수분을 함유한다.
③ 콜라겐을 주입·주사하면 주름 제거에 효과가 있다.
④ 교원질에 속하는 단백질이다.

19 기계적 손상에 의한 질환이 아닌 것은?

① 티눈　　　　　② 한진
③ 바이러스　　　④ 대상 포진

20 자외선의 장점으로 알맞지 않은 것은?

① 살균 및 소독
② 홍반 반응
③ 비타민 D 형성
④ 혈액 순환 촉진

21 피부의 면역에 관한 설명으로 옳은 것은?

① 세포성 면역에는 보체, 항체 등이 있다.
② T 림프구는 항원 전달 세포에 해당한다.
③ B 림프구는 면역 글로불린이라고 불리는 항체를 생성한다.
④ 표피에 존재하는 각질 형성 세포는 면역 조절에 작용하지 않는다.

22 광 노화가 진행될 때 감소하는 것은?

① 랑게르한스 세포　　② 표피
③ 주름　　　　　　　④ 각질 세포

23 출생률보다 사망률이 낮으며 14세 이하 인구가 65세 이상 인구의 2배를 초과하는 인구 구성형은?

① 항아리형　　　② 종형
③ 피라미드형　　④ 별형

24 보건 행정에 대한 설명으로 가장 올바른 것은?

① 공중 보건의 목적을 달성하기 위해 공공의 책임 하에 수행하는 행정 활동
② 개인 보건의 목적을 달성하기 위해 공공의 책임 하에 수행하는 행정 활동
③ 국가 간의 질병 교류를 막기 위해 공공의 책임 하에 수행하는 행정 활동
④ 공중 보건의 목적을 달성하기 위해 개인의 책임 하에 수행하는 행정 활동

25 불량 조명에 의해 발생되는 직업병이 아닌 것은?

① 안정 피로　　　② 근시
③ 근육통　　　　④ 안구 진탕증

26 가족계획과 뜻이 가장 가까운 것은?

① 불임 시술　　　② 임신 중절
③ 수태 제한　　　④ 계획 출산

27 3대 영양소를 소화하는 모든 효소를 가지고 있으며, 인슐린(Insulin)과 글루카곤(Glucagon)을 분비하여 혈당량을 조절하는 기관은?

① 췌장　　　　　② 간장
③ 담낭　　　　　④ 충수

28 보건 행정의 특성과 가장 거리가 먼 것은?

① 공공성　　　　② 교육성
③ 정치성　　　　④ 과학성

29 한 국가가 지역 사회의 건강 수준을 나타내는 대표적인 지표는?

① 질병 이환률　　② 영아 사망률
③ 신생아 사망률　④ 조사망률

30 물리적 살균법에 해당하지 않는 것은?

① 열을 가한다.
② 건조시킨다.
③ 물을 끓인다.
④ 포름알데히드를 사용한다.

31 세균의 단백질 변성과 응고 작용에 의한 기전을 이용하여 살균하고자 할 때 주로 이용되는 방법은?

① 가열　　② 희석
③ 냉각　　④ 여과

32 기생충의 인체 내 기생 부위 연결이 잘못된 것은?

① 구충증 – 폐
② 간흡충증 – 간의 담도
③ 요충증 – 직장
④ 폐흡충증 – 폐

33 손 소독과 주사 시 피부 소독 등에 사용되는 에틸알코올(Ethylalcohol)은 어느 정도의 농도에서 가장 많이 사용되는가?

① 20% 이하　　② 60% 이하
③ 70 ~ 80%　　④ 90 ~ 100%

34 3%의 크레졸 비누액 900mL를 만드는 방법으로 옳은 것은?

① 크레졸 원액 270mL에 물 630mL를 가한다.
② 크레졸 원액 27mL에 물 873mL를 가한다.
③ 크레졸 원액 300mL에 물 600mL를 가한다.
④ 크레졸 원액 200mL에 물 700mL를 가한다.

35 소독약의 구비 조건으로 틀린 것은?

① 값이 비싸고 위험성이 없다.
② 인체에 해가 없으며 취급이 간편하다.
③ 살균하고자 하는 대상물을 손상시키지 않는다.
④ 살균력이 강하다.

36 상처가 있는 피부에 적합하지 않은 소독제는?

① 아크리놀
② 과산화 수소수
③ 포비돈
④ 승홍수

37 영업자의 지위를 승계한 자로서 신고를 하지 아니하였을 경우 해당하는 처벌 기준은?

① 1년 이하의 징역 또는 1천만 원 이하의 벌금
② 6월 이하의 징역 또는 500만 원 이하의 벌금
③ 200만 원 이하의 벌금
④ 100만 원 이하의 벌금

38 영업소 외의 장소에서 이·미용 업무를 행할 수 있는 경우가 아닌 것은?

① 질병으로 영업소에 나올 수 없는 경우
② 결혼식 등의 의식 직전인 경우
③ 손님의 간곡한 요청이 있을 경우
④ 시장·군수·구청장이 인정하는 경우

39 공익상 또는 선량한 풍속 유지를 위하여 필요하다고 인정하는 경우에 이·미용업의 영업 시간 및 영업 행위에 관한 필요한 제한을 할 수 있는 자는?

① 관련 전문 기관 및 단체장
② 시·도지사
③ 보건복지부 장관
④ 시장·군수·구청장

40 이·미용사 면허를 취득할 수 없는 자는?

① 면허 취소 후 1년 경과자
② 독감 환자
③ 마약 중독자
④ 전과 기록자

41 처분 기준이 200만 원 이하의 과태료가 아닌 것은?

① 규정을 위반하여 영업소 이외 장소에서 이·미용 업무를 행한 자
② 위생 교육을 받지 아니한 자
③ 위생 관리 의무를 지키지 아니한 자
④ 관계 공무원의 출입·검사·기타 조치를 거부·방해 또는 기피한 자

42 이·미용사 면허를 받을 수 없는 경우에 해당하는 것은?

① 전문대학 또는 동등 이상의 학력이 있다고 교육부 장관이 인정하는 학교에서 이용 또는 미용에 관한 학과 졸업자
② 교육부 장관이 인정하는 인문계 학교에서 1년 이상 이·미용사 자격을 취득한 자
③ 국가 기술 자격법에 의한 이·미용사 자격을 취득한 자
④ 교육부 장관이 인정한 고등 기술학교에서 1년 이상 이·미용에 관한 소정의 과정을 이수한 자

43 이·미용 기구의 소독 기준 및 방법을 정한 것은?

① 대통령령
② 보건복지부령
③ 환경부령
④ 보건소령

44 화장품에 대한 설명 중 틀린 것은?

① 인체에 대한 작용이 경미한 것이다.
② 장기간 또는 단기간 사용한다.
③ 특정 질환을 가진 환자가 대상이다.
④ 유효성과 부작용의 비율에 따라 가치가 결정된다.

45 화장품의 품질 특성 중 안정성 항목에 포함되지 않는 것은?

① 변색
② 변취
③ 미생물 오염
④ 독성이 없을 것

46 화장품의 수성 원료 중 정제수에 대한 설명으로 틀린 것은?

① 화장품에서 가장 많이 사용된다.
② 이온 교환 수지를 할 필요가 없다.
③ 세균이나 중금속이 포함되면 안 된다.
④ 일정한 pH를 유지하여야 한다.

47 시트러스(감귤류) 에센셜 오일이 아닌 것은?

① 오렌지
② 재스민
③ 베르가모트
④ 레몬

48 팩에 관한 설명이 잘못된 것은?

① 팩은 '포장하다, 둘러싸다'라는 뜻을 가지고 있다.
② 팩은 피부의 노폐물을 제거하고 청결하게 하는 효과가 있다.
③ 건성·노화 피부에는 워시-오프 타입이 가장 적당하다.
④ 민감성 피부에는 필-오프 타입이 적당하다.

49 아이 섀도 중 돌출되거나 넓어 보이려 바르는 컬러는?

① 하이라이트 컬러
② 포인트 컬러
③ 베이스 컬러
④ 언더 컬러

50 유연 화장수의 작용으로 틀린 것은?

① 피부에 영양을 주고 윤택하게 한다.
② 피부에 거침을 방지하고 부드럽게 한다.
③ 피부에 수축 작용을 한다.
④ 피부에 남아 있는 비누에 알칼리를 중화시킨다.

51 메이크업 베이스에 대한 설명으로 바르지 않은 것은?

① 파운데이션 메이크업의 전 단계이다.
② 보호막을 형성해 기초화장으로부터 피부를 보호해 준다.
③ 피부 톤을 조절하여 보정 효과를 준다.
④ 파우더의 효과를 극대화시키는 보조 파운데이션이다.

52 파운데이션에 대해 바르게 설명한 것은?

① 피부색을 조절해 입체감을 살릴 수 있다.
② 오염된 환경으로부터 피부를 보호하는 기능은 없다.
③ 결점 커버는 컨실러로만 가능하다.
④ 파운데이션 색상 선택 시 기준이 되는 것은 현재 유행하는 색깔이다.

53 야외 촬영 웨딩 메이크업에서 주의해야 할 점으로 바른 것은?

① 실외 촬영이므로 실내 촬영보다는 피부 톤을 조금 어둡게 해야 자연스럽다.
② 얼굴 전체에 글리터를 뿌려 화려함을 표현한다.
③ 짙은 윤곽 수정 메이크업으로 이목구비를 뚜렷하게 표현한다.
④ 자연광 속에서 메이크업이 돋보이게 본인 피부 톤보다 두 톤 정도 밝게 처리한다.

54 영상 메이크업을 할 때 가장 신경 써야 하는 부분은?

① 피부
② 눈썹
③ 아이 섀도
④ 입술

55 노인 메이크업을 하기 위한 설명이 바르지 않은 것은?

① 대본이나 시나리오를 읽고 극중 노인으로 나오는 배역의 성격을 정확히 분석해야 한다.
② 노인이 등장하는 작품의 시대적 배경과 극의 종류를 파악한다.
③ 노인의 얼굴 골격은 비슷하니까 항상 같은 메이크업 디자인을 한다.
④ 같은 60대 노인이라도 외형적 이미지와 나이는 살아온 환경, 건강, 직업 등에 의해서 젊거나 늙게 표현된다.

56 발레리나 메이크업에 대한 설명 중 틀린 것은?

① 얼굴이 작게 보여야 하므로 턱 수정은 브라운 톤으로 진하게 한다.
② 보디 분을 바르므로 몸, 목과 같은 톤으로 밝게 메이크업한다.
③ 볼터치와 립 메이크업을 옅은 핑크톤으로 은은하게 바른다.
④ 눈은 최대한 커 보이도록 언더 라인을 밑으로 많이 내려 수평으로 그린다.

57 땀이나 물에 젖은 듯한 피부를 표현하는 데 사용하는 재료로 볼 수 없는 것은?

① 왁스
② 페이스 오일
③ 펄 또는 글리터 제품
④ 바셀린 또는 글리세린

58 특수 분장의 범위에 속하지 않는 것은?

① 할아버지 배역의 수염 분장
② 영화 속의 화상 환자
③ 실연의 상처
④ 연극 혹부리 영감의 혹

59 핫 폼 라텍스 스킨을 피부에 붙일 때 옳은 것은?

① 피부는 깨끗한 상태이어야 한다.
② 피부에 파운데이션이 있어야 한다.
③ 피부에 글리세린을 먼저 바른 뒤 붙인다.
④ 피부에 왁스를 잘 바른 뒤 붙인다.

60 충혈된 눈을 분장해야 할 때 바른 것은?

① 뜬 눈으로 밤을 샌다.
② 아래 속눈썹에 빨간 라인을 그리고 아이 블러드를 넣는다.
③ 눈을 비비고 나서 식염수를 넣는다.
④ 눈에 바람을 불어 넣는다.

01	02	03	04	05	06	07	08	09	10	11	12	13	14	15	16	17	18	19	20
④	②	③	①	④	④	④	②	②	④	④	③	③	③	②	④	①	①	②	②

21	22	23	24	25	26	27	28	29	30	31	32	33	34	35	36	37	38	39	40
③	①	③	①	③	④	①	③	②	④	①	①	③	②	①	④	②	③	②	③

41	42	43	44	45	46	47	48	49	50	51	52	53	54	55	56	57	58	59	60
④	②	②	③	④	②	②	④	①	③	②	①	③	①	③	①	③	③	①	②

메이크업 미용사 실전 모의고사 (7회)

자격 종목		코드	출제 문항 수	시험 시간	수험번호	성명
메이크업 미용사		7967	60문항	60분		

01 같은 종족임을 표시하여 종족의 보호와 방어를 위한 메이크업의 목적은?

① 표시적 목적   ② 본능적 목적
③ 실용적 목적   ④ 종교적 목적

02 분대 화장은 어떤 신분과 직업을 가진 여성들의 화장인가?

① 여염집 여성   ② 천민
③ 귀부인들의 화장   ④ 기생

03 20세기 초반에 대중 매체에 등장하는 스타들의 메이크업에 대한 설명으로 올바른 것은?

① 1920년대: 가는 활모양 눈썹의 그레타 가르보
② 1930년대: 창백한 얼굴에 짙은 눈 화장을 한 클라라 보우
③ 1940년대: 각진 눈썹에 풍성한 속눈썹을 강조한 마릴린 먼로
④ 1950년대: 가늘고 짧은 눈썹과 아이 라이너로 눈꼬리를 올린 오드리 헵번

04 메이크업 도구의 세척 방법으로 알맞은 것은?

① 립 브러시: 브러시 클리너 또는 클렌징크림으로 세척한다.
② 라텍스 스펀지: 뜨거운 물로 세척하고, 햇빛에 건조한다.
③ 아이 섀도 브러시: 클렌징크림, 클렌징 오일로 세척한다.
④ 팬 브러시: 브러시 클리너로 세척 후 세워서 건조한다.

05 에스닉 메이크업에 대한 설명으로 바르지 않은 것은?

① 국가와 인종에 맞추어 피부 톤을 선택한다.
② 중국, 일본 등의 동양계 이미지는 피부 톤을 어두운 색으로 표현한다.
③ 인도나 중동의 경우 주황색 계열의 블러셔를 사용한다.
④ 중동의 경우 T존에 금빛 펄 파우더로 포인트를 주는 것도 효과적이다.

06 패션쇼 메이크업에 대한 설명으로 바르지 않은 것은?

① 의상 스타일에 따라 메이크업 패턴이 달라진다.
② 메이크업 아티스트의 주관적인 스타일이 가장 중요하다.
③ 헤어, 의상, 메이크업, 소품이 모두 조화롭게 표현되어야 한다.
④ 시간이 한정되어 있는 현장 메이크업이므로 신속한 동작과 집중력이 필요하다.

07 메이크업 아티스트의 자세로 바람직하지 않은 것은?

① 촬영이 끝나면 화장 도구와 소품 등은 꼼꼼하게 챙긴다.
② 메이크업이 끝나면 임무가 끝났으므로 현장을 바로 떠난다.
③ 촬영 시 분첩을 들고 수시로 모델의 얼굴을 체크한다.
④ 솔선수범하여 작업대 주변을 정리정돈한다.

08 기초화장에서 수분·유분 공급으로 피부의 균형을 유지하는 화장품이 아닌 것은?

① 마사지 크림 　 ② 영양 크림
③ 영양 화장수 　 ④ 수렴 화장수

09 긴 형 얼굴을 보완하기 위한 눈썹 시술 방법으로 바른 것은?

① 직선적인 눈썹
② 올라간 눈썹
③ 화살형 눈썹
④ 아치형 눈썹

10 화려하고 활동적인 이미지를 연출하고자 할 때 어울리는 립 컬러 톤은?

① 파스텔 톤 　 ② 페일 톤
③ 비비드 톤 　 ④ 스트롱 톤

11 Vitamin C 부족 시 어떤 증상이 주로 일어 날 수 있는가?

① 피부가 촉촉해진다.
② 기미가 생긴다.
③ 여드름의 발생 원인이 된다.
④ 지방이 많이 낀다.

12 한 나라의 건강 수준을 나타내며 다른 나라들과의 보건 수준을 비교할 수 있는 세계보건기구가 제시한 지표는?

① 비례 사망 지수
② 국민 소득
③ 질병 이환율
④ 인구 증가율

13 다음 중 도자기류의 소독 방법으로 가장 적당한 것은?

① 염소 소독 　 ② 승홍수 소독
③ 자비 소독 　 ④ 저온 소독

14 다음 중 하수에서 용존 산소(DO)가 아주 낮다는 의미는?

① 수생 식물이 잘 자랄 수 있는 물의 환경이다.
② 물고기가 잘 살 수 있는 물의 환경이다.
③ 물의 오염도가 높다는 의미이다.
④ 하수의 BOD가 낮은 것과 같은 의미이다.

15 다음 중 포인트 메이크업 단계에서 필요한 도구가 아닌 것은?

① 파운데이션 브러시
② 브러시 클리너
③ 아이래시컬러
④ 치크 브러시

16 표피의 구조 순서로 알맞은 것은?

① 각질층, 기저층, 유극층, 투명층, 과립층
② 각질층, 과립층, 기저층, 유극층, 투명층
③ 각질층, 투명층, 과립층, 유극층, 기저층
④ 각질층, 유극층, 투명층, 과립층, 기저층

17 지성 피부의 화장품 적용 목적 및 효과로 가장 거리가 먼 것은?

① 피지 분비의 정상화
② 모공 수축
③ 유연 회복
④ 항염, 정화 기능

18 인체의 생리적 조절 작용에 관여하는 영양소는?

① 단백질　　　　② 비타민
③ 지방질　　　　④ 탄수화물

19 전염성이 강하며 주로 2 ～ 10세 소아에게 많이 발생하는 피부 질환은?

① 절종　　　　② 수두
③ 단순 포진　　　　④ 농가진

20 표피의 각질층까지 도달하고 대기 중 오존층에 의해 흡수하는 자외선의 종류로 알맞은 것은?

① 단파장　　　　② 중파장
③ 장파장　　　　④ 화학파장

21 파상풍 예방 접종은 어떤 면역 방법인가?

① 인공 수동 면역
② 인공 능동 면역
③ 자연 수동 면역
④ 자연 능동 면역

22 단백질과 피부 미용에 대한 설명 중 잘못된 것은?

① 아미노산은 피부의 재생에 깊이 관여한다.
② 단백질 섭취의 부족은 여드름 피부를 유발할 수 있다.
③ 지나친 단백질 섭취는 색소 침착의 원인이 되기도 한다.
④ 아미노산의 부족은 표피 세포의 노화를 촉진시켜 잔주름이 형성된다.

23 세계보건기구(WHO)에서 규정된 건강의 정의를 가장 적절하게 표현한 것은?

① 육체적으로 완전히 양호한 상태
② 정신적으로 완전히 양호한 상태
③ 질병이 없고 허약하지 않은 상태
④ 육체적, 정신적, 사회적 안녕이 완전한 상태

24 돼지와 관련이 있는 질환으로 거리가 먼 것은?

① 유구조충증
② 살모넬라증
③ 일본 뇌염
④ 발진티푸스

25 임신 초기에 감염이 되어 백내장아, 농아 출산의 원인이 되는 질환은?

① 심장 질환　　　　② 뇌 질환
③ 풍진　　　　④ 당뇨병

26 지구 온난화 현상(Global Warming)의 주원인이 되는 가스는?

① CO_2　　　　② CO
③ Ne　　　　④ NO

27 단백질이 부족할 때 나타날 수 있는 영양 장애는?

① 구루병
② 각기병
③ 식욕 부진
④ 성장의 지연

28 폐흡충증(폐디스토마)의 제1 중간 숙주는?

① 다슬기　　　　② 왜우렁
③ 게　　　　　　④ 가재

29 산업 피로의 본질과 가장 관계가 먼 것은?

① 생체의 생이적 변화
② 피로 감각
③ 산업 구조의 변화
④ 작업량 변화

30 객담이 묻은 휴지의 소독 방법으로 가장 알맞은 것은?

① 고압 멸균법
② 소각 소독법
③ 자비 소독법
④ 저온 소독법

31 소독의 정의를 가장 잘 표현한 것은?

① 미생물의 발육과 생활을 제지 또는 정지시켜 부패 또는 발효를 방지할 수 있는 것
② 병원성 미생물의 생활력을 파괴 또는 멸살시켜 감염 또는 증식력을 없애는 조작
③ 모든 미생물의 생활력을 파괴 또는 멸살 또는 파괴시키는 조작
④ 오염된 미생물을 깨끗이 씻어 내는 작업

32 주로 여름철에 발병하며 어패류 등에 생식이 원인이 되어 복통, 설사 등의 급성 위장염 증상을 나타내는 식중독은?

① 포도상구균
② 병원성 대장균
③ 장염 비브리오
④ 보툴리누스균

33 이·미용 업소에서의 일반적인 수건 소독법으로 가장 적합한 것은?

① 석탄산 소독
② 크레졸 소독
③ 자비 소독
④ 적외선 소독

34 다음 중 세균의 포자를 사멸시킬 수 있는 것은?

① 포르말린
② 알코올
③ 음이온 계면 활성제
④ 치아염소산소다

35 다음 중 화학적 살균법이라고 할 수 없는 것은?

① 자외선 살균법
② 알코올 살균법
③ 염소 살균법
④ 과산화수소 살균법

36 보건 행정의 역할과 원리에 관한 설명으로 알맞은 것은?

① 보건 행정은 공중 보건학에 기초한 과학적 기술이다.
② 의사 결정 과정에서 미래를 예측하고, 행동하기 전에 행동 계획을 결정한다.
③ 일반 행정 원리의 관리 과정적 특성과 기획 과정은 적용되지 않는다.
④ 보건 행정에서는 생태학이나 역학적 고찰이 필요 없다.

37 영업 신고를 하지 아니하고 영업소의 소재지를 변경한 때의 행정처분은?

① 경고
② 면허 정지
③ 면허 취소
④ 영업장 폐쇄 명령

38 이·미용업에 있어 청문을 실시하여야 하는 경우가 아닌 것은?

① 면허 취소 처분을 하고자 하는 경우
② 면허 정지 처분을 하고자 하는 경우
③ 일부 시설의 사용 중지 처분을 하고자 하는 경우
④ 위생 교육을 받지 아니하여 1차 위반한 경우

39 부득이한 사유가 없는 한 공중 위생 영업소를 개설할 자는 언제 위생 교육을 받아야 하는가?

① 영업 개시 후 2월 이내
② 영업 개시 후 1월 이내
③ 영업 개시 전
④ 영업 개시 후 3월 이내

40 다음 중 공중 위생 영업을 하고자 할 때 필요한 것은?

① 허가   ② 통보
③ 인가   ④ 신고

41 공중 위생 영업자가 준수하여야 할 위생 관리 기준은 어느 것으로 정하고 있는가?

① 대통령령
② 국무총리령
③ 노동부령
④ 보건복지부령

42 이용 및 미용업 영업자의 지위를 승계한 자가 관계 기관에 신고를 해야 하는 기간은?

① 1년 이내   ② 1월 이내
③ 6월 이내   ④ 3월 이내

43 이·미용업 영업자가 변경 신고를 해야 하는 것을 모두 고른 것은?

> ㄱ. 영업소의 소재지
> ㄴ. 영업소 바닥의 면적의 3분의 1 이상의 증감
> ㄷ. 종사자의 변동 사항
> ㄹ. 영업자의 재산 변동 사항

① ㄱ   ② ㄱ, ㄴ
③ ㄱ, ㄴ, ㄷ   ④ ㄱ, ㄴ, ㄷ, ㄹ

44 화장품의 정의를 잘못 설명한 것은?

① 우리나라 화장품의 정의는 인체를 청결 또는 미화하기 위한 것이다.
② 인체에 대한 작용이 경미한 것을 말한다.
③ 화장품의 정의는 나라별로 다르다.
④ 우리나라는 기능성 화장품을 법으로 정하지 않았다.

45 다음 중 메이크업 화장품에 포함되지 않는 것은?

① 네일 에나멜
② 에센스
③ 마스카라
④ 리퀴드 파운데이션

46 식물성 원료가 아닌 것은?

① 호호바 오일
② 피마자 오일
③ 밍크 오일
④ 동백기름

47 보습제로 바람직한 조건이 아닌 것은?

① 흡습력이 지속되어야 한다.
② 고휘발성이어야 한다.
③ 흡습력이 다른 환경 조건의 영향을 잘 받지 않아야 한다.
④ 다른 성분과 공존성이 좋아야 한다.

48 제형별 로션에 대한 설명 중 틀린 것은?

① O/W형 제품은 가볍고 산뜻한 사용감을 준다.
② W/O형 제품은 보습 효과가 우수하다.
③ W/O형 제품은 산뜻한 사용감과 보습 효과가 우수하다.
④ W/S형 제품은 유분감이 많고 무거운 사용감을 준다.

49 향수의 구비 조건으로 바르게 설명된 것은?

① 지속력은 크게 상관없다.
② 시대성에 부합되는 향이어야 한다.
③ 향에 특징이 없어도 된다.
④ 향의 조화가 잘 이루어질 필요는 없다.

50 기능성 화장품에 대한 설명으로 틀린 것은?

① 피부의 미백에 도움을 주는 제품
② 피부를 검게 태우는 데 도움을 주는 제품
③ 자외선으로부터 피부를 보호하는 데 도움을 주는 제품
④ 피부의 주름 개선에 도움을 주는 제품

51 메이크업 베이스를 바르는 방법을 바르게 설명한 것은?

① 좁은 부위(눈, 코, 입, 턱)부터 바르고 넓은 부위(볼, 이마)를 바른다.
② 피부 결을 따라 밖에서 안으로 발라 준다.
③ 스펀지나 약지로 펴 바른다.
④ 스킨, 로션을 바르기 전에 메이크업 베이스를 바른다.

52 동양인의 피부에 어울리는 메이크업 베이스의 색상은?

① 그린색　　　　② 연핑크색
③ 보라색　　　　④ 흰색

53 신부 메이크업의 표현 방법으로 적당하지 않는 것은?

① 입술이 큰 신부는 짙은 색의 립스틱으로 포인트를 줘야 한다.
② 신부의 눈이 처진 경우는 눈꼬리 쪽에서 라인을 사선 방향으로 살짝 올려 그린다.
③ 섀도는 선이 생기지 않게 자연스럽게 그러데이션한다.
④ 피부 톤은 혈색 있고 화사하게 표현한다.

54 신랑 메이크업에 대한 설명으로 적절하지 못한 것은?

① 눈썹은 자연스럽게 최소한으로 그려 준다.
② 입술은 립글로스와 입술 색에 가까운 색으로 가볍게 표현한다.
③ 본인 피부 톤보다 한 톤 밝은 파운데이션으로 화사하게 표현한다.
④ 전체적으로 최대한 자연스럽게 표현해 주는 것이 중요하다.

55 미디어 메이크업에 대한 설명으로 바르지 않은 것은?

① 장시간의 촬영이므로 커버력과 지속력이 우수한 스틱 파운데이션, 케이크 제품을 사용한다.
② 섀도 색상과 의상의 색상을 맞추고 립 라이너와 립스틱으로 절제된 세련미를 표현한다.
③ 아이 섀도는 펄 감이 있는 아이보리나 핑크색으로 화사하게 표현한다.
④ 컨실러로 잡티 커버를 하고 투명 파우더로 번들거림을 방지하여 준다.

56 프로필 사진을 위한 피부 표현으로 적합한 것은?

① 촉촉한 피부 표현을 위해 리퀴드 파운데이션을 바른 후 파우더는 하지 않는다.
② 본인의 피부 톤에 맞는 색상의 스틱 파운데이션을 사용하여 매트하게 표현한다.
③ 화사하게 보이기 위해 핑크 계열의 펄 파운데이션을 사용한다.
④ 콤팩트 파우더는 사용하지 않는다.

57 멍, 상처 분장을 할 때 올바른 것은?

① 상처 부위는 분장사가 설정한다.
② 철저한 육하원칙에 의해 표현한다.
③ 멍 표현은 아티스트의 편의에 따라 넓은 부위에 한다.
④ 상처 표현은 연기자가 원하는 부위에 한다.

58 핫 폼 라텍스로 인조 피부를 만들 때 필요하지 않는 것은?

① 글리세린
② 라텍스 믹서
③ 핫 폼 라텍스
④ 강 석고로 만든 음각 틀

59 아트 메이크업의 작품 구상 요소가 아닌 것은?

① 디자인 발상
② 컬러의 배합 및 표현
③ 주제 해석력
④ 착시 현상

60 보디 페인팅의 디자인 순서를 올바르게 나열한 것은?

> 가. 다양한 형태로 디자인하고 색칠하기
> 나. 자료 수집하기
> 다. 대상을 관찰하고 특징을 파악하기
> 라. 인체의 굴곡에 맞게 디자인하기

① 나 - 라 - 가 - 다
② 나 - 다 - 라 - 가
③ 다 - 라 - 가 - 나
④ 다 - 나 - 라 - 가

01	02	03	04	05	06	07	08	09	10	11	12	13	14	15	16	17	18	19	20
③	④	④	①	②	②	②	①	①	③	②	①	③	③	①	③	③	②	②	①
21	22	23	24	25	26	27	28	29	30	31	32	33	34	35	36	37	38	39	40
②	④	④	④	③	①	④	①	③	②	②	③	③	①	①	①	④	④	③	④
41	42	43	44	45	46	47	48	49	50	51	52	53	54	55	56	57	58	59	60
④	②	②	④	②	③	②	④	②	②	③	③	①	③	③	②	②	①	④	②

메이크업 미용사 실전 모의고사 (8회)

자격 종목		코드	출제 문항 수	시험 시간	수험번호	성명
메이크업 미용사		7967	60문항	60분		

01 메이크업의 사전적 의미로 옳은 것은?

① 모방하다.
② 있는 그대로를 지킨다.
③ 피부를 보호한다.
④ 결점을 보완하고 장점을 돋보이게 한다.

02 국내 영화 산업의 영향으로 배우의 화장법이나 패션 등이 유행하던 시기는?

① 1950년대
② 1960년대
③ 1970년대
④ 1980년대

03 19세기에 들어서 자연주의 영향으로 가장 선호하게 된 메이크업 이미지는 무엇인가?

① 소녀 같은 이미지
② 중성적인 이미지
③ 가볍고 자연스러운 이미지
④ 인위적인 이미지

04 해면 스펀지에 대한 설명으로 바르지 않은 것은?

① 물에 닿으면 단단해지는 성질이 있으므로 주의하여 사용한다.
② 화장을 지울 때 사용하기도 한다.
③ 케이크 파운데이션을 얼굴에 펴 바를 때 사용하기도 한다.
④ 사용 후 즉시 세척하여 통풍이 잘되는 곳에서 건조시킨다.

05 오리엔탈 이미지의 부분 메이크업과 메이크업 주조색이 잘못 연결된 것은?

① 볼 화장 - 실버톤
② 입술 화장 - 레드
③ 피부 표현 - 화이트
④ 눈 화장 - 블랙

06 트렌드 메이크업의 종류와 아이 메이크업 방법이 잘못된 것은?

① 글로시 메이크업: 실버 펄 베이스와 회청색, 청보라 펄로 포인트를 준다.
② 스모키 메이크업: 화이트 베이스와 붉은색으로 포인트를 준다.
③ 사이버 메이크업: 화이트 펄 베이스와 퍼플, 청보라 등으로 포인트를 준다.
④ 투명 메이크업: 화이트 펄 베이스와 투명 립글로스로 마무리한다.

07 메이크업 아티스트가 꼭 갖추어야 할 자질이 아닌 것은?

① 최신 트렌드에 관심 갖기
② 유려한 말솜씨
③ 투철한 직업의식
④ 청결한 제품 관리

08 얼굴형에 따른 수정 메이크업으로 바르지 않은 것은?

① 둥근형: 볼 옆선을 따라 얼굴 외곽 부분에 섀도를 넣어 준다.
② 각진형: 턱의 양 끝부분과 헤어 라인의 양 끝부분에 섀도를 넣어 준다.
③ 역삼각형: 볼 뼈 부분에 섀도를 넣어 준다.
④ 긴 형: 이마 라인과 코 밑, 턱선 부분에 섀도를 넣어 준다.

09 색의 혼합에 대한 설명으로 바르지 않은 것은?

① 감산 혼합은 색료 혼합이다.
② 가산 혼합의 삼원색은 빨강, 노랑, 파랑이다.
③ 흰색, 원색은 어떠한 혼합으로도 만들 수 없는 색이다.
④ 빛과 안료를 혼합한 색은 다르다.

10 미생물의 발육과 그 작용을 제거하거나 정지시켜 음식물의 부패나 발효를 방지하는 것은?

① 방부　　　　② 소독
③ 살균　　　　④ 살충

11 인구 구성 중 14세 이하가 65세 이상 인구의 2배 정도이며, 출생률과 사망률이 모두 낮은 형은?

① 피라미드형(Pyramid Form)
② 종형(Bell Form)
③ 항아리형(Pot Form)
④ 별형(Accessive Form)

12 방역용 석탄산의 가장 적당한 희석 농도는?

① 0.1%　　　　② 0.3%
③ 3.0%　　　　④ 75%

13 소음이 인체에 미치는 영향으로 가장 거리가 먼 것은?

① 불안증 및 노이로제
② 청력 장애
③ 중이염
④ 작업 능률 저하

14 무기질에 대한 설명으로 틀린 것은?

① 조절 작용을 한다.
② 수분과 산, 염기의 평형 조절을 한다.
③ 뼈와 치아를 공급한다.
④ 에너지 공급원으로 이용된다.

15 행정처분 사항 중 1차 처분이 경고에 해당하는 것은?

① 귓불 뚫기 시술을 한 때
② 시설 및 설비 기준을 위반한 때
③ 신고를 하지 아니하고 영업소 소재를 변경한 때
④ 위생 교육을 받지 아니한 때

16 표피의 구성 세포에 속하지 않는 것은?

① 각질 형성 세포　　② 멜라닌 세포
③ 머켈 세포　　　　④ 조혈모 세포

17 피부 유형별 화장품 사용 시 AHA의 적용 피부가 아닌 것은?

① 노화 피부　　　　② 예민한 피부
③ 지성 피부　　　　④ 색소 침착 피부

18 여드름 피부의 화장품 사용에 관한 설명 중 옳지 않은 것은?

① 알코올이 함유되어 피부의 소독 기능이 있는 제품을 사용한다.
② AHA, 살리실산 등의 딥클렌징 성분이 함유된 화장품을 사용한다.
③ 클렌징크림을 사용하여 세안한다.
④ 화장수는 수렴 화장수, 소염 화장수를 사용한다.

19 탄수화물, 단백질, 지방을 총괄적으로 지칭하는 것은?

① 조절 영양소
② 열량 영양소
③ 생리 영양소
④ 구성 영양소

20 원발진으로만 짝지어진 것은?

① 동상, 궤양
② 티눈, 흉터
③ 색소 침착, 찰상
④ 농포, 수포

21 병원성 미생물의 종류를 연결한 것으로 잘못된 것은?

① 세균 – 간균
② 바이러스 – 박테리오파지
③ 리케차 – 아메바성 이질
④ 진균 – 곰팡이

22 내인성 노화의 원인에 해당하는 것은?

① 자외선
② 유전
③ 흡연
④ 알코올

23 공중 보건학의 정의로 가장 적합한 것은?

① 질병 예방, 생명 연장, 질병 치료에 주력하는 기술이며 과학이다.
② 질병 예방, 생명 유지, 조기 치료에 주력하는 기술이며 과학이다.
③ 질병의 조기 발견, 조기 예방, 생명 연장의 기술이며 과학이다.
④ 질병 예방, 생명 연장, 건강 증진에 주력하는 기술이며 과학이다.

24 질병 발생의 3대 요인이 옳게 묶인 것은?

① 병인, 숙주, 환경
② 숙주, 감염력, 환경
③ 감염력, 연령, 인종
④ 병인, 환경, 감염력

25 피부 침투력이 가장 높아 인체 깊숙한 곳에 영향을 미치는 광선은?

① 자외선　　　　② 가시광선
③ 원적외선　　　④ 적외선

26 인체에 질병을 일으키는 병원체 중 대체로 살아 있는 세포에서만 증식하고 크기가 가장 작아 전자 현미경으로만 관찰할 수 있는 것은?

① 구균　　　　　② 간균
③ 바이러스　　　④ 원생동물

27 다음 영아사망률 계산식에서 (A)에 들어갈 내용으로 알맞은 것은?

$$영아 \ 사망률 = \frac{A}{연간 \ 출생아 \ 수} \times 100$$

① 연간 생후 28일까지의 사망자 수
② 연간 생후 1년 미만 사망자 수
③ 연간 1 ~ 4세 사망자 수
④ 연간 임신 28주 이후 사산 + 출생 1주 이내 사망자 수

28 감염병 관리에 가장 어려움이 있는 사람은?

① 회복기 보균자
② 잠복기 보균자
③ 건강 보균자
④ 병후 보균자

29 진동이 심한 작업장 근무자에게 다발하는 질환으로 청색증과 동통, 저림 증세를 보이는 질병은?

① 레이노드씨병
② 진폐증
③ 열경련
④ 잠함병(잠수병)

30 인구 구성의 기본형 중 생산 연령 인구가 많이 유입되는 도시 지역의 인구 구성을 나타내는 것은?

① 피라미드형　　② 별형
③ 항아리형　　④ 종형

31 금속 기구를 자비 소독을 할 때 탄산나트륨($NaCO_3$)을 넣으면 살균력도 강해지고 녹이 슬지 않는다. 이때의 가장 적정한 농도는?

① 0.1 ~ 0.5%　　② 1 ~ 2%
③ 5 ~ 10%　　④ 10 ~ 15%

32 양이온 계면 활성제의 장점이 아닌 것은?

① 물에 잘 녹는다.
② 색과 냄새가 거의 없다.
③ 결핵균에 효력이 있다.
④ 인체에 독성이 적다.

33 광견병의 병원체는 어디에 속하는가?

① 세균(Bacteria)
② 바이러스(Virus)
③ 리케차(Rickettsia)
④ 진균(Fungi)

34 자연독에 의한 식중독 원인 물질과 서로 관계없는 것으로 연결된 것은?

① 테트로도톡신(Tetrodotoxin) - 복어
② 솔라닌(Solanine) - 감자
③ 무스카린(Muscarine) - 버섯
④ 에르고톡신(Ergotoxin) - 조개

35 섭씨 100 ~ 135℃ 고온의 수증기를 미생물, 아포 등과 접촉시켜 가열 살균하는 방법은?

① 간헐 멸균법　　② 건열 멸균법
③ 고압 증기 멸균법　　④ 자비 소독법

36 수질 오염을 측정하는 지표로서 물에 녹아 있는 유리 산소를 의미하는 것은?

① 용존 산소량(DO)
② 생화학적 산소 요구량(BOD)
③ 화학적 산소 요구량(COD)
④ 수소 이온 농도(pH)

37 이용 또는 미용의 면허가 취소된 후 계속하여 업무를 행한 자에 대한 벌칙 사항은?

① 6월 이하의 징역 또는 300만 원 이하의 벌금
② 500만 원 이하의 벌금
③ 300만 원 이하의 벌금
④ 200만 원 이하의 벌금

38 이·미용 영업자에게 과태료를 부과·징수할 수 있는 처분권자에 해당되지 않는 자는?

① 보건복지부 장관
② 시장
③ 군수
④ 구청장

39 대통령령이 정하는 바에 의하여 관계 전문 기관 등에 공중위생 관리 업무의 일부를 위탁할 수 있는 자는?

① 시 · 도지사
② 시장 · 군수 · 구청장
③ 보건복지부 장관
④ 보건소장

40 이용업 및 미용업은 다음 중 어디에 속하는가?

① 공중 위생 영업
② 위생 관련 영업
③ 위생 처리업
④ 위생 관리 용역업

41 영업자의 지위를 승계한 자는 몇 월 이내에 시장 · 군수 · 구청장에게 신고를 하여야 하는가?

① 1월 ② 2월
③ 6월 ④ 12월

42 다음 위법 사항 중 가장 무거운 벌칙 기준에 해당하는 자는?

① 신고를 하지 아니하고 영업한 자
② 변경 신고를 하지 아니하고 영업한 자
③ 면허 정지 처분을 받고 그 정지 기간 중 업무를 행한 자
④ 관계 공무원 출입, 검사를 거부한 자

43 면허증을 다른 사람에게 대여하여 면허가 취소되거나 정지 명령을 받은 자는 지체 없이 누구에게 면허증을 반납해야 하는가?

① 시 · 도지사
② 시장 · 군수 · 구청장
③ 보건복지부 장관
④ 경찰서장

44 화장품법상 화장품의 정의와 관련한 내용이 아닌 것은?

① 신체의 구조 · 기능에 영향을 미치는 것과 같은 사용 목적을 겸하지 않는 물품
② 인체를 청결히 하고 미화하며, 매력을 더하고 용모를 밝게 변화시키기 위해 사용하는 물품
③ 피부 혹은 모발을 건강하게 유지 또는 증진하기 위한 물품
④ 인체에 사용되는 물품으로 인체에 대한 작용이 경미한 것

45 캐머마일이 피부에 미치는 영향은?

① 피부 진정
② 발한 억제 작용
③ 유연 작용
④ 항산화 작용

46 화장품 원료 중 왁스류에 대한 설명으로 틀린 것은?

① 왁스류는 식물성 왁스류뿐이다.
② 왁스류는 유액 제품의 점성을 높이거나 스틱 제품에 많이 사용된다.
③ 라놀린도 왁스류에 포함된다.
④ 융점이 가장 높은 왁스는 카르나우바 왁스이다.

47 향장품에서 방부제로 사용하는 것은?

① 알코올
② 붕사
③ 과산화수소
④ 글리세린

48 화장품의 피부 흡수에 관한 설명 중 올바른 것은?

① 지용성 성분보다 수용성 성분이 흡수가 빠르다.
② 분자량이 높은 것이 낮은 것보다 빠르게 흡수한다.
③ 흡수 경로는 모공이나 피지선과 모낭을 통해 진피로 흡수된다.
④ 피부로부터 약물을 전달하는 시스템을 MED (Minimum Erythema Dose)라 한다.

49 모발 화장품의 기능과 제품을 바르게 연결한 것은?

① 영양 기능 - 헤어 무스, 헤어 린스
② 세정 기능 - 헤어 샴푸, 헤어 스프레이
③ 정발 기능 - 헤어 스프레이, 헤어 무스
④ 양모 기능 - 헤어 토닉, 헤어크림

50 튀어나온 눈의 아이 라이너 그리는 방법으로 바른 것은?

① 위의 라인은 생략하고 아래 라인은 속눈썹 안쪽에 그린다.
② 위의 라인의 눈꼬리를 약간 올리듯이 그린다.
③ 위의 라인의 눈꼬리와 아래 라인을 약간 진하게 그린다.
④ 아래 라인을 앞머리와 수평으로 눈꼬리 부분을 넓고 진하게 그린다.

51 아웃 커브(Out curve) 립 라인의 이미지를 설명한 것은?

① 활동적이면서 샤프하고 지적인 느낌을 준다.
② 아나운서 메이크업에 주로 사용된다.
③ 안쪽 커브로 발랄, 경쾌한 이미지를 준다.
④ 여성적이고 섹시하며 에로틱한 분위기를 준다.

52 치크 메이크업의 목적이 아닌 것은?

① 얼굴 전체에 화사함을 더한다.
② 눈과 입술의 메이크업 색상을 자연스럽게 조화시킨다.
③ 윤곽 수정으로 입체적인 표현이 가능하다.
④ 피부 톤을 완전히 바꿔 이미지 변화를 시도할 수 있다.

53 신부 메이크업 중 파운데이션을 바르는 방법으로 바른 것은?

① 두껍게 발라 지속력을 높인다.
② 꼼꼼하게 펴 발라 화장이 오랫동안 유지되도록 한다.
③ 원래 피부색이 보이도록 얇게 바른다.
④ 얼굴 전체에 펄을 발라 사진이 잘 나오도록 한다.

54 광고 메이크업을 할 때 고려해야 할 사항이 아닌 것은?

① 광고의 목적과 성격
② 모델과 광고주의 성격
③ 모델의 의상색, 헤어스타일
④ 조명

55 광고 메이크업 분야에 속하는 것은?

① 미니멀 메이크업
② 누드 메이크업
③ 스트레이트 메이크업
④ 스테이지 메이크업

56 배우를 극 중 인물화하는 디자인 작업 시 필요하지 않은 것은?

① 인물의 직업, 성격, 연령 등을 파악하여 디자인한다.
② 성격 디자인은 배우의 평소 성격을 최대한 강조하는 디자인을 한다.
③ 작품의 등장인물마다 디자인한다.
④ 실제 인물과 역할 인물을 혼합하여 새로운 인물을 디자인한다.

57 발레리나 메이크업에서 얼굴 골격 베이스 수정 중 틀린 것은?

① 무용수의 대부분은 헤어 라인이 불규칙하고 넓어 확실하게 수정해야 한다.
② 얼굴의 세로 비율은 정확한 황금 비율(1:1:1)로 수정한다.
③ 콧날과 턱 부분의 프로필 선은 확실하게 나와 보이도록 하이라이트 처리한다.
④ 광대뼈와 턱은 짙은 갈색으로 확실히 수정해서 정면에서만 작아 보이게 하면 된다.

58 에센셜 오일을 뜻하는 것이 아닌 것은?

① 정유
② 향유
③ 아로마 오일
④ 캐리어 오일

59 눈썹을 없애는 분장을 할 때 가장 먼저 해야 하는 작업은?

① 실러로 코팅하는 작업
② 왁스나 플라스트로 메우는 작업
③ 스프리트 검을 붙이는 작업
④ 라텍스를 붙이는 작업

60 방취제의 주작용은?

① 세척제
② 모공 수렴제
③ 땀 냄세 제거제
④ 살균제

01	02	03	04	05	06	07	08	09	10	11	12	13	14	15	16	17	18	19	20
④	②	③	①	①	②	②	③	②	①	②	③	③	④	④	④	②	③	②	④

21	22	23	24	25	26	27	28	29	30	31	32	33	34	35	36	37	38	39	40
③	②	④	①	③	③	②	③	①	②	②	③	②	④	③	①	③	①	③	①

41	42	43	44	45	46	47	48	49	50	51	52	53	54	55	56	57	58	59	60
①	①	②	①	①	①	②	②	③	①	④	④	②	②	③	②	④	④	③	③

메이크업 미용사 실전 모의고사 (9회)

자격 종목		코드	출제 문항 수	시험 시간	수험번호	성명
메이크업 미용사		7967	60문항	60분		

01 분대 화장은 어떤 신분과 직업을 가진 여성들의 화장인가?

① 여염집 여성　　② 천민
③ 귀부인들의 화장　　④ 기생

02 백화점에서 신제품을 시연하는 메이크업 아티스트의 자세로 바르지 않은 것은?

① 분명하고 또렷한 목소리로 설명한다.
② 모델의 옆에 서서 고객들의 시야를 방해하지 않도록 한다.
③ 전문 용어를 많이 사용하여 전문가다운 면모를 과시한다.
④ 시연 제품의 장점을 이해하기 쉽게 설명한다.

03 20세기 초반에 대중 매체에 등장하는 스타들의 메이크업에 대한 설명으로 올바른 것은?

① 1920년대: 가는 활모양 눈썹의 그레타 가르보
② 1930년대: 창백한 얼굴에 짙은 눈 화장을 한 클라라 보우
③ 1940년대: 각진 눈썹에 풍성한 속눈썹을 강조한 마릴린 먼로
④ 1950년대: 가늘고 짧은 눈썹과 아이라이너로 눈꼬리를 올린 오드리 헵번

04 메이크업 제품과 그 기능이 잘못 연결된 것은?

① 파우더 – 피부 화장의 지속력 상승
② 컨실러 – 피부의 색상 조절
③ 파운데이션 – 피부의 색상 표현
④ 메이크업 베이스 – 피부 색상의 컨트롤 효과

05 에스닉 메이크업에 대한 설명으로 바르지 않은 것은?

① 국가와 인종에 맞추어 피부 톤을 선택한다.
② 중국, 일본 등의 동양계 이미지는 피부 톤을 어두운 색으로 표현한다.
③ 인도나 중동의 경우 주황색 계열의 블러셔를 사용한다.
④ 중동의 경우 T존에 금빛 펄 파우더로 포인트를 주는 것도 효과적이다.

06 메이크업 도구의 세척 방법으로 알맞은 것은?

① 립 브러시: 브러시 클리너 또는 클렌징크림으로 세척한다.
② 라텍스 스펀지: 뜨거운 물로 세척하고, 햇빛에 건조한다.
③ 아이 섀도 브러시: 클렌징크림이나 클렌징 오일로 세척한다.
④ 팬 브러시: 브러시 클리너로 세척 후 세워서 건조한다.

07 여름철 땀과 물에 강한 마스카라는?

① 볼륨 마스카라
② 롱 래시 마스카라
③ 컬링 업 마스카라
④ 워터 프루프 마스카라

08 아쿠아 컬러에 대한 설명으로 잘못된 것은?

① 워터 컬러라고 한다.
② 멍, 화상 등에 사용하는 재료이다.
③ 물의 양에 따라 농담을 조절할 수 있다.
④ 피부에 사용하는 물감으로 물에 개어서 쓴다.

09 영양 화장수(밀크 로션)의 효과가 아닌 것은?

① 유분과 수분을 공급한다.
② 피부 모공을 수축시켜 준다.
③ 피부 퍼짐성이 좋고 흡수가 잘된다.
④ 촉촉하고 부드러운 피부로 가꾸어 준다.

10 윤곽 수정을 할 때 하이라이트를 주는 부위는?

① T존 　　　　② S존
③ V존 　　　　④ U존

11 야외 촬영 시의 메이크업 테크닉으로 옳지 않은 것은?

① 펄감을 사용해도 무방하다.
② 윤곽 수정을 자연스럽게 한다.
③ 오렌지 색상으로 눈 화장을 한다.
④ 립스틱은 레드 오렌지로 진하게 바른다.

12 계절에 따른 이미지의 설명이 잘못된 것은?

① 봄 - 노랑색이 기본 바탕인 색상
② 여름 - 흰색과 파랑색이 기본 바탕인 색상
③ 가을 - 황색이 기본 바탕인 색상
④ 겨울 - 검은색이 기본 바탕인 색상

13 피지의 작용이 아닌 것은?

① 지각 작용
② 유화 작용
③ 살균 작용
④ 수분 증발 억제 작용

14 광고 촬영 시 메이크업 아티스트로서의 역할이 아닌 것은?

① 광고 목적에 따라 정확한 이미지를 연출한다.
② 모델과 긴밀히 협조한다.
③ 현장 직원과 긴밀히 협조한다.
④ 최신 트렌드 메이크업에만 집중한다.

15 립 브러시 세척에 사용하는 제품으로 적합하지 않은 것은?

① 해면 스펀지 　　　② 클렌징크림
③ 알코올 　　　　　④ 브러시 클리너

16 포인트 메이크업 단계에서 필요한 도구가 아닌 것은?

① 파운데이션 브러시 　② 치크 브러시
③ 아이래시컬러 　　　④ 립 브러시

17 눈 화장 도구로 짝지어진 것은?

① 아이 라이너 브러시, 팬 브러시
② 아이래시컬러, 스크루 브러시
③ 치크 브러시, 아이브로 콤브
④ 팁 브러시, 스패튤러

18 색에 대한 신체 반응으로 바르지 않는 것은?

① 초록: 스트레스를 가중시키고 알레르기 반응을 심하게 한다.
② 주황: 식욕 조절 중추가 자극되고 식욕이 왕성해진다.
③ 갈색: 안정감을 주며 만성 피로감을 약화시킨다.
④ 빨강: 육체적인 강인함을 북돋우고 신체를 최고의 상태로 끌어올린다.

19 색채 배색에 대한 설명으로 바르지 않은 것은?

① 톤 온 톤 배색은 동일한 색상으로 톤의 차나 명도차를 강조한 배색이다.
② 톤 인 톤 배색은 유사한 톤의 색상으로 이루어진 배색이다.
③ 그러데이션 배색은 급격히 변화하는 배색이다.
④ 그러데이션 배색은 색채의 점진적 변화 효과를 얻는 것이다.

20 중국풍의 오리엔탈 메이크업과 어울리지 않는 메이크업은?

① 피부는 하얗게 머리는 검게 연출한다.
② 페이스 라인을 브라운 컬러의 파우더로 어둡게 표현한다.
③ 아이 라인은 굵게 눈꼬리 쪽을 올리며 길게 빼 준다.
④ 눈썹은 길고 가늘게 위로 올리며 그려 준다.

21 패션쇼 메이크업과 가장 거리가 먼 메이크업은?

① 스테이지 메이크업
② 패션 메이크업
③ 트렌드 메이크업
④ 수정 메이크업

22 인도와 중동의 민속풍을 살리기 위한 에스닉 메이크업으로 바른 것은?

① 화이트 계열을 사용
② 흰 피부에 붉은색 혈색을 준 피부 표현
③ 다크 브라운이나 선탠 톤
④ 파운데이션을 최소량 사용한 누드 톤

23 적외선의 효과로 알맞지 않은 것은?

① 통증 완화 및 진정 효과
② 근육 조직의 이완과 수축을 원활하게 함.
③ 혈액 순환 및 신진대사 촉진
④ 색소 침착

24 태어날 때부터 가지고 있는 저항력으로, 병을 치유해 나가는 면역을 뜻하는 것은?

① 획득 면역
② 자연 면역
③ 능동 면역
④ 수동 면역

25 광 노화가 진행될 때 감소하는 것은?

① 랑게르한스 세포
② 표피
③ 주름
④ 각질 세포

26 창을 통해 실내에 비치는 자연 조명을 뜻하는 것은?

① 간접 조명
② 천공광
③ 직접 조명
④ 반간접 조명

27 2년 이내 위생 교육을 받은 업종과 같은 업종의 영업을 하려는 경우 위생 교육 시간은?

① 위생 교육을 받은 것으로 한다.
② 위생 교육을 다시 받아야 한다.
③ 위생 교육 시간을 1/2로 단축한다.
④ 위생 교육 시간은 3시간이다.

28 한 국가가 지역 사회의 건강 수준을 나타내는 지표로서 대표적인 것은?

① 질병 이환률
② 영아 사망률
③ 신생아 사망률
④ 조사망률

29 법정 감염병 중 제1군 감염병에 속하는 것은?

① 콜레라
② 황열
③ 디프테리아
④ 말라리아

30 어류인 송어, 연어 등을 날로 먹었을 때 주로 감염 될 수 있는 것은?

① 갈고리촌충　　　② 긴촌충
③ 폐디스토마　　　④ 선모충

31 음용수의 일반적인 오염 지표로 사용되는 것은?

① 탁도　　　　　　② 일반 세균 수
③ 대장균 수　　　　④ 경도

32 산업 피로의 본질과 가장 관계가 먼 것은?

① 생체의 생리적 변화
② 피로 감각
③ 산업 구조의 변화
④ 작업량 변화

33 환경 오염의 발생 요인인 산성비의 가장 주요한 원 인과 산도는?

① 이산화탄소 pH 5.6 이하
② 아황산가스 pH 5.6 이하
③ 염화불화탄소 pH 6.6 이하
④ 탄화수소 pH 6.6 이하

34 다음 중 환자를 즉시 격리해야 하는 법정 감염병 은?

① 제4군 감염병　　② 제3군 감염병
③ 제2군 감염병　　④ 제1군 감염병

35 숙주의 간, 폐 기관에 흡착하여 기생하는 기생충 은?

① 흡충류　　　　　② 선충류
③ 조충류　　　　　④ 원충류

36 다음 중 이·미용 안전사고에 필요한 점검표는?

① 개인 위생 상태 점검표
② 이·미용 업소 시설 설계 도면
③ 이·미용 업소 청소 상태 점검표
④ 이·미용 안전 상태 점검표

37 간디스토마의 대표적인 증상은?

① 구토, 설사
② 소화기 장애, 간경변, 황달
③ 혈변, 복통
④ 불면증, 정서 불안

38 감염원과 감염병의 관계가 잘못된 것은?

① 복어 – 요코가와흡충
② 잉어, 붕어 – 간흡충
③ 은어, 숭어 – 요코가와흡충
④ 가재, 게 – 폐흡충

39 노인성 질환인 고혈압에 대한 설명이 틀린 것은?

① 기름진 음식이나 음주·흡연은 피한다.
② 고혈압은 합병증이 일어날 우려가 없는 질환 이다.
③ 과도한 나트륨 섭취와 스트레스, 유전적인 요 인으로 발생할 수 있다.
④ 고혈압은 최저 혈압 95mmHg, 최고 혈압 160mmHg 이상을 뜻한다.

40 다수의 사람이 좁은 공간에 밀집해 있을 때 이산화 탄소의 증가, 기온의 상승과 같은 물리·화학적인 조건이 문제가 되어 권태, 현기증, 구토 등의 증상 이 발생하는 것을 무엇이라 하는가?

① 잠수병　　　　　② 대인 기피증
③ 군집독　　　　　④ 공황 장애

41 작업할 때의 조도에 대한 설명 중 옳은 것은?

① 독서 및 서류 작업 100Lux
② 상담 및 토론 작업 50Lux
③ 정밀 작업 150 ~ 200Lux
④ 메이크업 샵 200Lux

42 RMR이 의미하는 것은 무엇인가?

① 작업 대사량을 뜻한다.
② 기초 대사량을 뜻한다.
③ 작업 대사율을 뜻한다.
④ 1,000명당 재해 건수를 뜻한다.

43 무기질 중 인(P)에 대한 설명이 아닌 것은?

① 칼슘과 결합한다.
② 뼈나 치아의 주요 성분이다.
③ 부족하면 뼈가 제대로 자라지 못한다.
④ 부족하면 갑상선 질환을 일으킨다.

44 우리나라는 세계보건기구에 언제 가입하였는가?

① 1945년 　　　② 1949년
③ 1950년 　　　④ 1956년

45 방부의 의미를 옳게 설명한 것은?

① 모든 균의 증식력을 없애 감염력을 잃게 하는 것
② 미생물을 물리·화학적으로 급속하게 죽이는 것
③ 미생물이 발육과 생활 작용을 억제 또는 정지시켜 부패나 발효를 억제하는 것
④ 모든 균을 사멸시키며 포자까지도 죽이는 것

46 다음 중 탈수 작용을 소독 기전으로 하는 소독제는 무엇인가?

① 알코올 　　　② 석탄산
③ 역성 비누 　　④ 중금속염

47 100˚C 증기로 30분간 3회 실시하는 습열 멸균법은?

① 유통 증기 멸균법
② 자비 소독법
③ 저온 살균법
④ 초고온 순간 멸균법

48 미생물의 증식에 필요한 조건으로 볼 수 없는 것은?

① 산소 　　　② 온도
③ 수분 　　　④ 이산화탄소

49 과징금 부과 및 납부에 대한 설명으로 맞지 않는 것은?

① 과징금 납부를 받은 수납 기관은 영수증을 교부한다.
② 과징금은 분할 납부할 수 없다.
③ 과징금의 징수 철자는 보건복지부령으로 한다.
④ 시·도지사가 정하는 수납 기관에 납부한다.

50 메이크업 기기 관리 방법을 올바르게 설명한 것은?

① 스패튤러는 비누 세척한다.
② 아이래시컬러는 알코올 소독한다.
③ 메이크업 브러시는 알코올 소독한다.
④ 면 퍼프는 자외선 소독기로 소독한다.

51 화장품을 사용하였을 때 보습, 노화 억제, 자외선 차단, 세정, 색상 표현 등의 효과가 있어야 한다는 화장품의 조건은?

① 안정성 　　　② 사용성
③ 안전성 　　　④ 유효성

52 화장수나 크림 등의 화장품 제조에 있어서 중요한 용매제 역할을 하며 제조 공장에서 세정액이나 희석액으로도 사용되는 것은?

① 오일 　　　② 에탄올
③ 물 　　　④ 유성 원료

53 바셀린, 파라핀, 미네랄 오일은 어떤 종류의 오일인가?

① 합성 오일　　② 식물성 오일
③ 동물성 오일　　④ 광물성 오일

54 화장품의 구성 성분으로 옳은 것은?

① 미백제, 육모제, 체취 방지제
② 수성 원료, 유성 원료, 유화제, 보습제
③ 수성 원료, 유성 원료, 육모제
④ 자외선 차단제, 유연제, 보습제

55 변질이 적고, 사용감이 좋은 오일은?

① 합성 오일　　② 광물성 오일
③ 식물성 오일　　④ 동물성 오일

56 결합 조직의 주요 단백질로, 화장품에 배합하는 천연 보습 인자는?

① 엘라스틴　　② 히알루론산
③ 비타민 C　　④ 살리실산

57 화장품의 유화 현상에 대한 설명으로 틀린 것은?

① 유화 기술은 화장품의 피부 보습도와 흡수도를 높여 준다.
② 유화 현상을 백탁 현상이라고도 부른다.
③ 유화를 이용한 화장품으로는 파운데이션, 트윈 케이크가 있다.
④ 물과 기름이 계면 활성제에 의해 뿌옇게 섞이는 것을 의미한다.

58 진한 메이크업 제거에 효과적이고, 수용성 오일을 함유하고 있어 건성·노화·민감성 피부에 적합한 것은?

① 클렌징 젤　　② 클렌징크림
③ 클렌징 로션　　④ 클렌징 워터

59 캐리어 오일에 대한 설명으로 틀린 것은?

① 피부 재생의 효과가 있다.
② 항바이러스 효과가 있다.
③ 모공 수축에 효과가 있다.
④ 식물의 씨앗에서 추출한다.

60 향수를 의미하는 perfume의 부향률은 몇 %인가?

① 3 ~ 5%　　② 5 ~ 7%
③ 9 ~ 12%　　④ 10 ~ 30%

01	02	03	04	05	06	07	08	09	10	11	12	13	14	15	16	17	18	19	20
④	③	④	①	②	②	④	②	②	①	②	④	①	④	①	①	②	①	③	②

21	22	23	24	25	26	27	28	29	30	31	32	33	34	35	36	37	38	39	40
④	③	④	②	①	②	①	②	①	②	③	③	②	④	①	③	②	①	②	③

41	42	43	44	45	46	47	48	49	50	51	52	53	54	55	56	57	58	59	60
④	③	④	②	③	①	①	①	④	②	④	③	④	②	①	①	③	①	③	④

자격 종목		코드	출제 문항 수	시험 시간	수험번호	성명
메이크업 미용사		7967	60문항	60분		

01 메이크업의 기원으로 옳지 않은 것은?

① 종교설
② 장식설
③ 종족 보존설
④ 신체 보호설

02 고대 단군 신화에도 등장하는 피부 미백 재료는?

① 쑥, 마늘
② 쑥, 홍화
③ 마늘, 돈고
④ 마늘, 피마자

03 고려 시대의 분대 화장에 대한 설명으로 틀린 것은?

① 분대 화장은 조선 시대까지 계승되었다.
② 기생들의 짙은 화장을 분대 화장이라 한다.
③ 교방에서 기생들에게 분대 화장을 가르쳤다.
④ 고려 시대 분대 화장으로 화장을 선호하는 사상이 생겼다.

04 입술 윤곽을 그리거나 입술 형태를 고칠 때 사용하는 것은?

① 립스틱
② 립 크림
③ 립 펜슬
④ 립글로스

05 아이브로의 역할이 아닌 것은?

① 얼굴형을 변화시켜 준다.
② 얼굴형이나 눈매를 보완한다.
③ 얼굴 전체의 이미지를 연출하는 데 효과적이다.
④ 얼굴의 인상을 결정하는 데 영향을 미친다.

06 아이 섀도의 색상 선택 기준으로 거리가 먼 것은?

① 입술색
② 피부색
③ 옷 색상
④ 파우더

07 코 윤곽 수정 시 하이라이트와 섀딩의 경계를 처리하는 파운데이션 테크닉은?

① 패딩 기법
② 선 긋기 기법
③ 블렌딩 기법
④ 슬라이딩 기법

08 메이크업 베이스의 색상 컨트롤 효과가 잘못 연결된 것은?

① 블루 - 붉은 기를 커버
② 핑크 - 혈색을 화사하게
③ 그린 - 여드름 피부를 커버
④ 오렌지 - 선탠한 건강한 피부색으로

09 수분 함량이 많아 자연스러운 피부 표현에 적합한 파운데이션은?

① 스틱 파운데이션
② 크림 파운데이션
③ 트윈 케이크
④ 리퀴드 파운데이션

10 다음 중 가장 강렬한 느낌이 드는 배색 조화는?

① 악센트 배색
② 톤인톤 배색
③ 동일색 배색
④ 그러데이션 배색

11 윤곽 수정을 할 때 하이라이트를 주는 부위는?

① T존
② S존
③ V존
④ U존

12 여름철 메이크업에 대한 설명 중 잘못된 것은?

① 피부 화장에 펄 감을 주어 싱그럽고 탄력 있는 분위기로 메이크업한다.
② T-존 부위에 고운 화이트 펄 파우더를 발라 하이라이트 효과를 낸다.
③ 사계절 색상으로 여름은 황금색, 오렌지 색상을 이용한다.
④ 기미, 주근깨 등 잡티가 있는 경우 자외선 차단제가 함유된 트윈 케이크를 사용한다.

13 체형과 영양과의 관계에서 영양 부족인 경우에 나타나는 현상이 아닌 것은?

① 성장 발육이 늦어진다.
② 성인병의 원인이 된다.
③ 피로감이 증대된다.
④ 무기력해지고 의욕이 없어진다.

14 비타민 C의 작용이 아닌 것은?

① 혈액 순환을 도와준다.
② 멜라닌 색소의 침착을 방지한다.
③ 피부의 가려움증을 예방한다.
④ 피부를 윤기 나고 건강하게 해 준다.

15 면역 용어에 대한 설명으로 틀린 것은?

① 대식세포 – 침입한 항원에 접근하여 먹고 소화, 처리한다.
② T림프구 – T 세포라고도 하며, 세포성 면역 기능에 관여한다.
③ 항원 – 인체에서 면역 반응을 일으키는 것을 가리킨다.
④ 알레르기 반응 – 침입한 병원균을 먹고 소화시킬 때 일어나는 반응이다.

16 피부 노화 중 광 노화 현상에 대한 설명으로 잘못된 것은?

① UV – B와 UV – C에 의한 노화이다.
② 모세 혈관이 확장된다.
③ 각질층이 두꺼워진다.
④ 멜라닌 색소 증가로 피부색이 검어진다.

17 파우더의 기능이 아닌 것은?

① 입체감이 있는 윤곽 표현
② 파운데이션의 유분기 제거
③ 포인트 메이크업의 효과 상승
④ 자외선으로부터 피부 색상 표현

18 파운데이션을 바를 때 사용하는 도구가 아닌 것은?

① 라텍스
② 스패튤러
③ 팬 브러시
④ 파운데이션 브러시

19 다음 중 눈썹 손질용 도구가 아닌 것은?

① 족집게
② 콤 브러시
③ 수정 가위
④ 스크루 브러시

20 반대색끼리의 배색에 대한 설명으로 틀린 것은?

① 보색 배색이다.
② 그러데이션 배색이다.
③ 강하고 생동감이 있다.
④ 색상환에서 서로 대각선상의 색들끼리의 배색이다.

21 영양 화장수(밀크 로션)의 효과가 아닌 것은?

① 유분과 수분을 공급한다.
② 피부 모공을 수축시켜 준다.
③ 피부 퍼짐성이 좋고 흡수가 잘된다.
④ 촉촉하고 부드러운 피부로 가꾸어 준다.

22 우리 몸에 필요한 3대 영양소에 속하지 않는 것은?

① 비타민　　　　② 지방
③ 단백질　　　　④ 탄수화물

23 자외선을 쪼였을 때 우리 몸에서 합성되는 영양소는?

① 비타민 C　　　② 비타민 D
③ 비타민 A　　　④ 비타민 B

24 피부의 색을 아름답게 보이게 하는 조명은?

① 직접 조명　　　② 간접 조명
③ 반간접 조명　　④ 전반 확산 조명

25 메이크업 제품과 그 기능이 잘못 연결된 것은?

① 파우더 – 피부 화장의 지속력 상승
② 컨실러 – 피부의 색상 조절
③ 파운데이션 – 피부의 색상 표현
④ 메이크업 베이스 – 피부 색상의 컨트롤 효과

26 아쿠아 컬러에 대한 설명으로 잘못된 것은?

① 워터 컬러라고 한다.
② 멍, 화상 등에 사용하는 재료이다.
③ 물의 양에 따라 농담을 조절할 수 있다.
④ 피부에 사용하는 물감으로 물에 개어서 쓴다.

27 선진국형으로 출생률과 사망률이 낮아 평균 수명은 높고 인구가 감소하는 인구 구성형은?

① 종형　　　　② 항아리형
③ 별형　　　　④ 피라미드형

28 공중 보건 사업의 구성 단위는?

① 노약자　　　　② 장애인
③ 직장 구성원　　④ 지역 사회 구성원

29 수질 오염으로 인한 현상이 아닌 것은?

① 적조 현상　　　② 연무 현상
③ 녹조 현상　　　④ 부영양화

30 주거 환경의 구조로서 옳지 않은 것은?

① 반드시 남향집이어야 한다.
② 마루는 통기성이 좋아야 한다.
③ 천장은 2.1m 정도가 적당하다.
④ 낮에는 자연광으로 채광이 되어야 한다.

31 창을 통해 실내에 비치는 자연 조명을 뜻하는 것은?

① 간접 조명　　　② 천공광
③ 직접 조명　　　④ 반간접 조명

32 제1군 감염병 환자의 배설물을 처리하는 데 적합한 소독법은?

① 자비 소독법　　　② 화염 멸균법
③ 고압 증기 멸균법　④ 소독법

33 소독 인자에 대한 설명 중 틀린 것은?

① 일반적으로 시간이 길수록 소독 효과가 높다.
② 일반적으로 온도가 높으면 소독 효과가 크다.
③ 소독제의 농도가 높을수록 소독 효과가 크다.
④ 미생물의 온도가 높으면 단시간 내에 소독이
　　가능하다.

34 개가 병원소로 발병하는 감염병은?

① 뇌염　　　② 광견병
③ 페스트　　④ 콜레라

35 ppm에 대한 설명으로 옳은 것은?

① 1/100만　　　② 1/10
③ 1/100　　　　④ 1/1000

36 소독 시의 유의 사항이 아닌 것은?

① 소독 시 고무장갑을 착용한다.
② 소독 시간은 오래 두어야 효과적이다.
③ 소독 방법이 간편한지 확인한다.
④ 저렴하고 구입이 편리해야 한다.

37 병원성 미생물인 세균이 일으키는 질병이 아닌 것은?

① 결핵　　　② 콜레라
③ 백혈병　　④ 파상풍

38 다음 중 병원성 미생물의 종류가 아닌 것은?

① 세균　　　② 리케차
③ 효모　　　④ 바이러스

39 미생물 중 가장 작은 것은?

① 바이러스　　② 리케차
③ 곰팡이　　　④ 세균

40 부족하면 갑상선 장애를 일으키는 무기질은?

① Cu(구리)　　② Ca(칼슘)
③ Fe(철분)　　④ I(요오드)

41 산업 재해 중 레이노병의 주요 증상은 무엇인가?

① 손가락의 감각 마비
② 위장 장애
③ 호흡 곤란
④ 구토, 설사

42 우리 몸이 가장 쾌적함을 느끼는 조건은?

① 기온 25°C, 습도 50%, 기류 25cm/sec
② 기온 28°C, 습도 50%, 기류 25cm/sec
③ 기온 32°C, 습도 50%, 기류 25cm/sec
④ 기온 32°C, 습도 70%, 기류 25cm/sec

43 영유아기의 보건 대책으로 옳지 않은 것은?

① 예방 접종
② 신체의 청결
③ 영양 및 이유 관리
④ 운동 관리

44 병원체는 리케차로, 이나 쥐벼룩이 전파하는 감염병은?

① 발진티푸스　　　② 렙토스피라
③ 광견병(공수병)　④ 페스트

45 공중위생 관리법의 목적으로 옳은 것은?

① 손님의 외모를 아름답게 꾸미는 것이다.
② 손님의 얼굴, 머리, 피부 등을 손질하는 영업이다.
③ 다수인을 대상으로 위생 관리 서비스를 제공하는 것이다.
④ 공중이 이용하는 영업과 시설의 위생 관리 등에 관한 사항을 규정한다.

46 공중위생 영업자의 지위를 승계한 사람은 시장, 군수, 구청장에게 얼마의 기간 이내에 신고해야 하는가?

① 1월　　　　　　② 2월
③ 20일　　　　　④ 15일

47 영업의 시설 및 설비를 갖춘 영업자는 누구에게 신고하여야 하는가?

① 대통령
② 보건복지부 장관
③ 광역 시장 및 도지사
④ 시장·군수·구청장

48 매년 받아야 하는 위생 교육은 몇 시간인가?

① 3시간　　　　　② 5시간
③ 4시간　　　　　④ 8시간

49 과징금 산정 기준에서 영업 정지 1개월은 며칠로 계산하는가?

① 30일　　　　　② 31일
③ 29일　　　　　④ 28일

50 폐업 신고와 관련된 내용이 아닌 것은?

① 대표자의 성명 변경
② 교육 필증
③ 영업장 면적의 3분의 1이상의 증감
④ 영업 신고증, 변경 사항을 증명하는 서류

51 화장수나 크림 등의 화장품 제조에 있어서 중요한 용매제 역할을 하며 제조 공장에서 세정액이나 희석액으로도 사용되는 것은?

① 오일　　　　　　② 에탄올
③ 물　　　　　　　④ 유성 원료

52 화장품의 제조에서 유성 원료로서 상온에서 액체 상태인 것은?

① 오일
② 왁스
③ 보습제
④ 에탄올

53 화장품의 기술상의 특성인 유화의 생성에서 사용되는 재료가 아닌 것은?

① 분산상
② 안료
③ 분산매
④ 유화제

54 에센셜 오일에 대한 설명 중 틀린 것은?

① 건강 증진에 효과가 있다.
② 정신 건강 회복에 도움을 준다.
③ 식물의 꽃·잎·줄기·뿌리에서 추출한다.
④ 피부를 깨끗하게 해 준다.

55 기능성 화장품의 기능이 아닌 것은?

① 주름 개선
② 미백 개선
③ 자외선 차단
④ 박피 기능

56 물 또는 오일, 알코올 등의 용제에 녹는 색소는?

① 염료
② 레이크
③ 무기 안료
④ 유기 안료

57 피부 자극이 적고 안정성과 유화력이 우수한 계면 활성제는?

① 음이온성 계면 활성제
② 양이온성 계면 활성제
③ 양쪽성 계면 활성제
④ 비이온성 계면 활성제

58 보습제로 사용하며, 수분을 흡수하는 능력이 강하고 향은 없으며 사용 시 끈적거리는 느낌을 주는 화장품 원료는?

① 소비톨
② 요소
③ 글리세린
④ 콜라겐

59 향이 가벼워 샤워 후 보디용으로 사용하는 제품은?

① 향수
② 샤워 코롱
③ 오데 코롱
④ 오데 토일렛

60 향수에서 탑 노트가 의미하는 것은?

① 처음 뿌렸을 때의 향취
② 향수를 뿌리고 30분 후의 향취
③ 향수를 뿌리고 1시간 후의 향취
④ 향수를 뿌리고 2시간 후의 향취

정답 《 실전 모의고사 10회

01	02	03	04	05	06	07	08	09	10	11	12	13	14	15	16	17	18	19	20
②	①	④	③	①	④	③	③	④	①	①	③	②	①	④	①	①	③	④	②

21	22	23	24	25	26	27	28	29	30	31	32	33	34	35	36	37	38	39	40
②	①	②	②	②	②	②	④	②	①	②	④	①	②	①	②	③	③	①	④

41	42	43	44	45	46	47	48	49	50	51	52	53	54	55	56	57	58	59	60
①	③	④	①	④	①	④	①	①	②	③	①	②	④	④	①	④	③	②	①

기출문제

자격 종목		코드	출제 문항 수	시험 시간	수험번호	성명
메이크업 미용사		7967	60문항	60분		

01 요충에 대한 설명으로 옳은 것은?

① 집단감염의 특징이 있다.
② 충란을 산란한 곳에는 소양증이 없다.
③ 흡충류에 속한다.
④ 심한 복통이 특징적이다.

> 요충은 집단감염이 가장 잘 되는 기생충이다.

02 공중보건학의 대상으로 가장 적합한 것은?

① 개인　　　　② 지역주민
③ 의료인　　　④ 환자집단

> 공중 보건학은 지역사회에서 건강과 관련된 요인을 규명하고 이를 개선하여 지역사회 구성원의 건강을 유지하는 동시에 사전에 질병을 예방하고자 하는 데 노력을 기울이는 학문이다.

03 다음 (   ) 안에 알맞은 말을 순서대로 옳게 나열한 것은?

> 세계 보건기구 (WHO)의 본부는 스위스 제네바에 있으며, 6개의 지역사무소를 운영하고 있다. 이중 우리나라는 (   ) 지역에, 북한은 (   )지역에 소속되어 있다.

① 서태평양, 서태평양
② 동남아시아, 동남아시아
③ 동남아시아, 서태평양
④ 서태평양, 동남아시아

> 세계보건기구(who) 6개 지역위원회 (regional committee)가 구성되어 있으며 서태평양, 동남아시아, 중동, 유럽, 남부아메리카, 아프리카가 이에 해당된다. 우리나라는 1949년 8월 17일 65번째 정회원국으로 가입하였으며 북한은 동남아시아 지역 소속이다.

04 다음 중 이,미용업소의 실내온도로 가장 알맞은 것은?

① 10℃ 이하　　② 12~15℃
③ 18~21℃　　④ 25℃ 이상

> • 쾌적한 온도는 18±2℃
> • 쾌적한 습도는 40~70℃이다.

05 다음 질병 중 모기가 매개하지 않는 것은?

① 일본뇌염
② 황열
③ 발진티푸스
④ 말라리아

> • 일본뇌염, 말라리아, 사상충, 황열은 모기가 매개하는 감염병이다.
> • 발진티푸스는 이가 매개하는 감염병이다.

06 다음 중 절족동물 매개 감염병이 아닌 것은?

① 페스트
② 유행성 출혈열
③ 말라리아
④ 탄저

> • 페스트, 유행성 출혈열은 절족동물 매개 감염병이다.
> • 탄저는 소, 말, 양 등에 의해 감염된다.－

Ans
01 ①　02 ②　03 ④　04 ③　05 ③　06 ④

07 일산화탄소(CO)와 가장 관계가 적은 것은?

① 혈색소와의 친화력이 산소보다 강하다.
② 실내공기 오염의 대표적인 지표로 사용된다
③ 중독 시 중추신경계에 치명적인 영향을 미친
　다.
④ 냄새와 자극이 없다.

> ! 실내공기 오염의 대표적인 지표로 사용되는 것은 이산화탄소
> (CO_2)이다.

08 분해 시 발생하는 발생기 산소의 산화력을 이용하
여 표백, 탈취, 살균효과를 나타내는 소독제는?

① 승홍수　　　　② 과산화수소
③ 크레졸　　　　④ 생석회

> ! • 과산화수소 : 산화작용
> • 석탄산, 생석회, 승홍, 알코올, 크레졸 : 균체의 단백질 응고
> 　작용

09 다음 전자와 중 소독에 가장 일반적으로 사용되는
것은?

① 음극선　　　　② 엑스선
③ 자외선　　　　④ 중성자

> ! 소독에 가장 일반적으로 사용되는 것은 자외선 멸균법이다. 열
> 을 가하지 않고 균을 사멸시키거나 균의 활동을 억제하는 방법
> 이다.

10 다음의 계면활성제 중 살균보다는 세정의 효과가
더 큰 것은?

① 양성 계면활성제
② 비이온 계면 활성제
③ 양이온 계면활성제
④ 음이온 계면활성제

> ! 음이온 계면활성제의 특징
> • 세정 작용이 있다.
> • 기포형성이 우수하다.
> • 지방을 과도하게 제거할 수 있다.
> • 적용 화장품 : 세안비누, 샴푸류, 폼클렌징, 바디용세정제

11 다음 기구(집기) 중 열탕소독이 적합하지 않은 것
은?

① 금속성 식기
② 면 종류의 타월
③ 도자기
④ 고무제품

> ! 열탕(자비)소독법은 유리제품, 소형기구, 스테인레스용기, 도
> 자기, 수건 등이 적합하다.

12 바이러스에 대한 설명으로 틀린 것은?

① 독감 인플루엔자를 일으키는 원인이 여기에
　해당한다.
② 크기가 작아 세균여과기를 통과한다
③ 살아있는 세포 내에서 증식이 가능하다.
④ 유전자는 DNA와 RNA 모두로 구성되어 있
　다.

> ! 바이러스의 특징
> • 살아있는 생명체 중 20~30mm 크기로 가장 작다.
> • 생존에 필요한 물질로 숙주에 의존해서 살아간다.
> • 질병을 일으키며 접촉을 통해 다른사람을 전염시킨다.
> • DNA 또는 RNA 중 하나를 유전체로 가진다.

13 다음 중 세균 세포벽의 가장 외층을 둘러싸고 있는
물질로 백혈구의 식균작용에 대항하여 세균의 세포
를 보호하는 것은?

① 편모　　　　　② 섬모
③ 협막　　　　　④ 아포

> ! 협막은 균체의 세포벽 바깥쪽에 있는 단백질의 막이다.

Ans
07 ②　08 ②　09 ③　10 ④　11 ④　12 ④　13

14 역성 비누액에 대한 설명으로 틀린 것은?

① 냄새가 거의 없고 자극이 적다.
② 소독력과 함께 세정력이 강하다.
③ 수지, 기구, 식기소독에 적당하다.
④ 물에 잘 녹고 흔들면 거품이 난다.

> ! • 역성비누는 무미,무해하여 자극성과 독성이 없어 침투력,살균력이 강하다.
> • 10% 용액을 200~400배 희석하여 손 소독에 사용하며 과일,채소,식기등에는 0.01~0.1%로 사용한다.

15 기미를 악화시키는 주요한 원인으로 틀린 것은?

① 경구 피임약의 복용
② 임신
③ 자외선 차단
④ 내분비 이상

> ! 자외선 차단은 기미를 예방하는 효과

16 모세혈관 파손과 구진 및 농포성 질환이 코를 중심으로 양볼에 나비모양을 이루는 피부병변은?

① 접촉성 피부염　　② 주사
③ 건선　　　　　　④ 농가진

> ! 주사는 주로 코와 뺨 등 얼굴의 중간 부위에 발생하는데 붉어진 얼굴과 혈관확장이 주 증상이며 간혹 구진(1cm 미만 크기의 솟아오른 피부 병변) , 농포(고름) , 부종 등이 관찰되는 만성 질환이다.

17 에크린 한선에 대한 설명으로 틀린 것은?

① 실밥을 둥글게 한 것 같은 모양으로 진피내에 존재한다.
② 사춘기 이후에 주로 발달한다.
③ 특수한 부위를 제외한 거의 전신에 분포한다.
④ 손바닥, 발바닥, 이마에 가장 많이 분포한다.

> ! 사춘기 이후에 주로 발달하는 것은 대한선(아포크릴한선)이다.

18 폐경기의 여성이 골다공증에 걸리기 쉬운 이유와 관련이 있는 것은?

① 에스트로겐의 결핍
② 안드로겐의 결핍
③ 테스토스테론의 결핍
④ 티록신의 결핍

> ! 안드로겐과 테스토스테론은 남성호르몬이며, 티록신은 갑상선에서 생성되는 호르몬이다.

19 B림프구의 특징으로 틀린 것은?

① 세포사멸을 유도한다.
② 체액성 면역에 관여한다.
③ 림프구의 20~30%를 차지한다.
④ 골수에서 생성되며 비장과 림프절로 이동한다.

> ! 세포사멸을 유도하는 것은 T림프구이다.

20 피부색에 대한 설명으로 옳은 것은?

① 피부의 색은 건강상태와 관계없다.
② 적외선은 멜라닌 생성에 큰 영향을 미친다.
③ 남성보다 여성, 고령층보다 젊은 층에 색소가 많다.
④ 피부의 황색은 카로틴에서 유래한다.

> ! 피부색은 멜라닌(흑색소) 헤모글로빈(적색소) 카로틴(황색소)의 분포에 의해 결정된다.

21 광노화로 인한 피부변화로 틀린 것은?

① 굵고 깊은 주름이 생긴다.
② 피부의 표면이 얇아진다.
③ 불규칙한 색소침착이 생긴다.
④ 피부가 거칠고 건조해진다.

> ! 광노화로 인한 피부변화는 피부의 표면이 두꺼워지는 것이다.

Ans
14 ②　15 ③　16 ②　17 ②　18 ①　19 ①　20 ④　21 ②

22 영업정지 명령을 받고도 그 기간 중에 계속하여 영업을 한 공중위생영업자에 대한 벌칙기준은?

① 6월 이하의 징역 또는 500만원 이하의 벌금
② 1년 이하의 징역 또는 1천만원 이하의 벌금
③ 2년 이하의 징역 또는 2천만원 이하의 벌금
④ 3년 이하의 징역 또는 3천만원 이하의 벌금

> ! 공중위생영업의 신고를 하지 않았거나 영업정지 또는 일부 시설의 사용중지 명령을 받고도 영업을 한 경우 1년 이하의 징역 또는 1천만원 이하의 벌칙 및 과태료가 부과된다.

23 다음 ( ) 안에 알맞은 것은?

> 공중위생영업자의 지위를 승계한 자는 ( ) 이내에 보건복지부령이 정하는 바에 따라 시장 군수 또는 구청장에게 신고하여야 한다.

① 7일　　　　② 15일
③ 1월　　　　④ 2월

> ! 영업의 승계는 1월 이내에 보건복지부령이 정하는 바에 따라 시장, 군수 또는 구청장에서 신고한다.

24 공중위생관리법에 규정된 사항으로 옳은 것은? (단, 예외 사항은 제외한다.)

① 이·미용사의 업무범위에 관하여 필요한 사항은 보건복지부령으로 정한다.
② 이·미용사의 면허를 가진 자가 아니어도 이·미용업을 개설할 수 있다.
③ 미용사(일반)의 업무범위에는 파마, 아이론, 면도, 머리피부 손질, 피부미용 등이 포함된다.
④ 일정한 수련과정을 거친 자는 면허가 없어도 이용 또는 미용업무에 종사할 수 있다.

> ! • 국가공인 미용(일반, 피부, 네일, 메이크업) 자격을 취득하든가 미용관련학과를 졸업하면 미용사 면허를 취득할 수 있다.
> • 피부미용은 미용사(피부)의 업무이다.

25 이·미용업소의 폐쇄명령을 받고도 계속하여 영업을 하는 때 관계공무원이 취할 수 있는 조치로 틀린 것은?

① 당해 영업소의 간판 기타 영업표지물의 제거
② 영업을 위하여 필수 불가결한 기구 또는 시설물을 사용할 수 없게 하는 봉인
③ 당해 영업소가 위법한 영업소임을 알리는 게시물 등의 부착
④ 당해 영업소 시설 등의 개선명령

> ! 이·미용업소의 폐쇄명령을 받고도 계속하여 영업을 하는 때 관계공무원이 취할 수 있는 조치
> • 영업소 간판 및 기타영업 표지물 제거
> • 위법한 업소임을 알리는 게시물 부착
> • 영업을 위하여 필수불가결한 기구 또는 시설물을 사용할 수 없게 봉인

26 영업소 외의 장소에서 이·미용 업무를 행할 수 있는 경우에 해달하지 않는 것은?

① 질병이나 그 밖의 사유로 영업소에 나올 수 없는 자에 대하여 이·미용을 하는 경우
② 혼례나 그 밖의 의식에 참여하는 자에 대하여 그 의식 직전에 이·미용을 하는 경우
③ 방송 등의 촬영에 참여하는 사람에 대하여 그 촬영 직전에 이·미용을 하는 경우
④ 특별한 사정이 있다고 사회복지사가 인정하는 경우

> ! 특별한 사정이 있다고 시장·군수·구청장이 인정한 경우 사회복지시설에서 봉사활동으로 하는 경우 영업소 외의 장소에서 이·미용 업무를 행할 수 있음

27 시장·군수·구청장이 영업정지가 이용자에게 심한 불편을 주거나 그 밖에 공익을 해할 우려가 있는 경우에 영업정지처분에 갈음한 과징금을 부과할 수 있는 금액기준은? (단, 예외의 경우는 제외한다.)

① 1천만원 이하　　② 2천만원 이하
③ 3천만원 이하　　④ 4천만원 이하

> ! 시장·군수·구청장은 영업정지가 이용자에서 심한 불편을 주거나 그 밖에 공익을 해할 우려가 있는 경우에는 영업정지 처분에 갈음하여 3천만원 이하의 과징금을 부과할 수 있음

Ans
22 ②　23 ③　24 ①　25 ④　26 ④　27 ②

28 이 · 미용업 영업자가 지켜야 하는 사항으로 옳은 것은?

① 부작용이 없는 의약품을 사용하여 순수한 화장과 피부 미용을 하여야 한다.
② 이 · 미용기구는 소독하여야 하며 소독하지 않는 기구와 함께 보관하는 때에는 반드시 소독한 기구라고 표시하여야 한다.
③ 1회용 면도날은 사용 후 정해진 소독기준과 방법에 따라 소독하여 재사용하여야 한다.
④ 이 · 미용업 개설자의 면허증 원본을 영업소 안에 게시하여야 한다.

> **!** 이 · 미용업 영업자 준수사항
> 의료기구와 의약품을 사용하지 않는 순수한 화장 또는 피부 미용을 할 것, 이.미용 기구는 소독한 기구와 소독을 하지 않은 기구로 분리할 것, 1회용 면도날은 손님 1인에 한하여 사용할 것

29 비누에 대한 설명으로 틀린 것은?

① 비누의 세정작용은 비누 수용액이 오염과 피부 사이에 침투하여 부착을 약화시켜 떨어지기 쉽게 하는 것이다.
② 거품이 풍성하고 잘 헹구어져야 한다.
③ pH가 중성인 비누는 세정작용 뿐만 아니라 살균 · 소독효과가 뛰어나다.
④ 메디케이티드 비누는 소염제를 배합한 제품으로 여드름, 면도, 상처 및 피부거칠음 방지 효과가 있다.

> **!** 매가 약산성인 비누는 세정.살균.소독 효과를 가진다.

30 자외선 차단 방법 중 자외선을 흡수시켜 소멸시키는 자외선 흡수제가 아닌 것은?

① 이산화티탄
② 신나메이트
③ 벤조페논
④ 살리실레이트

> **!** • 자외선 산란제 : 이산화티탄, 산화아연, 카오린, 탈크 등
> • 자외선 흡수제 : 옥틸메톡시, 신나메이트, 아본벤존, 옥시벤존, 살리실레이트, 벤조페논 등

31 미백 화장품의 기능으로 틀린 것은?

① 각질세포의 탈락 유도하여 멜라닌 색소제거
② 티로시나아제 활성화하여 도파 산화억제
③ 자외선차단 성분이 자외선 흡수 방지
④ 멜라닌 합성과 확산을 억제

> **!** 미백 화장품의 기능은 티로시나아제 억제에 있다.

32 캐리어 오일이 아닌 것은?

① 라벤더 에센셜 오일
② 호호바 오일
③ 아몬드 오일
④ 아보카도 오일

> **!** • 캐리어오일 : 호호바오일, 아몬드오일, 아보카도오일 등
> • 에센셜 오일 : 라벤더, 레몬, 카모마일, 티트리 등

33 기초화장품에 대한 내용으로 틀린 것은?

① 기초화장품이란 피부의 기능을 정상적으로 발휘하도록 도와주는 역할을 한다.
② 기초 화장품의 가장 중요한 기능은 각질층을 충분히 보습시키는 것이다.
③ 마사지 크림은 기초화장품에 해당하지 않는다.
④ 화장수의 기본기능으로 각질층에 수분, 보습 성분을 공급 하는 것이 있다.

> **!** 기초화장품 : 화장수, 로션, 크림, 에센스, 클렌징 폼, 팩, 마스크, 마사지크림 등

Ans
28 ④ 29 ③ 30 ① 31 ② 32 ① 33 ③

34 자외선 차단제에 관한 설명으로 틀린 것은?

① 자외선 차단제는 SPF의 지수가 표기되어 있다.
② SPF는 수치가 낮을수록 자외선 차단 지수가 높다.
③ 자외선 차단제의 효과는 피부의 멜라닌 양과 자외선에 대한 민감도에 따라 달라질 수 있다.
④ 자외선 차단지수는 제품을 사용했을 때 홍반을 일으키는 자외선의 양, 제품을 사용하지 않았을 때 홍반을 일으키는자외선의 양으로 나눈 값이다.

> ! SPF(Sun Protect Factor)가 높을수록 자외선 차단 지수가 높다.

35 여드름 관리에 효과적인 화장품 성분은?

① 유황　　　　② 하이드로퀴논
③ 코직산　　　④ 알부틴

> ! ・여드름 관리 : 유황
> ・색소침착(미백)관리 : 하이드로퀴논, 코직산, 알부틴

36 메이크업 도구의 세척 방법이 바르게 연결된 것은?

① 립 브러시 – 브로시 클리너 또는 클랜징 크림으로 세척한다.
② 라텍스 스펀지 – 뜨거운 물로 세척, 햇빛에 건조한다.
③ 아이섀도 브러시 – 클렌징 크림이나 클렌징 오일로 세척한다.
④ 팬 브러시 – 브러시 클리너로 세척 후 세워서 건조한다.

> ! ・라텍스스펀지 : 일회용으로 사용하는 것이 위생적이나 1회용 사용을 하지못할 경우 미온수에 샴푸를 이용해 부드럽게 주물러 세척
> ・아이섀도 브러쉬 : 브러쉬 전용 세척액이나 샴푸로 세척하고 털외방향을 고르게 하여 그늘에 뉘어 건조한다.
> ・펜 브러쉬:브러쉬 크리너로 세척 후 눕혀 그늘에서 건조한다.

37 눈썹을 벗어주거나 마스카라 후 뭉친 속눈썹을 정돈 할 때 사용하면 편리한 브러시는?

① 팬 브러시
② 스크루 브러시
③ 노즈 섀도 브러시
④ 아이라이너 브러시

> ! ・팬 브러시 : 얼굴에 떨어진 섀도우 가루나 여분의 파우더를 털어낼 때 사용
> ・노즈 섀도 브러시 : 코벽이나 콧등에 음영을 줄 때 사용
> ・아이라이너 브러시 : 젤타입의 아이라인을 그릴 때 사용

38 긴 얼굴형의 화장법으로 옳은 것은?

① 턱에 하이라이트를 처리한다.
② T존에 하이라이트를 길게 넣어준다.
③ 이마 양옆에 셰이딩을 넣어 얼굴 폭을 감소시킨다.
④ 블러셔는 눈밑 방향으로 가로로 길게 처리한다.

> ! 긴 얼굴형의 화장법은 이마와 코끝, 턱을 가로 방향으로 어둡게 섀딩을 하여 짧아 보이도록 한다. 블러셔는 눈밑 방향으로 가로로 길게 처리한다.

39 먼셀의 색상환표에서 가장 먼 거리를 두고 서로 마주보는 관계의 색채를 의미하는 것은?

① 한색　　　　② 난색
③ 보색　　　　④ 잔여색

> ! 색상환에서 서로 대응하는 위치의 색 마주보는 두 색을 상대방에 대한 보색 또는 여색이라 한다.

40 기미, 주근깨 등의 피부결점이나 눈 밑 그늘에 발라 커버하는 데 사용하는 제품은?

① 스틱 파운데이션　② 투웨이 케이크
③ 스킨 커버　　　　④ 컨실러

> ! 컨실러는 눈 피부의 잡티 커버 및 눈 밑을 밝게 표현 할 때 사용한다.

Ans
34 ②　35 ①　36 ①　37 ②　38 ④　39 ③　40 ④

41 다음 중 컬러 파우더의 색상 선택과 활용법의 연결이 가장 거리가 먼 것은?

① 퍼플 : 노란피부를 중화시켜 화사한 피부표현에 적합하다.
② 핑크 : 볼에 붉은 기가 있는 경우 더욱 잘어울린다.
③ 그린 : 붉은 기를 줄여준다.
④ 브라운 : 자연스러운 섀딩 효과가 있다.

! 핑크색은 피부의 혈색을 부여한다.

42 색에 대한 설명으로 틀린 것은?

① 흰색, 회색, 검정 등 색감이 없는 계열의 색을 통틀어 무채색이라고 한다.
② 색의 순도는 색의 탁하고 선명한 강약의 정도를 나타내는 명도를 의미한다.
③ 인간이 분류할 수 있는 색의 수는 개인적인 차이는 존재하지만 대략 750만 가지 정도이다.
④ 색의 강약을 채도라고 하며 눈에 들어오는 빛이 단일 파장으로 이루어진 색일수록 채도가 높다.

! 채도 : 색의 강약을 나타내는 성질이며 '순도' 즉 색의 순수한 정도를 의미한다.

43 메이크업 미용사의 작업과 관련한 내용으로 가장 거리가 먼 것은?

① 모든 도구와 제품은 청결히 준비하도록 한다.
② 마스카라나 아이라인 작업 시 입으로 불어 신속히 마르게 도와준다.
③ 고객의 신체에 힘을 주거나 누르지 않도록 주의한다.
④ 고객의 옷에 화장품이 묻지 않도록 가운을 입혀준다.

! 작업 시 입으로 부는 행위는 불쾌감을 줄 수 있으므로 삼간다.

44 얼굴의 윤곽수정과 관련한 설명으로 틀린 것은?

① 색의 명암 차이를 이용해 얼굴에 입체감을 부여하는 메이크업 방법이다.
② 하이라이트 표현은 1~2톤 밝은 파운데이션을 사용한다.
③ 섀딩 표현은 1~2톤 어두운 브라운색 파운데이션을 사용한다.
④ 하이라이트 부분은 돌출되어 보이도록 베이스 컬러와의 경계선을 잘 만들어 준다.

! 하이라이트 부분은 베이스 섀도와 자연스럽게 그라데이션하여 경계선이 없어야 자연스러운 윤곽수정을 할 수 있다.

45 메이크업 색과 조명에 관한 설명으로 틀린 것은?

① 메이크업의 완성도를 높이는 데는 자연광선이 가장 이상적이다.
② 조명에 의해 색이 달라지는 현상은 저채도색보다는 고채도색에서 잘 일어난다.
③ 백열등은 장파장 계열로 사물의 붉은 색을 증가 시키는 효과가 있다.
④ 형광등은 보라색과 녹색의 파장 부분이 강해 사물을 시원하게 보이는 효과가 있다.

! 조명에 의해 색이 달라지는 현상은 고채도 색에서 잘 일어난다.

46 메이크업 미용사의 자세로 가장 거리가 먼 것은?

① 고객의 연령, 직업, 얼굴모양 등을 살펴 표현해 주는 것이 중요하다.
② 시대의 트렌드를 대변하고 전문인으로서의 자세를 취해야 한다.
③ 공중위생을 철저히 지켜야 한다.
④ 고객에게 메이크업 미용사의 개성을 적극권유한다.

! 메이크업 아티스트는 고객의 의견과 요구사항을 경청하고 고객의 요구를 충분히 반영 하여 메이크업 이미지를 기획하고 시술한다.

Ans
41 ② 42 ② 43 ② 44 ④ 45 ② 46 ④

47 눈썹의 종류에 따른 메이크업의 이미지를 연결한 것으로 틀린 것은?

① 짙은 색상 눈썹 – 고전적인 레트로 메이크업
② 긴 눈썹 – 성숙한 가을 이미지 메이크업
③ 각진 눈썹 – 사랑스런 로맨틱 메이크업
④ 엷은 색상 눈썹 – 여성스러운 엘레강스 메이크업

! 각진 눈썹을 단정하고 세련된 느낌을 주며 활동적이며 강한 이미지이다.

48 메이크업 도구에 대한 설명으로 가장 거리가 먼 것은?

① 스펀지 퍼프를 이용해 파운데이션을 바를 때에는 손에 힘을 빼고 사용하는 것이 좋다.
② 팬 브러시는 부채꼴 모양으로 생긴 브러시로 아이섀도를 바를 때 넓은 면적을 한 번에 바를 수 있는 장점이 있다.
③ 아이래시 컬은 속눈썹에 자연스러운 컬을 주어 속 눈썹을 올려주는 기구이다
④ 스크루 브러시는 눈썹을 그리기 전에 눈썹을 정리해주고 짙게 그려진 눈썹을 부드럽게 수정할 때 사용할 수 있다.

! 팬 브러시(FAN BRUSH)
• 부채꼴 모양으로 생긴 팬 브러시는 여분의 파우더를 털어낼 때 사용한다.
• 파우더 브러시를 사용한 후 팬 브러시를 사용하면 곱고 매끈한 피부화장으로 마무리 된다.
• 아이섀도 화장 시 눈 밑에 가루가 떨어졌을 때 털어내는 데에도 사용하면 편리하다.

49 봄 메이크업의 컬러 조합으로 가장 적합한 것은?

① 흰색, 파랑, 핑크 계열
② 겨자색, 벽돌색, 갈색계열
③ 옐로우, 오렌지, 그린계열
④ 자주색, 핑크, 진보라 계열

! 봄 메이크업은 싱그럽고 생명력을 느낄 수 있는 고명도, 고채도의 색상으로 표현한다. 옐로, 오렌지, 그린 계열의 색상을 주로 사용

50 아이 브로우 화장 시 우아하고 성숙한 느낌과 세련미를 표현하고자 할 때 가장 잘어울릴 수있는 것은?

① 회색 아이브로우 펜슬
② 검정색 아이섀도
③ 갈색 아이브로우 섀도
④ 에보니 펜슬

! 갈색 브로우는 성숙하며 세련된 느낌을 표현 할 수 있다.

51 아이브로우 메이크업의 효과와 가장 거리가 먼 것은?

① 인상을 자유롭게 표현할 수 있다.
② 얼굴의 표정을 변화시킨다.
③ 얼굴형을 보완할 수 있다.
④ 얼굴에 입체감을 부여해 준다.

! • 정답지1번~3번 : 아이브로우 메이크업의 효과
• 정답지 4번 : 베이스 메이크업의 효과 (하이라이터&섀딩)

52 다음에서 설명하는 메이크업이 가장 잘 어울리는 계절은?

> 강렬하고 이지적인 이미지가 느껴지도록 심플하고 단아한 스타일이나 콘트라스트가 강한 색상과 밝은 색상을 사용하는 것이 좋다.

① 봄   ② 여름
③ 가을   ④ 겨울

! • 겨울 메이크업은 명도와 채도의 대비가 강하며 차갑고 강렬한 이지적인 느낌으로 메이크업을 한다.
• 화이트실버, 그레이, 핑크,블루, 블루퍼플, 마젠타 등의 색상을 사용하는 것이 좋다.

기
출
문
제

Ans
47 ③ 48 ② 49 ③ 50 ③ 51 ④ 52 ④

53 아이섀도의 종류와 그 특징을 연결한 것으로 가장 거리가 먼 것은?

① 펜슬 타입 : 발색이 우수하고 사용하기 편리하다.
② 파우더 타입 : 펄이 섞인 제품이 많으며 하이라이트 표현이 용이하다.
③ 크림 타입 : 유분기가 많고 촉촉하며 발색도가 선명하다.
④ 케이크 타입 : 그라데이션이 어렵고 색상이 뭉칠 우려가 있다.

> ! 색상이 뭉치는 것은 유분이 많은 타입의 아이섀도의 특징, 케익 타입은 그라데이션이 용이하고 다양한 색상의 혼합이 가능하다.

54 얼굴형과 그에 따른 이미지의 연결이 가장 적절한 것은?

① 둥근형 – 성숙한 이미지
② 긴형 – 귀여운 이미지
③ 사각형 – 여성스러운 이미지
④ 역삼각형 – 날카로운 이미지

> ! • 둥근형 : 귀여운 이미지
> • 긴형 : 성숙한 이미지
> • 사각형 : 남성적인 이미지

55 얼굴의 골격 중 얼굴형을 결정짓는 가장 중요한 요소가 되는 것은?

① 위턱뼈
② 아래턱뼈
③ 코뼈
④ 관자뼈

> ! 얼굴의 골격 중 아래턱뼈의 형태는 얼굴형을 결정짓는 가장 중요한 요소이다.

56 한복 메이크업 시 유의하여야 할 내용으로 옳은 것은?

① 눈썹을 아치형으로 그려 우아해 보이도록 표현한다.
② 피부는 한톤 어둡게 표현하여 자연스러운 피부 톤을 연출하도록 한다.
③ 한복의 화려한 색상과 어울리는 강한 색조를 사용하여 조화롭게 보이도록 한다.
④ 입술의 구각을 정확히 맞추어 그리는 것보다 는 아웃커브로 그려 여유롭게 표현하는 것이 좋다.

> ! 한복 메이크업은 눈썹을 아치형으로 그려 우아해 보이도록 표현한다.

57 여름 메이크업에 대한 설명으로 가장 거리가 먼 것은?

① 시원하고 상쾌한 느낌이 들도록 표현한다.
② 난색 계열을 사용해 따뜻한 느낌을 표현한다.
③ 구리빛 피부 표현을 위해 오렌지 색 메이크업 베이스를 사용한다.
④ 방수 효과를 지닌 제품을 사용하는 것이 좋다.

> ! 여름 메이크업을 한색 계열을 사용해 시원한 느낌으로 표현한다.

58 미국의 색채학자 파버 비렌이 탁색계를 '톤(Tone)'이라고 부르고 있었던 것에서 유래한 배색기법은?

① 까마이외 배색
② 토널 배색
③ 트리콜로레 배색
④ 톤온톤 배색

> ! 토널 배색은 기본톤으로 중명도, 중채도인 탁한(DULL)톤을 사용한 배색방법으로 전체적으로 안정되며 편안한 느낌을 준다.

Ans
53 ④ 54 ④ 55 ② 56 ① 57 ② 58 ②

59 메이크업의 정의와 가장 거리가 먼 것은?

① 화장품과 도구를 사용한 아름다움의 표현방법이다.
② "분장"의 의미를 가지고 있다.
③ 색상으로 외형적인 아름다움을 나타낸다.
④ 의료기기나 의약품을 사용한 눈썹눈질을 포함한다.

> ! 미용업은 의료기기나 의약품을 사용할 수 없다.

60 파운데이션의 종류와 그 기능에 대한 설명으로 가장 거리가 먼 것은?

① 크림 파운데이션은 보습력과 커버력이 우수하여 짙은 메이크업을 할 때나 건조한 피부에 적합하다.
② 리퀴드 타입은 부드럽고 쉽게 퍼지며 자연스러운 화장을 원할 때 적합하다.
③ 트윈케이크 타입은 커버력이 우수하고 땀과 물에 강하여 지속력을 요하는 메이크업에 적합하다.
④ 고형스틱 타입의 파운데이션은 커버력은 약하지만 사용이 간편해서 스피드한 메이크업에 적합하다

> ! 고형 스틱 타입의 파운데이션은 커버력이 강하고 지속성이 우수하다.

메이크업 미용사 기출문제 (2016.10.9시행)

01 18세기 말 "인구는 기하급수적으로 늘고 생산은 산술급수적으로 늘기 때문에 체계적인 인구조절이 필요하다"라고 주장한 사람은?

① 프랜시스 플레이스
② 에드워드 윈슬로우
③ 토마스 R.말더스
④ 포베르토 코흐

> **!** 인구증가 = 자연증가 + 사회증가

02 감염병 예방 및 관리에 관한 법률 상 제1군 감염병이 아닌 것은?

① A형 간염
② 장출혈성대장균감염증
③ 세균성이질
④ 파상풍

> **!** 제2군 감염병(12종) : 파상풍, 디프테리아, 백일해, 홍역, 유행이하선염, 풍진, 폴리오, B형간염, 일본뇌염, 수두, B형헤모필루스인플루엔자, 폐렴규균은 즉시 신고하여야함 → 예방접종 및 관리

03 장염비브리오 식중독의 설명으로 가장 거리가 먼 것은?

① 원인균은 보균자의 분변이 주원인이다.
② 복통, 설사, 구토 등이 생기며 발열이 있고, 2~3일이면 회복된다.
③ 예방은 저온저장, 조리기구.손 등의 살균을 통해서 할 수 있다.
④ 여름철에 집중적으로 발생한다.

> **!** 장염비브리오는 어패류와 생선류에 의해 오염된다. 예방책으로 식품의 가열과 수돗물에 의한 세정, 어패류의 생식을 금해야 한다. 1번은 병원성 대장균 식중독의 설명이다.

04 이 · 미용사의 위생복을 흰색으로 하는 것이 좋은 주된 이유는?

① 오염된 상태를 가장 쉽게 발견할 수 있다.
② 가격이 비교적 저렴하다.
③ 미관상 가장 보기가 좋다.
④ 열 교환이 가장 잘 된다.

05 보건행정에 대한 설명으로 가장 적합한 것은?

① 공중보건의 목적을 달성하기 위해 공공의 책임하에 수행하는 행정활동
② 개인보건의 목적을 달성하기 위해 공공의 책임하에 수행하는 행정활동
③ 국가 간의 질병교류를 막기 위해 공공의 책임하에 수행하는 행정활동
④ 공중보건의 목적을 달성하기 위해 개인의 책임하에 수행하는 행정활동

> **!** 국민 보건 향상과 증진에 관한 모든 상황을 통괄하는 행정적 수단을 말하며, 공공의 책임하에 공중보건의 학문적 이론과 기술을 행정활동을 통한 지역사회 주민들의 생활속에서의 활동을 보건행정의 정의라고 한다.

06 모기가 매개하는 감염병이 아닌 것은?

① 일본뇌염　　② 콜레라
③ 말라리아　　④ 사상충증

> **!**
> • 모기가 매개하는 감염병은 일본뇌염, 말라리아, 사상충증, 뎅기열, 황열병이다.
> • 콜레라는 바퀴벌레에 의한 오염된 물과 음식에 의해 감염된다.

Ans
01 ③　02 ④　03 ①　04 ①　05 ①　06 ②

07 대기오염 방지 목표와 연관성이 가장 적은 것은?

① 경제적 손실 방지
② 직업병의 발생 방지
③ 자연환경의 악화 방지
④ 생태계 파괴 방지

> ! 가정이나 공장 그리고 이동을 위한 장치에 사용되는 화석연료 등의 생산비용과 이용에 따른 생태계와 자연환경에 피해를 줄 이도록 노력해야 한다.

08 다음 중 식기류 소독에 가장 적당한 것은?

① 30% 알코올 ② 역성비누액
③ 40℃의 온수 ④ 염소

> ! • 역성비누는 무미. 무해하며 식품소독에 적합. 자극성 및 독성이 없다.
> • 식기류 소독은 침투력, 살균력이 강하며 일반적으로 0.01~0.1% 액을 사용한다.

09 살균력과 침투성은 약하지만 자극이 없고 발포작용에 의해 구강이나 상처소독에 주로 사용되는 소독제는?

① 페놀 ② 염소
③ 과산화수소수 ④ 알코올

> ! 과산화수소수는(H_2O_2)는 3%의 수용액을 사용, 자극성이 적어 인후염. 구내염. 입안상처 세척 등에 사용한다.

10 세균증식 시 높은 염도를 필요로 하는 호염성(halophilic)균에 속하는 것은?

① 콜레라 ② 장티프스
③ 장염비브리오 ④ 이질

> ! 호염성균
> 식중독의 원인이 되는 장염 비브리오 따위가 있으며, 우리나라 근해에서 많이 잡히는 전갱이 같은 음식을 날로 먹었을 때 생기는 식중독은 병원성 호염균에 의한 질병이다.

11 소독방법에서 고려되어야 할 사항으로 가장 거리가 먼 것은?

① 소독대상물의 성질
② 병원체의 저항력
③ 병원체의 아포 형성 유무
④ 소독 대상물의 그람 염색 유무

> ! 그람염색은 각종 균을 염색하여 현미경으로 관찰하며 감염질환의 초기진단에 이용된다.

12 병원체의 병원소 탈출 경로와 가장 거리가 먼 것은?

① 호흡기로부터 탈출
② 소화기 계통으로 탈출
③ 비뇨생식기 계통으로 탈출
④ 수질 계통으로 탈출

> ! 병원체의 탈출경로로는 호흡기로부터 탈출, 소화기 계통으로 탈출, 비뇨생식기 계통으로 탈출, 개방병소 탈출, 기계적 탈출이 있다.

13 따뜻한 물에 중성세제로 잘 씻은 후 물기를 뺀 다음 70% 알코올에 20분 이상 담그는 소독법으로 가장 적합한 것은?

① 유리제품 ② 고무제품
③ 금속제품 ④ 비닐제품

> ! 흡입기 및 유리기구는 70% 알콜에 20분 이상 담근 후 자외선 소독기에 보관하여야 한다.

14 병원성 미생물의 발육을 정지시키는 소독방법은?

① 희석 ② 방부
③ 정균 ④ 여과

> ! 방부는 물질이 썩거나 삭아 변질되는 것을 방지함. 건조, 냉장, 밀폐, 소금절임훈제, 가열 등의 방법이 있다.

Ans
07 ② 08 ② 09 ③ 10 ③ 11 ④ 12 ④ 13 ① 14 ②

15 계란모양의 핵을 가진 세포들이 일렬로 밀접하게 정렬되어 있는 한 개의 층으로, 새로운 세포형성이 가능한 층은?

① 각질층　　　　② 기저층
③ 유극층　　　　④ 망상층

> 기저층은 표피의 가장 깊은 곳에 위치한 세포층으로서, 각질층까지의 세포의 상승 주기는 28~30일이며, 세포 형성이 멜라닌 색소들의 매개로 자외선으로부터 피부를 보호하는 역할을 한다.

16 피부의 과색소 침착 증상이 아닌 것은?

① 기미　　　　② 백반증
③ 주근깨　　　　④ 검버섯

> 백반증은 색소결핍 피부질환이다.

17 정상적인 피부의 pH 범위는?

① pH 3~4　　　　② pH 6.5 ~ 8.5
③ pH 4.5 ~ 6.5　　　④ pH 7~9

> 건강한 피부의 pH범위는 4~6.5이다.

18 적외선이 피부에 미치는 영향으로 가장 거리가 먼 것은?

① 온열효과가 있다.
② 혈액순환 개선에 도움을 준다.
③ 피부건조화, 주름 형성, 피부탄력 감소를 유발한다.
④ 피지선과 한선의 기능을 활성화하여 피부 노폐물 배출에 도움을 준다.

> 주름형성, 피부탄력 감소를 유발하는 것은 자외선이다.

19 식후 12 ~ 16시간 경과되어 정신적, 육체적으로 아무것도 하지 않고 가장 안락한 자세로 조용히 누워 있을 때 생명을 유지하는 데 소요되는 최소한의 열량을 의미하는 것은?

① 순환대사량　　　　② 기초대사량
③ 활동대사량　　　　④ 상대대사량

> 기초대사량은 기본적으로 삶을 유지하는데 필요한 최소한의 에너지 필요량이다.

20 비듬이 생기는 원인과 관계 없는 것은?

① 신진대사가 계속적으로 나쁠 때
② 탈지력이 강한 샴푸를 계속 사용할 때
③ 염색 후 두피가 손상되었을 때
④ 샴푸 후 린스를 하였을 때

> 비듬이 생기는 원인은 피지선의 과다분비, 호르몬의 불균형, 영양불균형, 신진대사가 떨어질 때, 두피손상, 샴푸 후 린스가 두피에 닿았을 때 등 다양하다.

21 피부 노화의 이론과 가장 거리가 먼 것은?

① 셀룰라이트 형성
② 프리래디컬 이론
③ 노화의 프로그램설
④ 텔로미어 학설

> 셀룰라이트 형성은 지방의 변형으로 오는 것이다. 피부노화이론과 상관없다.

22 이 · 미용업을 하고자 하는 자가 하여야 하는 절차는?

① 시장 · 군수 · 구청장에게 신고한다.
② 시장 · 군수 · 구청장에게 통보한다.
③ 시장 · 군수 · 구청장의 허가를 얻는다.
④ 시 · 도지사의 허가를 얻는다.

> • 이 · 미용업을 개업 · 폐업하고자 할때는 반드시 시 · 군 · 구청장에게 신고하여야 한다.

Ans
15 ②　16 ②　17 ③　18 ③　19 ②　20 ④　21 ①　22 ①

23 건전한 영업질서를 위하여 공중위생영업자가 준수하여야 할 사항을 준수하지 아니한 자에 대한 벌칙 기준은?

① 1년 이하의 징역 또는 1천만원 이하의 벌금
② 6월 이하의 징역 또는 500만원 이하의 벌금
③ 3월 이하의 징역 또는 300만원 이하의 벌금
④ 300만원 과태료

! 6개월 이하의 징역 또는 500만원 이하의 벌금형이다.

24 면허가 취소된 자는 누구에게 면허증을 반납하여야 하는가?

① 보건복지부장관
② 시 · 도지사
③ 시장 · 군수 · 구청장
④ 읍 · 면장

! 면허가 취소된 자는 발급권자인 시 · 군 · 구청장에서 면허증을 반납하여야 한다.

25 이 · 미용 영업소에서 영업정지 처분을 받고 정지 기간 중에 영업을 한 때의 1차 위반 행정처분 내용은?

① 영업정지 1월 　② 영업정지 2월
③ 영업정지 3월 　④ 영업장 폐쇄명령

! 면허취소 및 영업장 폐쇄 명령

26 영업자의 위생관리 위무가 아닌 것은?

① 영업소에서 사용하는 기구를 소독한 것과 소독하지 아니한 것을 분리 보관한다.
② 영업소에서 사용하는 1회용 면도날은 손님 1인에 한하여 사용한다.
③ 자격증을 영업소 안에 게시한다.
④ 면허증을 영업소 안에 게시한다.

! 면허증 원본을 영업소 안에 반드시 게시하여야 한다.

27 의료법 위반으로 영업장 폐쇄명령을 받은 이 · 미용업 영업자는 얼마의 기간 동안 같은 종류의 영업을 할 수 없는가?

① 2년 　　　　② 1년
③ 6개월 　　　④ 3개월

! 1년 동안이다.

28 공중위생관리법규상 위생관리등급의 구분이 바르게 짝지어진 것은?

① 최우수업소 : 녹색등급
② 우수업소 : 백색등급
③ 일반관리대상 업소 : 황색등급
④ 관리미흡대상 업소 : 적색등급

! 최우수업소는 녹색, 우수업소는 황색, 일반관리대상업소는 백색, 관리미흡대상 업소는 개선명령시 위생관리기준 개선기간, 발생된 오염물질의 종류, 오염 허용기준을 초과한 정도를 명시해야한다.

29 유연화장수의 작용으로 가장 거리가 먼 것은?

① 피부에 보습을 주고 윤택하게 해준다.
② 피부에 남아있는 비누의 알칼리 성분을 중화시킨다.
③ 각질층에 수분을 공급해준다.
④ 피부의 모공을 넓혀준다.

! 온습포 등 피부온도를 높이면 일시적으로 모공이 넓어진다.

Ans
23 ② 　24 ③ 　25 ④ 　26 ③ 　27 ② 　28 ① 　29 ④

30 크림 파운데이션에 대한 설명 중 가장 적합한 것은?

① 얼굴의 형태를 바꾸어 준다.
② 피부의 잡티나 결점을 커버해 주는 목적으로 사용된다.
③ O/W형은 W/O형에 비해 비교적 사용감이 무겁고 퍼짐성이 낮다.
④ 화장 시 산뜻하고 청량감이 있으나 커버력이 약하다.

> ! • 블러셔는 윤곽수정에 효과가 있다.
> • O/W형은 워터인 오일 형태로 W/O형태보다 사용감이 가볍고 퍼짐성이 좋다.
> • 비비크림은 사용감이 산뜻하고 가벼우나 커버력이 약하다.

31 피지조절, 항 우울과 함께 분만 촉진에 효과적인 아로마 오일은?

① 라벤더　　② 로즈마리
③ 자스민　　④ 오렌지

> ! • 라벤다는 정신안정, 불면증, 고혈압, 재생효능이 있다.
> • 로즈마리는 정신집중, 두통, 소화촉진, 신경과민에 좋다.
> • 오렌지는 소화촉진, 식욕증진, 스트레스, 피부에 수분영양공급 효능이 있다.
> • 자스민은 노화방지, 항우울, 여성의 자궁질환, 산후통증완화, 자궁수축을 강화하여 분만을 촉진한다.

32 피부 클렌저(cleanser)로 사용하기에 적합하지 않은 것은?

① 강알칼리성 비누
② 약산성 비누
③ 탈지를 방지하는 클렌징 제품
④ 보습효과를 주는 클렌징 제품

> ! 피부는 알칼리화되면 균의 번식과 각종 트러블 유발 가능성이 높아 건강하지 못한 피부가 된다.

33 가용화(solubilization) 기술을 적용하여 만들어진 것은?

① 마스카라　　② 향수
③ 립스틱　　④ 크림

> ! 물에 녹지 않는 소량의 유성성분인 향료, 살균제, 방부제 등의 성분이 계면활성제에 의하여 투명하게 용해되어 있는 상태를 가용화라 하며, 가용화된 제품에는 화장수, 에센스, 헤어토닉, 헤어리퀴드, 향수, 네일 에나멜 등이 있다.

34 미백 화장품에 사용되는 대표적인 미백 성분은?

① 레티노이드(retinoid)
② 알부틴(arbutin)
③ 라놀린(lanolin)
④ 토코페놀 아세테이트(tocopherol acetate)

> ! • 레티노이드는 레티놀의 총칭
> • 라놀린은 양털에서 추출한 기름이다.
> • 토코페놀 아세테이트는 비타민 E.아세테이트라고도하며 항산화 효능이 있다.

35 진피층에도 함유되어 있으며 보습기능으로 피부관리 제품에 사용되어지는 성분은?

① 알코올(alcohol)
② 콜라겐(collagen)
③ 판테놀(panthenol)
④ 글리세린(glycerine)

> ! • 알코올은 피지를 말려 피부가 건조해진다.
> • 판테놀은 보습재생성분으로 비타민 B_5 유도체이다.
> • 글리세린은 무색의 끈끈한 액으로 보습기능이 있으며 인지질의 주요구성성분이다.

36 눈의 형태에 따른 아이섀도 기법으로 틀린 것은?

① 부은 눈 : 펄 감이 없는 브라운이나 그레이 컬러로 아이 홀을 중심으로 넓지 않게 펴 바른다.
② 처진 눈 : 포인트 컬러를 눈꼬리 부분에서 사선 방향으로 올려주고, 언더컬러는 사용하지 않는다.
③ 올라간 눈 : 눈 앞머리 부분에 짙은 컬러를 바르고 눈 중앙에서 꼬리까지 엷은 색을 발라주며, 언더부분은 넓게 펴 바른다.
④ 작은 눈 : 눈두덩이 중앙에 밝은 컬러로 하이라이트를 하며 눈앞머리에 포인트를 주고, 아이라인은 그리지 않는다.

37 아이섀도를 바를 때, 눈 밑에 떨어진 가루나 과다한 파우더를 털어내는 도구로 가장 적절한 것은?

① 파우더 퍼프 　② 파우더 브러시
③ 팬 브러시 　④ 블러셔 브러시

> **!** 팬 브러시(Fan brush)
> • 부채꼴 모양으로 생긴 팬 브러시는 여분의 파우더를 털어낼 때 사용한다.
> • 파우더 브러시를 사용한 후 팬 브러시를 사용하면 곱고 매끈한 피부화장으로 마무리된다.
> • 아이섀도 화장 시 눈 밑에 가루를 번짐 없이 깨끗하게 털어 낼 수 있다

38 눈썹을 그리기 전·후 자연스럽게 눈썹을 빗어주는 나사 모양의 브러시는?

① 립 브러시 　② 팬 브러시
③ 스크루 브러시 　④ 파우더 브러시

> **!** 스크류 브러시(Screw brush)
> 눈썹을 빗어주는데 사용하는 도구로 코일처럼 돌돌 말려 올라간 모양의 브러시

39 각 눈썹 형태에 따른 이미지와 그에 알맞은 얼굴형의 연결이 가장 적합한 것은?

① 상승형 눈썹 – 동적이고 시원한 느낌 – 둥근형
② 아치형 눈썹 – 우아하고 여성적인 느낌 – 삼각형
③ 각진형 눈썹 – 지적이며 단정하고 세련된 느낌 – 긴형, 장방형
④ 수평형 눈썹 – 젊고 활동적인 느낌 – 둥근형, 얼굴길이가 짧은 형

> **!** 아치형 눈썹
> • 우아하고 여성적인 느낌
> • 역삼각형에 어울림
> 각진형 눈썹
> • 단정하고 세련된 느낌을 준다.
> • 둥근형에 어울림
> 수평형 눈썹(일자눈썹)
> • 젊고 활동적인 느낌
> • 긴 얼굴형에 어울림

40 색의 배색과 그에 따른 이미지를 연결한 것으로 옳은 것은?

① 액센트 배색 – 부드럽고 차분한 느낌
② 동일색 배색 – 무난하면서 온화한 느낌
③ 유사색 배색 – 강하고 생동감 있는 느낌
④ 그라데이션 배색 – 개성 있고 아방가르드한 느낌

> **!**
> • 액센트 배색 : 강렬한 느낌
> • 동일색 배색 : 무난하고 세련, 안정적이고 통일감 있는 배색조화
> • 유사색 배색 : 정적이며 무난한 배색
> • 그라데이션 배색 : 자연스럽게 변화 되는 배색조화로 편안함

41 뷰티메이크업과 관련한 내용으로 가장 거리가 먼 것은?

① 눈썹, 아이섀도, 입술 메이크업 시 고객의 부족한 면을 보완하여 균형 잡힌 얼굴로 표현한다.
② 메이크업은 색상, 명도, 채도 등을 고려하여 고객의 상황에 맞는 컬러를 선택하도록 한다.
③ 사람은 대부분 얼굴의 좌우가 다르므로 자연스러운 메이크업을 위해 최대한 생김새를 그대로 표현하여 생동감을 준다.
④ 의상, 헤어, 분위기 등의 전체적인 이미지 조화를 고려하여 메이크업한다.

> **!** 메이크업의 목적 : 결점을 보완하고 장점을 부각시켜 아름다움을 표현한다.

42 계절별 화장법으로 가장 거리가 먼 것은?

① 봄 메이크업 : 투명한 피부표현을 위해 리퀴드 파운데이션을 사용하며, 눈썹과 아이섀도를 자연스럽게 표현한다.

② 여름 메이크업 : 콘트라스트가 강한 색상으로 선을 강조하고 베이지 컬러의 파우더로 피부를 매트하게 표현한다.

③ 가을 메이크업 : 아이메이크업 시, 저채도의 베이지, 브라운 컬러를 사용하여 그윽하고 깊은 눈매를 연출한다.

④ 겨울 메이크업 : 전체적으로 깨끗하고 심플한 이미지를 표현하고, 립은 레드나 와인 계열 등의 컬러를 바른다.

> **!**
> • 피부 : 자외선 차단제를 바르고 화장을 하며, 번들거리지 않도록 유분을 조절한다.
> • 눈 : 브라운 계열로 눈썹을 그리고, 아이섀도는 시원하고 청량한 색으로 상큼한 눈매를 강조. 눈 아래의 언더섀도는 좁은 칩을 이용하여 회색으로 눈꼬리 부분에서 1/3까지 라인을 그린다. 컬러감이 있는 아이 라이너와 마스카라도 해준다.
> • 입술 : 여름철 화장의 특징은 피부 화장을 약하게 하고, 와인색 등의 강렬한 색감을 이용하여 입술에 포인트를 준다.
> • 볼 : 음영만 살려준다.

43 사각형 얼굴의 수정 메이크업 방법으로 틀린 것은?

① 이마의 각진 부위와 튀어나온 턱뼈 부위에 어두운 파운데이션을 발라서 갸름하게 보이게 한다.

② 눈썹은 각진 얼굴형과 어울리도록 시원하게 아치형으로 그려준다.

③ 일자형 눈썹과 길게 뺀 아이라인으로 포인트 메이크업하는 것이 효과적이다.

④ 입술 모양은 곡선의 형태로 부드럽게 표현한다.

> **!**
> 사각형 얼굴은 이마와 턱선의 각진 부분에 섀딩을 주어 곡선으로 처리하여 여성적인 이미지를 연출한다. 이마와 콧등, 턱끝까지 하이라이트 처리를 하여 세로의 길이를 조정한다. 사각형얼굴의 눈썹 화장법은 활 모양으로 둥글게 그린다. 일자 눈썹은 긴형 얼굴에 어울리는 눈썹이다.

44 다음에서 설명하는 아이섀도 제품의 타입은?

> – 장시간 지속효과가 낮다.
> – 기온변화로 번들거림이 생기는 단점이 있다.
> – 유분이 함유되어 부드럽고 매끄럽게 펴 바를 수 있다.
> – 제품 도포 후 파우더로 색을 고정시켜 지속력과 색의 선명도를 향상시킬 수 있다.

① 크림 타입　　② 펜슬 타입
③ 케이크 타입　　④ 파우더 타입

> **!** 아이섀도의 종류
> • 케이크 타입 : 분말상의 섀도를 압출한 것으로, 휴대와 사용이 편리하여 일반적으로 가장 많이 사용하나, 시간이 경과하면 분말이 지워지는 단점이 있음
> • 크림 타입 : 부드럽고 매끄럽게 잘 발라지며 밀착감이 좋으나 쌍겹 부분에 몰리는 현상이 있고 높은 기온에 번들거리는 단점이 있음
> • 펜슬타입 : 화장을 빨리 할 때 편리하며, 눈매를 강조하고 싶을 때 효과적이나 쌍겹에 몰리거나 번들거리는 단점이 있음

45 파운데이션을 바르는 방법으로 가장 거리가 먼 것은?

① O존은 피지분비량이 적어 소량의 파운데이션으로 가볍게 바른다.

② V존은 잡티가 많으므로 슬라이딩 기법으로 여러 번 겹쳐 발라 결점을 가려준다.

③ S존은 슬라이딩 기법과 가볍게 두드리는 패팅기법을 병행하여 메이크업의 지속성을 높여준다.

④ 헤어라인은 귀 앞머리 부분까지 라텍스 스펀지에 남아있는 파운데이션을 사용해 슬라이딩 기법으로 발라준다.

> **!** 파운데이션 바를 때 주의사항
> • T존 부위에는 많은 양을 바르지 말고, 얇게 펴바른다.
> • 기미, 주근깨, 잡티가 있는 부분은 한 번 더 덧발라서 커버한다.
> • 헤어라인은 스펀지 퍼프에 남은 여분으로 자연스럽게 그라데이션 한다.
> • 주름진 부위는 두껍게 바르면 뭉치므로 얇게 바른다.

Ans
42 ②　**43** ③　**44** ①　**45** ②

46 긴 얼굴형에 적합한 눈썹 메이크업으로 가장 적합한 것은?

① 가는 곡선형으로 그린다.
② 눈썹 산이 높은 아치형으로 그린다.
③ 각진 아치형이나 상승형, 사선 형태로 그린다.
④ 다소 두께감이 느껴지는 직선형으로 그린다.

! 긴 얼굴형에 가장 적합한 눈썹 모양은 자연스러운 굵기로 약간 직선사진적인 느낌으로 그린다.

47 조선시대 화장문화에 대한 설명으로 틀린 것은?

① 이중적인 성 윤리관이 화장문화에 영향을 주었다.
② 여염집여성의 화장과 기생신분의 여성의 화장이 구분되었다.
③ 영육일치사상의 영향으로 남, 여 모두 미(美)에 대한 관심이 높았다.
④ 미인박명(美人薄命)사상이 문화적 관념으로 자리 잡음으로써 미(美)에 대한 부정적인 인식이 형성되었다.

! • 조선시대 화장문화 : 유교적 도덕관념으로 남성의 이중적 성 윤리관에 의해 여염집 부인과 기생의 화장으로 이분화되었으며, 화장을 하는 행위자체를 부정적인 의미로 인식하였다.
• 영육일치사상의 영향으로 남, 여 모두 미의 관심이 높았던 때는 신라시대이다.

48 메이크업 도구 및 재료의 사용법에 대한 설명으로 가장 거리가 먼 것은?

① 브러시는 전용 클리너로 세척하는 것이 좋다.
② 아이래시 컬은 속눈썹을 아름답게 올려줄 때 사용한다.
③ 라텍스 스펀지는 세균이 번식하기 쉬우므로 깨끗한 물로 씻어서 재사용한다.
④ 면봉은 부분 메이크업 또는 메이크업 수정 시 사용한다.

! 라텍스 스펀지 세척방법 : 비누를 묻혀 가볍게 누르듯이 더러움을 제거한다. 절대 비비지 말고 가볍게 쓰다듬듯이 빤다. 헹굴 때는 섬유유연제를 사용하면 촉감이 부드러워진다. 깨끗한 수건 위에 라텍스 스폰지와 분첩을 놓고 그 위에 수건을 덮어 가볍게 두드리거나 누르듯이 하여 물기를 제거한다. 소쿠리 위에 올려놓고 말린다.

49 색과 관련한 설명으로 틀린 것은?

① 물체의 색은 빛이 거의 모두 반사되어 보이는 색이 백색, 빛이 모두 흡수되어 보이는 색이 흑색이다.
② 불투명한 물체의 색은 표면의 반사율에 의해 결정된다.
③ 유리잔에 담긴 레드 와인(RED WINE)은 장파장의 빛은 흡수하고, 그 외의 파장은 투과하여 붉게 보이는 것이다.
④ 장파장은 단파장보다 산란이 잘 되지 않는 특성이 있어 신호등의 빨강색은 흐린 날 멀리서도 식별가능하다.

! 색채 : 광원으로부터 나오는 빛이 물체에 비추어 반사, 투사, 흡수될 때 눈의 망막과 시신경의 자극으로 감각되는 현상에 의해 나타나는 것이 색채이다. 물체 자체에 색이 있는 것이 아니라 물체의 빛이 비쳤을 때 태양광선의 7가지 빛 중에서 일부는 투과 흡수되고 일부는 반사되는데 이 때 반사되는 빛의 성분에 따라서 그 물체가 색을 지니게 된다.

50 한복 메이크업 시 주의사항이 아닌 것은?

① 색조화장은 저고리 깃이나 고름색상에 맞추는 것이 좋다.
② 너무 강하거나 화려한 색상은 피하는 것이 좋다.
③ 단아한 이미지를 표현하는 것이 좋다.
④ 한복으로 가려진 몸매를 입체적인 얼굴로 표현한다.

! 한복으로 가려진 몸매를 입체적인 얼굴로 표현하는 것은 바람직 하지 않다.

51 같은 물체라도 조명이 다르면 색이 다르게 보이나 시간이 갈수록 원래 물체의 색으로 인지하게 되는 현상은?

① 색의 불변성　　② 색의 항상성
③ 색지각　　　　④ 색검사

! 색의 항상성 : 색을 관찰하는 조건이 변화하여도 지각되는 색이 변동하지 않는 것을 색의 항상성이라고 한다. 색깔 본질 그 자체의 변화는 없지만 조명광이 변화하면 상이한 색으로 보이는 것에 대한 인정성을 말한다.

Ans
46 ④　47 ③　48 ③　49 ③　50 ④　51 ②

52 사극 수염분장에 필요한 재료가 아닌 것은?

① 스피리트 검(SPIRIT GUM)
② 쇠 브러시
③ 생사
④ 디마 왁스

> **!** 사극 수염분장에 필요한 재료 : 스프리트 검 (Spirit gum), 생사, 쇠 브러시, 핀셋, 가위, 꼬리빗, 알코올 등

53 "톤을 겹친다"라는 의미로 동일한 색상에서 톤의 명도차를 비교적 크게 둔 배색방법은?

① 동일색 배색
② 톤온톤 배색
③ 톤인톤 배색
④ 세퍼레이션 배색

> **!** 톤온톤 배색 : '톤을 겹친다.'라는 의미로 동일 색상 내에서 둘의 차이를 두어 배색하는 방법을 말한다.

54 메이크업 미용사의 기본적인 용모 및 자세로 가장 거리가 먼 것은?

① 업무 시작 전.후 메이크업 도구와 제품 상태를 점검한다.
② 메이크업 시 위생을 위해 마스크를 항상 착용하고 고객과 직접 대화하지 않는다.
③ 고객을 맞이할 때는 바로 자리에서 일어나 공손히 인사한다.
④ 영업장으로 걸려온 전화를 받을 때는 필기도구를 준비하여 메모를 한다.

> **!** 고객응대하기
> • 고객과 의사소통 능력이 있어야한다.
> • 고객에 대한 응대 기본예절을 갖추어야 한다.
> • 고객 서비스 매뉴얼 작성기술이 있어야 한다.
> • 고객심리상태를 이해할 수 있어야 한다.
> 메이크업 서비스하기
> • 고객에게 쓸 재료.도구, 기기 등을 청결하게 준비하여 서비스를 제공하여야 한다.
> • 청결한 인상을 줄 수 있도록 구강, 손, 복장 등을 관리 할 수 있어야 한다.
> • 고객위생과 관련하여 감염관리 지침과 예방에 대해 알아야 한다.

55 현대의 메이크업 목적으로 가장 거리가 먼 것은?

① 개성창출　　② 추위예방
③ 자기만족　　④ 결점보완

> **!** 메이크업의 목적
> • 결점을 보완하고 장점을 부각시켜 아름다움을 표현한다.
> • 특정한 상황과 목적에 맞는 이미지와 캐릭터를 창출한다.
> • 사회 생활에서의 상대방에 대한 에티켓이다.
> • 피부를 보호하여 건강한 피부를 유지시켜준다.

56 여름철 메이크업으로 가장 거리가 먼 것은?

① 썬탠 메이크업을 베이스 메이크업으로 응용해 건강한 피부표현을 한다.
② 약간 각진 눈썹형으로 표현하여 시원한 느낌을 살려준다.
③ 눈매를 푸른색으로 강조하는 원 포인트 메이크업을 한다.
④ 크림 파운데이션을 사용하여 피부를 두껍게 커버하고 윤기있게 마무리한다.

> **!** 여름철 메이크업은 산뜻한 수분함량이 높은 파운데이션을 사용한다.

57 메이크업 베이스의 사용목적으로 틀린 것은?

① 파운데이션의 밀착력을 높여준다.
② 얼굴의 피부톤을 조절한다.
③ 얼굴에 입체감을 부여한다.
④ 파운데이션의 색소 침착을 방지해 준다.

> **!** 메이크업 베이스 : 피부에 윤기를 주고 파운데이션의 발색력을 높이는 역할을 한다. 메이크업 베이스 전 단계로 프라이머를 통해 피부 결을 매끈하게 메주기도 한다.

58 긴 얼굴형의 윤곽 수정 표현 방법으로 틀린 것은?

① 콧등 전체에 하이라이트를 주어 입체감 있게 표현한다.

② 눈 밑은 폭넓게 수평형의 하이라이트를 준다.

③ 노즈새도는 짧게 표현해 준다.

④ 이마와 아래턱은 섀딩 처리하여 얼굴의 길이가 짧아보이게 한다.

! 얼굴이 좁으면서 긴 형은 얼굴이 다소 짧아 보이도록 수정한다. 이마 끝과 턱에 어두운 섀딩을 넣어 길이가 짧아 보이도록 하고, 아래 이마는 가로로 길게 하이라이트를 넣어주어 콧등이 짧아 보이도록 한다.

59 눈과 눈 사이가 가까운 눈을 수정하기 위하여 아이섀도 포인트가 들어가야 할 부분으로 옳은 것은?

① 눈앞머리　　② 눈중앙
③ 눈언더라인　　④ 눈꼬리

! 눈과 눈 사이의 간격이 좁은 눈은 눈앞머리에서 중간 부분까지 밝고 화사한 색상을 발라 눈과 눈 사이의 간격이 넓어 보이도록 한다. 눈꼬리 쪽은 짙은 색으로 약간의 깊이감만 있게 아이섀도를 바른다.

60 컨투어링 메이크업을 위한 얼굴형의 수정방법으로 틀린 것은?

① 둥근형 얼굴 – 양볼 뒤쪽에 어두운 섀딩을 주고 턱, 콧등에 길게 하이라이트를 한다.

② 긴형 얼굴 – 헤어라인과 턱에 섀딩을 주고 볼 쪽에 하이라이트를 한다.

③ 사각형 얼굴 – T존의 하이라이트를 강조하고 U존에 명도가 높은 블러셔를 한다.

④ 역삼각형 얼굴– 헤어라인에서 양쪽 이마 끝에 섀딩을 준다.

! 각진 얼굴은 전체적으로 얼굴이 둥그스름해 보이도록 메이크업 한다. 이마 양옆과 앞쪽의 각진 턱뼈 부분에 섀딩을 넣어주고, 이마 중앙에 다소 둥근 듯한 느낌으로 하이라이트를 준다. 콧등도 길게 표현한다.

Ans
58 ① 　59 ④ 　60 ③

Face chart

Skin

Eyes

Lips

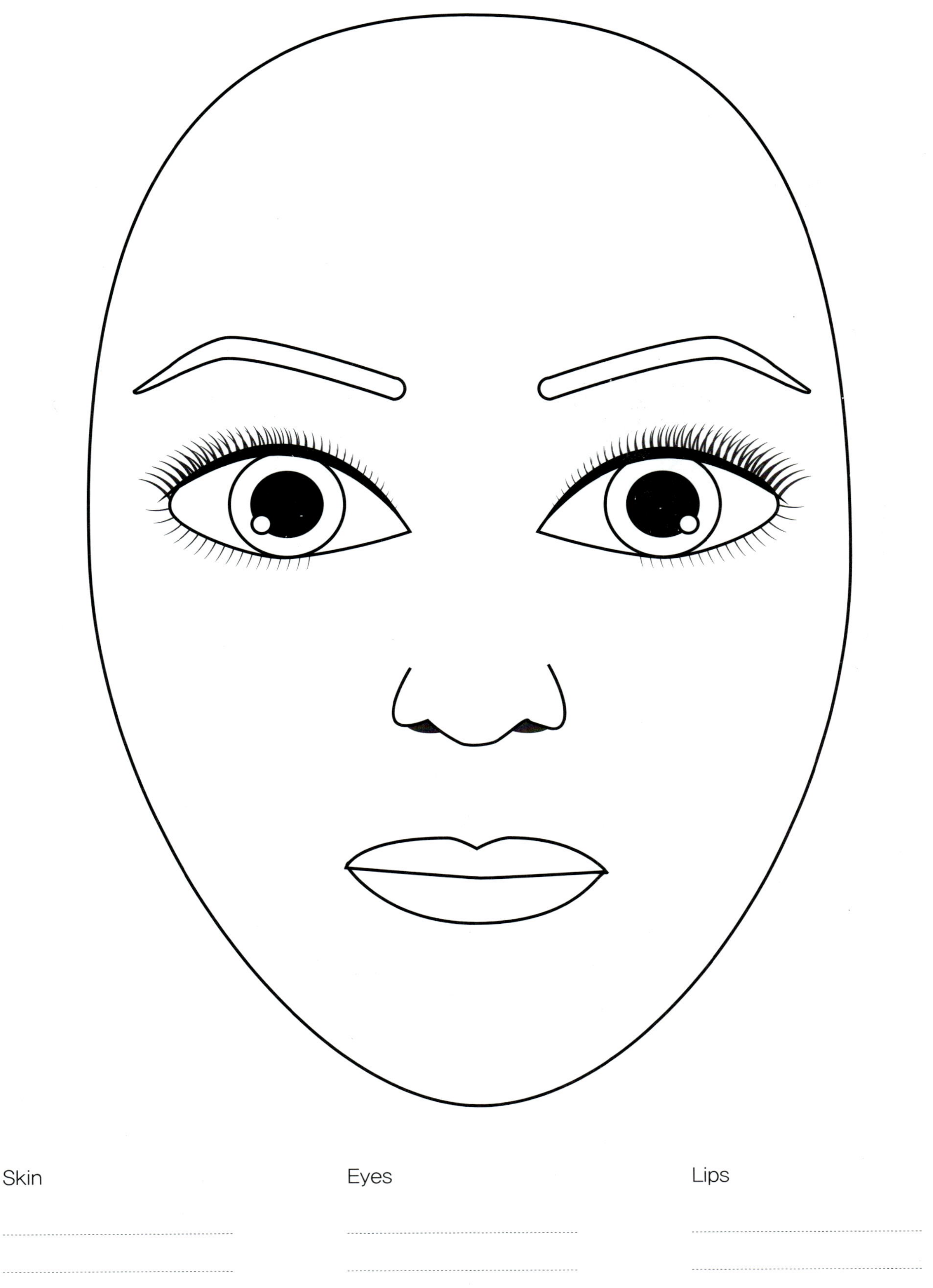

Skin

Eyes

Lips

Face chart

Skin

Eyes

Lips

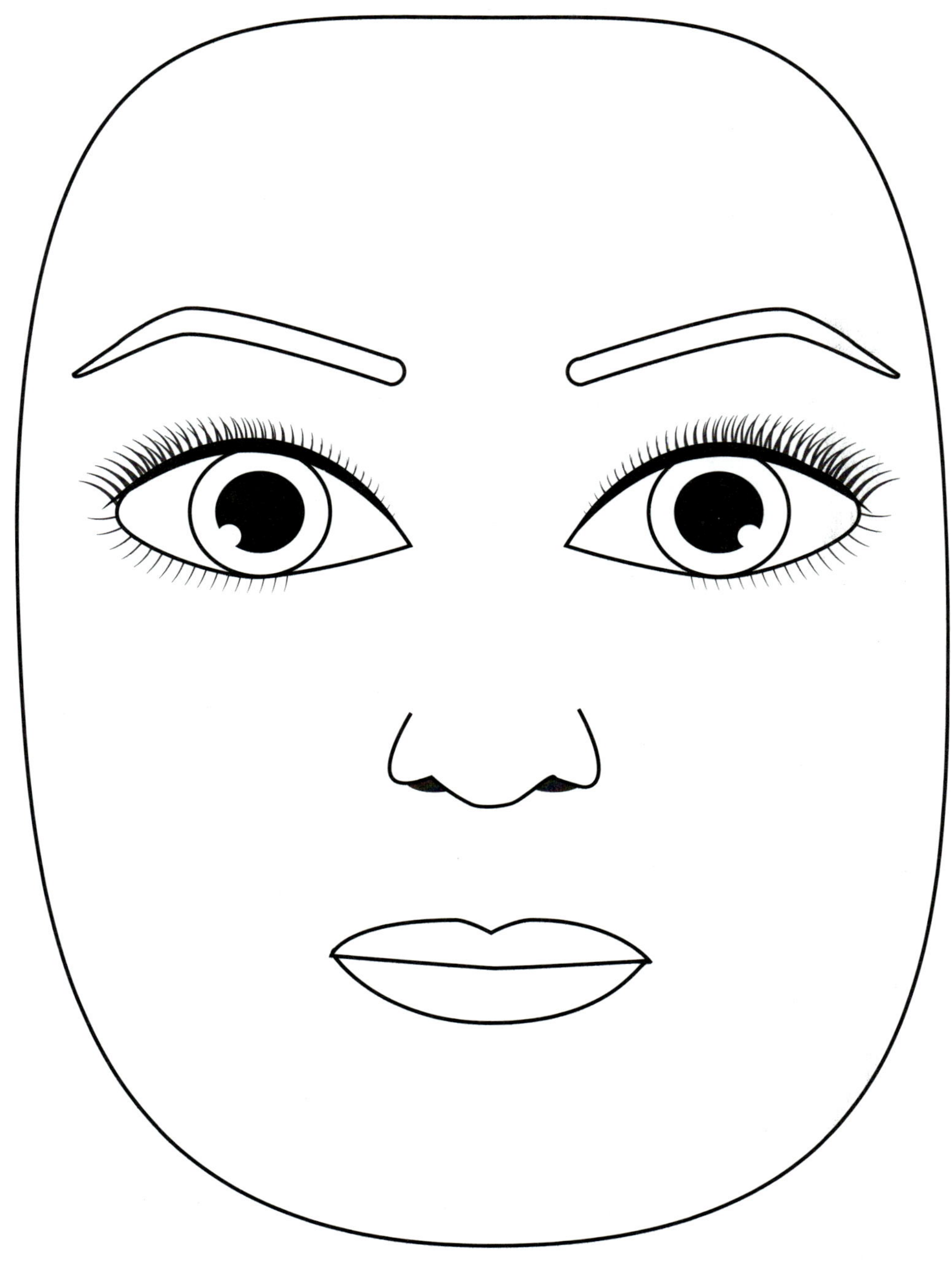

Skin

Eyes

Lips

2017년 2월 10일 초판 1쇄 인쇄
2017년 2월 20일 초판 1쇄 발행

편 저 자 김수민, 박주희, 심미정, 오지민, 오지영, 유승혜
발 행 인 이미래

발 행 처 씨마스
등록번호 제301-2011-214호
주   소 서울특별시 중구 서애로 23 통일빌딩 4층
전   화 (02)2274-7762 ~ 3
팩   스 (02)2278-6702
홈페이지 www.cmass21.net
E-mail licence@cmass.co.kr

기   획 정춘교
진   행 강원경
편   집 양병수, 김지은, 이민영
마 케 팅 장 석, 김동영, 김진주
디 자 인 이기복, 곽상엽, 박상군

ISBN | 979-11-5672-157-4

정가 17,000원